“十二五”职业教育国家规划教材
经全国职业教育教材审定委员会审定

动物药品检验

第2版

李继红　主编

中国农业大学出版社
·北京·

内 容 提 要

本书根据高职高专教育的要求和特点，依据最新的兽药质量检验的有关规定，结合《中国兽药典》附录的内容，以企业药品常规检测项目为载体，结合“项目导入、任务驱动”的教学理念，将实训与理论相结合、系统的检测方法模拟训练与具体的检测项目拓展训练相结合，实现“教、学、练”三者融合。在概括介绍药品检验基本理论知识的基础上，重点突出药品检验的实际操作，对检验操作有比较详细的介绍，同时教材更贴近于实际工作的需要，以《中国兽药典》收载常用品种为例，进行示范教学，以利于培养学生的动手能力。

本书具有理论知识简明扼要、实际操作详尽规范、能力培养全面翔实的特点，适合畜牧兽医行业领域的兽药生产与营销、生物制药技术、兽医医药、动物医学等专业教学使用，也可为兽药检验专业技术人员培训提供参考。

图书在版编目(CIP)数据

动物药品检验/李继红主编.—2 版.—北京：中国农业大学出版社，2014. 7

ISBN 978-7-5655-0946-9

Ⅰ. ①动…　Ⅱ. ①李…　Ⅲ. ①兽医学-药品检定　Ⅳ. ①S859. 2

中国版本图书馆 CIP 数据核字(2013)第 075460 号

书　名　动物药品检验　第 2 版

作　者　李继红　主编

策划编辑　姚慧敏　伍　斌　　**责任编辑**　冯雪梅

封面设计　郑　川　　**责任校对**　陈　莹　王晓凤

出版发行　中国农业大学出版社

社　址　北京市海淀区圆明园西路 2 号　　**邮政编码**　100193

电　话　发行部 010-62818525，8625　　读者服务部 010-62732336

编辑部 010-62732617，2618　　出　版　部 010-62733440

网　址　http://www.cau.edu.cn/caup　　**e-mail** cbsszs@cau.edu.cn

经　销　新华书店

印　刷　北京时代华都印刷有限公司

版　次　2014 年 8 月第 1 版　2014 年 8 月第 1 次印刷

规　格　787×1 092　16 开本　11.75 印张　287 千字

定　价　26.00 元

编审人员

主　编　李继红（辽宁农业职业技术学院）

副主编　苏晓田（辽宁农业职业技术学院）

苑广志（辽宁农业职业技术学院）

陈莹莹（辽宁省兽药饲料监察所）

吴　萍（辽宁省兽药饲料监察所）

王笃学（河南牧业经济学院）

李　振（临沂大学）

杨慧萍（杨凌职业技术学院）

杨振野（辽宁农业职业技术学院）

参　编　何　敏（信阳农林学院）

张小华（江苏农牧科技职业学院）

杨　爽（黑龙江生物科技职业学院）

苑方重（河北农业大学中兽医学院）

彭晓培（北京农业职业学院）

樊国燕（河南牧业经济学院）

张　瑾（甘肃畜牧工程职业技术学院）

主　审　鲍春琴（辽宁省兽药饲料监察所）

丁立群（辽宁农业职业技术学院）

前 言

本书是根据高职高专教育人才培养目标，国家高等职业教育编写教材的指导思想以及学生工作后知识及技能的需要，组织全国具有多年动物药品检验教学经验的教师，及行业领域从事动物药品检验工作的专家共同分工编写而成的。本书注重理论和实践相结合，具有技术性、实用性、针对性强等特点，为知识技术的应用及学生可持续发展奠定基础。

动物药品检验作为一门专业课，是在有机化学、分析化学、药物化学、动物微生物等有关课程学习的基础上，并与兽药制剂工艺、兽药管理等课程联系密切。根据药检工作的实际需要，书中重点介绍动物药品检验工作中常用的检测项目、基本操作技术及现代分析仪器在动物药品检验中的应用。依据典型工作项目共设计 6 个学习情境，分别为原料药检验、粉散剂检验、颗粒剂检验、片剂检验、溶液剂检验、注射剂检验，主要任务是培养学生具有明确的药物质量观念，了解各种检验方法的基本理论，熟练掌握各项操作技能，能够胜任兽药研究、生产、供应和临床使用过程中的兽药分析检验工作。

在主要内容的阐述上，注重药品检验新技术、新方法的应用，强调教材的实践性和可操作性，以丰富翔实的图片资料，深入浅出地阐述了检测方法的内容与操作，注重工学结合、任务驱动、互动式和情境式的教学方法。本教材既保证了课堂教学的基本知识、基本理论、基本技能的传授和训练，又注意开辟学生课堂外的自学空间，引导学生多渠道收集案例素材，培养良好的学习习惯。

根据高职教育人才培养方案，注重案例式教学，每一检验方法均列举实例加以说明。在内容选取方面与职业岗位能力培养紧密结合，强化技能操作训练，以培养技能为重，对实际工作中经常操作的各种检验方法都列以技能训练的形式，使学生从如何完成每一项检验任务的角度来学习本课程。

采用栏目化的方式构建内容体系，设计了课堂互动、技能链接、仪器简介、资料卡、知识链接、信息窗、课后练习、参考阅读、检验记录示例、质量标准示例、复习测试题等不同功能的栏目，将药品检验的理论知识与实际操作直接结合，更好地融合了一系列实际问题和操作探究活动，突出了对学生职业能力的培养。同时根据本课程应用性较强的特点，可采用实际操作、多媒体课件、演示教学、药厂参观等各种方式进行实践及实训教学。

本书可作为高职高专院校兽药生产与营销、生物制药技术、兽医医药等专业必修课教材，以及畜牧兽医类专业选修课教材，也可作为中等职业技术学校相关专业、兽药行业检验人员参考用书。我们诚恳地希望使用本书的广大师生及专业技术人员多提宝贵意见。

编写组

2014 年 2 月

目　录

学习情境一

原料药检验

知识目标

掌握硫酸盐、氯化物测定法的基本原理；理解重金属、砷盐检查法等其他杂质检查项目的操作方法；掌握折光率测定法的基本原理。

技能目标

能进行硫酸盐、氯化物、重金属等检查的操作；

能测定药品的重金属、砷盐限量；能测定药品的折光率。

学习子情境 1.1 硫酸盐检查

学习任务

葡萄糖中的硫酸盐检查。

仪器与用具

50 mL 纳氏比色管。

实验材料

标准硫酸钾溶液、稀盐酸、25％氯化钡溶液。

操作方法

(1)供试品溶液和对照溶液的配制(图 1-1)。

(2)充分摇匀，放置 10 min，同置黑色背景上，从纳氏比色管上方向下观察、比较所产生的浑浊。

(3)供试溶液如带颜色，除另有规定外，可取供试溶液两份，分置 50 mL 纳氏比色管中。一份中加 25％氯化钡溶液 5 mL，摇匀，放置 10 min，如显浑浊，可反复滤过，至滤液完全澄清，

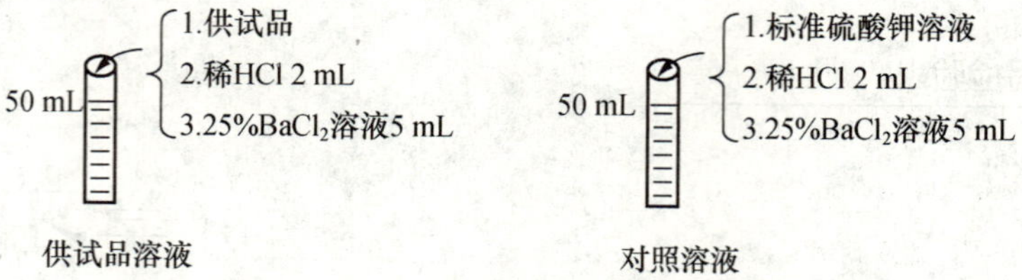

图 1-1　供试品溶液和对照溶液的配制

再加规定量的标准硫酸钾溶液与水适量使成 50 mL，摇匀，放置 10 min，作为对照溶液；另一份中加 25%氯化钡溶液 5 mL 与水适量使成 50 mL，摇匀，放置 10 min，按上述方法比较所产生的浑浊。

(4)结果判定：供试品管的浑浊浅于对照管的浑浊，判为符合规定；如果供试品管的浑浊浓于对照管的浑浊，则判为不符合规定。

注意事项

(1)加入稀盐酸的量应严格控制，最好用刻度吸管加，以免溶液酸度过大，使灵敏度降低。

(2)加入 25%氯化钡溶液后，应充分振摇，以防止局部过浓而影响产生浑浊的程度。

(3)供试品溶液如需滤过，应先用盐酸使成酸性的水洗净滤纸中可能带来的硫酸盐，再滤过供试品溶液，使其澄清。

应用示例

[示例 1-1]　维生素 B_1 中的硫酸盐检查。

取本品 2.0 g，依法检查，与标准硫酸钾溶液 2.0 mL 制成的对照液比较，不得更浓(0.01%)。

[示例 1-2]　葡萄糖中的硫酸盐检查。

取本品 2.0 g，依法检查，与标准硫酸钾溶液 2.0 mL 制成的对照液比较，不得更浓(0.01%)。

操作链接

标准硫酸钾溶液的制备

称取硫酸钾 0.181 g，置 1 000 mL 量瓶中，加水适量使溶解并稀释至刻度，摇匀，即得(每 1 mL 相当于 100 μg 的 SO_4)。

理论参考

多数药物在其生产或贮藏期中容易引入的杂质，如酸、碱、水分、氯化物质、硫酸盐、铁盐、重金属、砷盐和有色杂质等，药典对其检查方法均在附录中加以规定。

微量硫酸盐与氯化钡在盐酸酸性溶液中生成硫酸钡的浑浊液，与一定量的标准硫酸钾溶液在相同条件下生成的浑浊液比较，以检查供试品中硫酸盐的含量。

本法适宜比浊浓度为 0.1～0.5 mg SO_4^{2-}/50 mL(相当于标准硫酸钾溶液 1.0～0.5 mL/50 mL)。浓度梯度明显，若 SO_4^{2-} 的浓度小于 0.05 mg/50 mL，产生的硫酸钡浑浊不明显，若大于 1 mg/50 mL，则产生的浑浊度较大，无法区别其浓度差异，且重现性也不好。

检查中所产生的浑浊程度除与硫酸盐杂质量有关外，还与生成硫酸钡微粒的大小有很大关系，而硫酸钡微粒的大小又与实验条件直接有关。因此，除必须注意按药典规定方法操作外，供试溶液与对照溶液应尽可能在相同条件下试验。

资料卡

原料药

按《兽药生产质量管理规范》的规定，原料药是经合成或半合成或生物发酵产物，经一定的环境控制条件下，经过精制、干燥、包装，并符合法定质量标准的药物。

原料药是只有药物有效成分和允许存在一定量的相关物质的药物，是不添加任何药用辅料的。如：酒石酸泰乐菌素、氟苯尼考、盐酸恩诺沙星、盐酸环丙沙星、痢菌净、土霉素、盐酸左氧氟沙星、乳酸环丙沙星、盐酸多西环素、硫酸新霉素。

原料药的标准有药典标准、行业标准、企业标准。

拓展训练项目一

氯化物检查法。

训练内容

1. 仪器与试液

50 mL 纳氏比色管。标准氯化钠溶液、稀硝酸、硝酸银试液。

2. 操作方法

(1)供试品溶液和对照溶液的配制（图 1-2）。

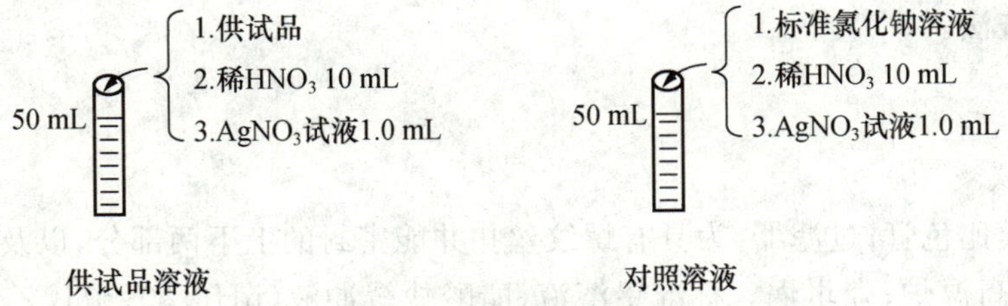

图 1-2 供试品溶液和对照溶液的配制

(2)摇匀，在暗处放置 5 min，同置黑色背景上，从比色管上方向下观察，比较所产生的浑浊。

(3)供试溶液如带颜色，除另有规定外，可取供试溶液两份，分置 50 mL 纳氏比色管中，一份中加硝酸银试液 1.0 mL，摇匀，放置 10 min，如显浑浊，可反复滤过，至滤液完全澄清，再加规定量的标准氯化钠溶液与水适量使成 50 mL，摇匀，在暗处放置 5 min，作为对照溶液；另一份中加硝酸银试液 1.0 mL 与水适量使成 50 mL，摇匀，在暗处放置 5 min，两份同置黑色背景上，从比色管上方向下观察，比较所产生的浑浊。

3. 结果判定

供试品管的浑浊浅于对照管的浑浊，判为符合规定；如果供试品管的浑浊浓于对照管的浑浊，则判为不符合规定。

4. 注意事项

(1)供试品溶液与对照溶液应同时操作,加入试剂的顺序应一致,并且保证加入试剂量的准确。

(2)应注意按操作顺序进行,先制成 40 mL 的水溶液,再加入硝酸银试液 1.0 mL,以免在较高浓度的氯化物下局部产生浑浊,影响比浊。

(3)纳氏比色管用后应立即用水冲洗,不应用毛刷刷洗,以免划出条痕损伤比色管。

5. 应用示例

[示例 1-3] 硫酸镁的氯化物检查。

取本品 0.50 g,依法检查,与标准氯化钠溶液 5.0 mL 制成的对照液比较,不得更浓(0.01%)。

[示例 1-4] 葡萄糖的氯化物检查。

取本品 0.6 g,依法检查,与标准氯化钠溶液 6.0 mL 制成的对照液比较,不得更浓(0.01%)。

操作链接

标准氯化钠溶液的制备

称取氯化钠 0.165 g,置 1 000 mL 置瓶中,加水适量使溶解并稀释至刻度,摇匀,作为储备液。

临用前,精密量取储备液 10 mL,置 100 mL 瓶中,加水稀释至刻度,摇匀,即得(每 1 mL 相当于 10 μg 的 Cl)。

拓展训练项目二

重金属检查法。

训练内容

1. 仪器与试液

25 mL 纳氏比色管;过滤器,为具有螺纹丝扣并能密封的上下两部分,以及垫圈、滤膜和尼龙垫网所组成;高温炉;瓷坩埚。标准铅溶液、醋酸盐缓冲液(pH3.5)、硫代乙酰胺试液、硫化钠试液、稀焦糖溶液。

2. 操作方法

(1)第一法　供试品溶液和对照溶液的配制(图 1-3)。

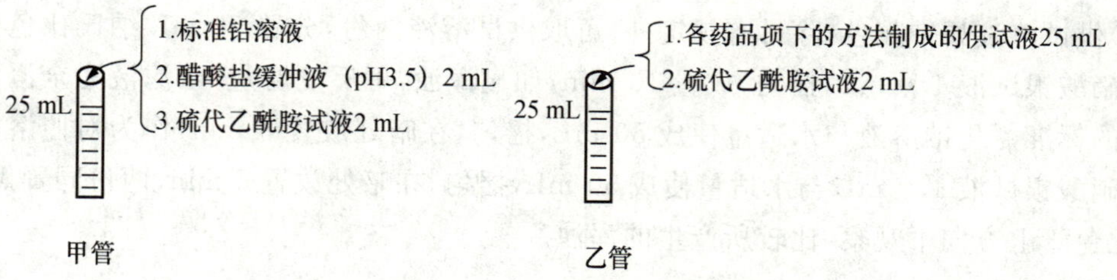

图 1-3　供试品溶液和对照溶液的配制

摇匀,放置 2 min,同置白纸上,自上向下透视,乙管中显出的颜色与甲管比较,不得更深。

如在甲管中滴加稀焦糖溶液仍不能使颜色一致时，可取该品种项下规定的二倍量的供试品和试液，加水或该药品项下规定的溶剂使成 30 mL，将溶液分成甲乙二等份，乙管中加水或该品种项下规定的溶剂稀释成 25 mL；甲管中加入硫代乙酰胺试液 2 mL，摇匀，放置 2 min，经滤膜（孔径 3 μm）滤过，然后甲管中加入标准铅溶液一定量，加水或该品种项下规定的溶剂使成 25 mL；再分别在乙管中加硫代乙酰胺试液 2 mL，甲管中加水 2 mL，照上述方法比较，即得。

供试品如含高铁盐影响重金属检查时，可取该品种项下规定方法制成的供试品溶液，加抗坏血酸 0.5～1.0 g，并在对照液中加入相同量的抗坏血酸，再照上述方法检查。

配制供试品溶液时，如使用的盐酸超过 1.0 mL（或与盐酸 1.0 mL 相当的稀盐酸），氨试液超过 2 mL，或加入其他试剂进行处理者，除另有规定外，对照液中应取同样同量的试剂置瓷皿中蒸干后，加醋酸盐缓冲液（pH3.5）2 mL 与水 15 mL，微热溶解后，移置甲管中，加标准铅溶液一定量，再用水稀释成 25 mL。

（2）第二法　对照溶液和供试品溶液的配制（图 1-4a 和 b）。照上述第一法检查，即得。

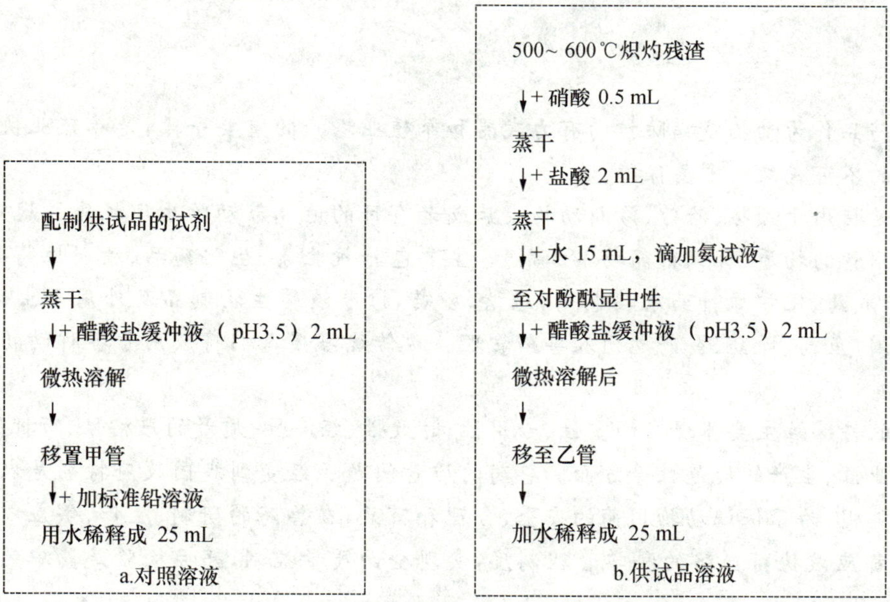

图 1-4　对照溶液和供试品溶液的配制

（3）第三法　除另有规定外，取供试品适量，加氢氧化钠试液 5 mL 与水 20 mL 溶解后，置纳氏比色管中，加硫化钠试液 5 滴，摇匀，与一定量的标准铅溶液同样处理后的颜色比较，不得更深。

（4）第四法

①标准铅斑的制备　精密量取标准铅溶液一定量，置小烧杯中，用水或各品种项下规定的溶剂稀释成 10 mL，加入醋酸盐缓冲液（pH3.5）2 mL 与硫代乙酰胺试液 1.0 mL，摇匀，放置 10 min，用 50 mL 注射器转移至过滤器中进行压滤（滤速约为 1 mL/min），滤毕，取下滤膜，放在滤纸上干燥，即得。

②检查法　取按各品种项下规定方法制成的供试品溶液 10 mL，照标准铅斑的制备，自“加入醋酸盐缓冲液（pH3.5）2 mL”起，依法操作，将生成的斑点与标准铅斑比较，不得更深。

若供试品溶液有颜色或浑浊，应用滤膜进行预滤，如滤膜上有污染，应换滤膜再滤，直至滤膜不再染色；然后取滤液 10 mL，照标准铅斑的制备，自“加入醋酸盐缓冲液(pH3.5)2 mL”起，依法操作，将生成的斑点与标准铅斑比较，不得更深。

3. 结果判定

第一、二、三法，甲管与乙管比较，乙管所呈颜色浅于甲管，判为符合规定。第四法，供试液所得斑点浅于标准铅斑的颜色，判为符合规定。

4. 注意事项

(1)配制与贮存标准铅溶液用的玻璃容器均不得含铅，标准铅溶液应在临用前取贮备液新鲜配制，以防水解产生误差。

(2)在酸性条件下检测重金属限量时，因为在 pH3.5 时硫代乙酰胺试液与重金属反应完全，应严格控制溶液的酸碱度。

(3)供试品中如含有高铁盐，在弱酸性溶液中会使硫代乙酰胺水解生成的硫化氢进一步氧化析出硫，产生浑浊而影响比色，可加入抗坏血酸或盐酸羟胺将高铁离子还原为亚铁离子而消除干扰。

参考阅读

动物药品作为动物疫病防控的有力武器和养殖业增产的重要手段，是养殖业快速、持续、健康发展的不可或缺的重要保障。

兽药是指用于预防、治疗、诊断动物疾病或者有目的地调节动物生理机能并规定作用、用途、用法、用量的物质(含饲料药物添加剂)。主要包括抗生素、生化药品、放射性药品，兽用的中药材、中成药、化学原料药及其制剂，血清、疫苗、诊断液等生物制品及外用杀虫剂、消毒剂等。在我国，鱼药、蜂药、蚕药也列入兽药管理。按传统习惯人们将应用于各种动物的药品称为兽药。

兽药的特殊性主要体现在两重性、专用性、时效性、经济性、质量的严格性、审批的科学性、检验的专业性、生产的规范性等方面。兽药的质量问题已经受到我国政府特别是农业部的高度关注与重视，为了保证动物用药的安全、合理和有效，在兽药的研制、生产、供应以及临床使用过程中都应该执行严格的科学管理制度，实现全面质量控制，药品检验是其中的一个重要方面。

5. 应用示例

[示例 1-5] 安乃近中的重金属检查。

取本品 1.0 g，置石英坩埚或硬质玻璃蒸发皿中，加硫酸 1 mL 使湿润，缓缓炽灼至硫酸蒸气除尽，放冷，加硝酸 0.5 mL，继续炽灼至氧化氮蒸气除尽后，在 500～600℃炽灼使完全灰化，放冷，加盐酸 2 mL，置水浴上蒸干，加水 15 mL 使溶解，滴加氨试液至对酚酞指示液显中性，再加醋酸盐缓冲液(pH3.5)2 mL 与水适量使成 25 mL，依法检查(第一法)，含重金属不得过 20×10^{-6}(百万分之二十)。

[示例 1-6] 葡萄糖中的重金属检查。

取本品 4.0 g，加水 23 mL 溶解后，加醋酸盐缓冲溶液(pH3.5)2 mL，依法检查(第一法)，含重金属不得过 5×10^{-6}(百万分之五)。

拓展训练项目三

砷盐检查法。

训练内容

1. 仪器装置

古蔡氏法的仪器装置(图 1-5)。A 为 100 mL 标准磨口锥形瓶;B 为中空的标准磨口塞;C 为导气管;D 为具孔的有机玻璃旋塞;E 为中央具有圆孔的有机玻璃旋塞盖,与 D 紧密吻合。

二乙基二硫代氨基甲酸银法的仪器装置(图 1-6)。A 为 100 mL 标准磨口锥形瓶;B 为中空的标准磨口塞;C 为导气管;D 为平底玻璃管。

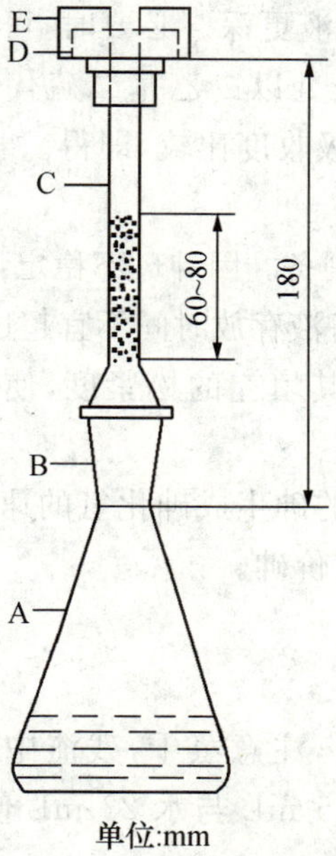

单位:mm

图 1-5　古蔡氏法仪器装置

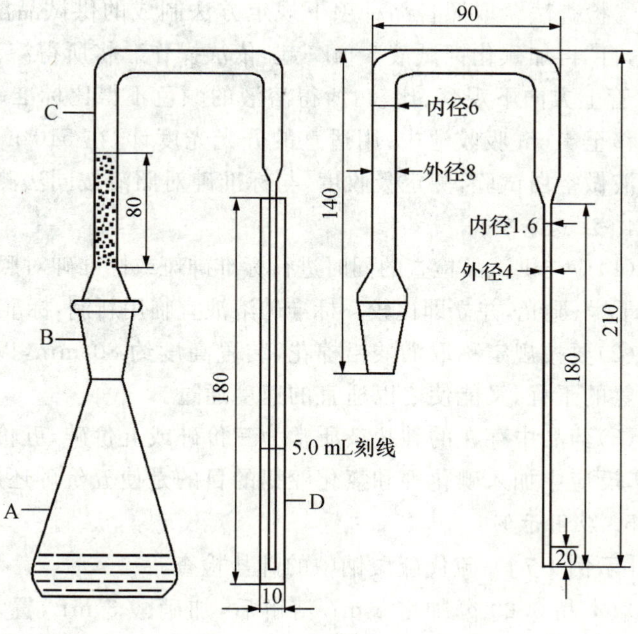

单位:mm

图 1-6　二乙基二硫代氨基甲酸银法仪器装置

2. 试液

标准砷溶液、碘化钾试液、酸性氯化亚锡试液、乙醇制溴化汞试液、溴化汞试纸、锌粒、醋酸铅棉花、二乙基二硫代氨基甲酸银试液。

3. 操作方法

(1)第一法(古蔡氏法)

①装置的准备　取醋酸铅棉花 60 mg 均匀地装入导气管 C 中,装管高度为 60～80 mm。取溴化汞试纸 1 片(其大小能覆盖 D 顶端孔径而不露出平面外为宜),置旋塞 D 顶端平面上,盖住孔径,盖上旋盖 E 并旋紧。

②标准砷斑的制备　精密量取标准砷溶液 2 mL,置 A 瓶中,加盐酸 5 mL 与水 21 mL,再加碘化钾试液 5 mL 与酸性氯化亚锡试液 5 滴,在室温放置 10 min 后,加锌粒 2 g,立即将准备好的导气管 C 密塞于 A 瓶上,并将 A 瓶置 25～40℃水浴中反应 45 min,取出溴化汞试纸,即得。

③检查法　取按各品种项下规定方法制成的供试品溶液，置A瓶中，照标准砷斑的制备，自“再加碘化钾试液5 mL”起，依法操作。将生成的砷斑与标准砷斑比较，不得更深。

(2)第二法(二乙基二硫代氨基甲酸银法)

①装置的准备　取醋酸铅棉花60 mg均匀地装入导气管C中，装管高度约80 mm。于D管中精密加入二乙基二硫代氨基甲酸银试液5 mL。

②标准砷对照液的制备　精密量取标准砷溶液2 mL，置A瓶中，加盐酸5 mL与水21 mL，再加碘化钾试液5 mL与酸性氯化亚锡试液5滴，在室温放置10 min后，加锌粒2 g，立即将准备好的导气管C与A瓶密塞，使生成的砷化氢气体导入D管中，并将A瓶置25～40℃水浴中反应45 min，取出D管，添加三氯甲烷至刻度，混匀，即得。

③检查法　取照各品种项下规定方法制成的供试品溶液，置A瓶中，照标准砷对照液的制备，自“再加碘化钾试液5 mL”起，依法操作。将所得溶液与标准砷对照液同置白色背景上，从D管上方向下观察、比较，所得溶液的颜色不得比标准砷对照液更深。必要时，可将所得溶液转移至1 cm吸收池中，用适宜的分光光度计，在510 nm波长处以二乙基二硫代氨基甲酸银试液做空白试验，测定吸收度，与标准砷对照液按同法测得的吸收度比较，即得。

4. 注意事项

(1)应与供试品检查的同时进行标准砷斑或标准砷对照液的制备。因砷斑不稳定，反应中应保持干燥、避光，并立即比较。标准砷溶液宜临用新制，标准砷贮备液存放时间不宜超过一年。

(2)要按规定称取醋酸铅棉花，装置高度约80 mm，以控制其填充的松紧度，使既能免除硫化氢的干扰，又能使之以适宜的速度通过。

(3)药品中存在的砷盐杂质常为三价砷或五价砷，五价状态的砷生成砷化氢的速度比三价砷慢，反应中加入碘化钾和氯化亚锡的目的是使五价砷还原为三价砷。

5. 应用示例

[示例1-7]　硫代硫酸钠中的砷盐检查。

取本品0.20 g，加水5 mL溶解后，加硝酸3 mL，置水浴上，注意蒸干，残渣中加水数毫升，搅匀，滤过，滤渣用水洗净，合并滤液与洗液，蒸干后，加盐酸5 mL与水23 mL使溶解，依法检查(第一法)，应符合规定(0.001%)。

[示例1-8]　硫酸镁中的砷盐检查。

取本品1.0 g，加水23 mL溶解后，加盐酸5 mL，依法检查(第一法)，应符合规定(0.000 2%)。

[示例1-9]　喹乙醇中的砷盐检查。

取本品1.0 g，加盐酸10 mL溶解后，加水20 mL，依法检查，应符合规定(0.000 2%)。

拓展训练项目四

易炭化物检查。

训练内容

1. 操作方法

取内径一致的比色管两支：甲管中加各品种项下规定的对照液5 mL；乙管中加硫酸[含H_2SO_4 94.5%～95.5%(质量百分数)]5 mL后，分次缓缓加入规定量的供试品，振摇使溶解。

除另有规定外，静置 15 min 后，将甲乙两管同置白色背景前，平视观察，乙管中所显颜色不得较甲管更深。

供试品如为固体，应先研成细粉。如需加热才能溶解时，可取供试品与硫酸混合均匀，加热溶解后，放冷，再移置比色管中。

2.应用示例

[示例 1-10]　乳酸的易炭化物检查。

取 95%硫酸 5 mL，置洁净的试管中，注意沿管壁加本品 5 mL，使成两液层，在 15℃静置 15 min，接界面的颜色不得比淡黄色更深。

[示例 1-11]　马来酸氯苯那敏易炭化物检查。

取本品 25 mg，依法检查，与黄色 1 号标准比色液比较，不得更深。

参考阅读

药物的杂质检查

1. 药物的纯度　指药物的纯净程度。

在药物的研究、生产、供应和临床使用等方面，必须保证药物的纯度，才能保证药物的有效和安全。通常可从药物的结构、外观性状、理化常数、杂质检查和含量测定等方面作为一个有联系的整体来表明和评定药物的纯度，所以在药物的质量标准中就规定了药物的纯度要求。

药物中含有杂质是影响纯度的主要因素，如药物中含有超过限量的杂质，就有可能使理化常数变动，外观性状产生变异，并影响药物的稳定性；杂质增多也使含量明显偏低或活性降低，毒副作用显著增加。因此，药物的杂质检查是控制药物纯度的一个非常重要的方面，所以药物的杂质检查也可称为纯度检查。

2. 杂质的来源　一是由生产过程中引入；二是在贮藏过程中受外界条件的影响，引起药物理化性持发生变化而产生。

由于所用原料不纯或所用原料中有一部分未反应完全，以及反应中间产物与反应副产物的存在，在精制时未能完全除去，都会使产品中存在杂质。在贮藏过程中在温度、湿度、日光、空气等外界条件影响下，或因微生物的作用，引起药物发生水解、氧化、分解、异构化、晶型转变、聚合、潮解和发霉等变化，使药物中产生有关的杂质。不仅使药物的外观性状发生改变，更重要的是降低了药物的稳定性和质量，甚至失去疗效或对人体产生毒害。

3. 杂质分类　按来源可分为一般杂质和特殊杂质。

一般杂质是指在自然界中分布较广，在多种药物的生产和贮藏过程中容易引入的杂质，如酸、碱、水分、氯化物、硫酸盐、砷盐、重金属等。特殊杂质是指在个别药物的生产和贮藏过程中引入的杂质。

4. 杂质的检查方法　一般分 3 种。

(1)对照法　又叫限量检查法，系指取限度量的待检杂质的对照物质配成对照液，另取一定量供试品配成供试品溶液，在相同条件下处理，比较反应结果(比色或比浊)。由于杂质不可能完全除尽，所以在不影响疗效和不发生毒性的原则下，既保证药物质量，又便于制造、贮藏和制剂生产，对于药物中可能存在的杂质，允许有一定限量，通常不要求测定其准确含量。

杂质限量是指药物中所含杂质的最大容许量。通常用百分之几或百万分之几来表示。

(2)灵敏度法　系指在供试品溶液中加入试剂，在一定反应条件下，不得有正反应出现，从而判断供试品中所含杂质是否符合限量规定。

(3)比较法　系指取供试品一定量依法检查,测得待检杂质的吸收度等与规定的限量比较,不得更大。

学习子情境 1.2　折光度测定

学习任务

维生素 E 折光率测定。

仪器与用具

阿贝折光仪。

实验材料

维生素 E;乙醇、丙酮或乙醚。

操作方法

(1)仪器的准备　将阿贝折光仪置光线充足的地方,与恒温水浴连接,使折光仪棱镜的温度为 20℃,然后将反光镜打开,向后扭转约 180°。

(2)仪器的校正　把上棱镜(折射棱镜)与校正用的标准玻璃用丙酮洗净擦干,将一滴溴代萘滴在标准玻璃的光滑面上,然后贴在上棱镜面上,用手指轻压标准玻璃的四角,使棱镜与标准玻璃之间铺有一层均匀的溴代萘。转动反光镜,使光射在标准玻璃的光面上,调节棱镜转动手轮,使目镜望远镜视野分为明暗两部分,消除彩色并使明暗分界清晰,使明暗分界线对准在十字线上(图 1-7)。此时由读数视野读出折射率,再与标准玻璃所刻数值比较,二者相差不大于±0.000 1,校正完毕,也可用纯水进行校正。

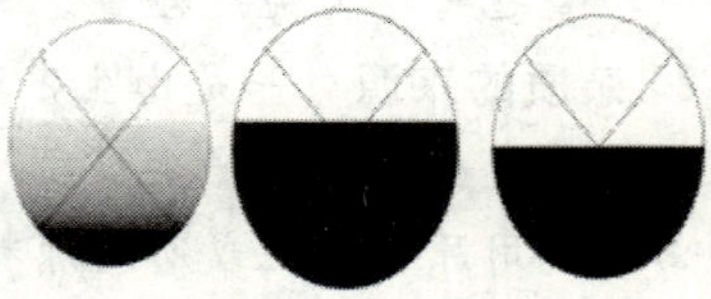

图 1-7　明暗分界示意图

课堂互动

如何进行折光仪的校正?

(3)供试品的测定　将进光棱镜和折射棱镜用丙酮或乙醚洗净,用擦镜纸擦干,注入数滴供试液,立即闭合棱镜,使样品与棱镜于 20℃保持数秒钟,然后参照上述方法调节,使分界线位于十字线的中心,此时目镜视场下方显示的示值即为被测液体的折光率。记录读数,重复测定 3 次,所得读数平均值即为供试品的折光率。

测定结束后,打开棱镜,用擦镜纸轻轻擦干棱镜面。

注意事项

(1)仪器必须置于有充足光线和干燥的房间,不可在酸碱气或潮湿的实验室中使用,更不可放置仪器于高温炉或水槽旁。

(2)供试品的折光率因温度或入射光波长的不同而改变。一般温度升高,折光率降低;入射光的波长越短,折光率越大。

(3)上下棱镜必须保持清洁,勿用粗糙的纸或酸性乙醚擦拭。注意用其测试强酸、强碱或有腐蚀性的供试品。测定完毕后,应用能够溶解药品的溶剂(如水、乙醇或乙醚等)将上下棱镜擦拭干净并晾干。

(4)供试品的加样量要适中,滴加供试品时,注意棒或滴管尖不要触及棱镜,防止棱镜造成划痕。

(5)测定挥发性液体时,可将上下棱镜关闭,将测定液沿棱镜进样孔流入,要随加随读;测固体样品或用标准玻璃校正仪器时,只能将供试品或标准玻璃置于测定棱镜上,而不能关闭上下棱镜。

应用示例

[**示例 1-12**] 维生素 E:本品的折光率为 1.494～1.499。

[**示例 1-13**] 维生素 K_1:本品的折光率为 1.525～1.528。

[**示例 1-14**] 尼可刹米:本品的折光率在 25℃时为 1.522～1.524。

理论参考

光线自一种透明介质进入另一种透明介质时,由于光线在两种介质中传播的速度不同,使光线在两种介质的平滑界面上发生折射。根据折射定律,折光率是指光线入射角的正弦与折射角的正弦的比值,即 $n=\frac{\sin i}{\sin r}$。

式中:n 为折光率,$\sin i$ 为光线的入射角的正弦;$\sin r$ 为光线的折射角的正弦。通常以 n_D^t 表示,t 为测定时的温度,除另有规定外,通常为 20℃,D 为钠光谱的 D 线(波长 589.3 nm),测定折光率可以区别不同油类或检查某些药物的纯杂程度。

测定折光率主要步骤为仪器的准备→仪器的校正→供试品的测定。

测定的仪器称为折光计,如常用的阿贝折光仪的结构主要有底座、反光镜、棱镜组、转动手轮、分划板、目镜、读数物镜及温度计等组成(图 1-8)。

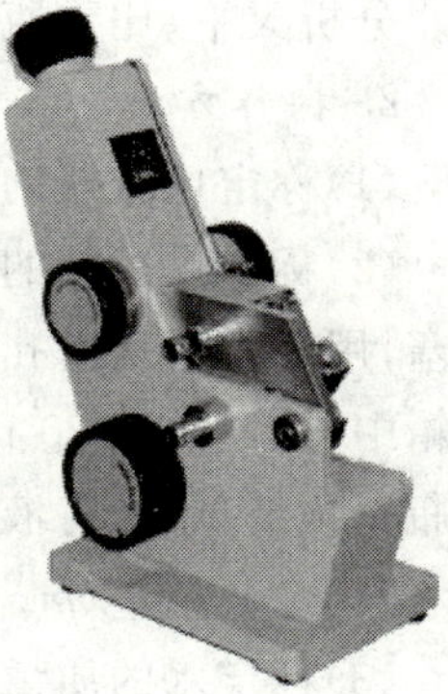

图 1-8 阿贝折光仪

参考阅读

动物药品检验工作应与生产单位紧密配合,积极开展药物及其制剂在生产过程中的质量控制,严格控制中间体的质量,并发现影响动物药品质量的主要工艺,从而优化生产工艺条件,促进生产和提高质量;也应与供应管理部门密切协作,注意兽药在贮藏过程中的质量与稳定性考察,以便采取科学合理的贮藏条件和管理方法,保证兽药的质量;研究药物进入机体内的变化,如药物在动物体内的吸收、分布、排泄和代谢转化过程,有利于更好地指导临床用药,减少药物的毒副作用。

我国2004年11月1日起施行的《兽药管理条例》对药品的监督管理做出了法律规定，其中规定药品监督管理部门有进行监督检查、抽样检查以及公布药品质量抽查检验结果等权力、义务。为了加强药品质量监督检验，国家设置了专门的法定药品检验机构，由专业技术人员用适当的检验仪器和手段对研制、生产、经营、使用及进出口药品依法进行检验。

随着饲养结构的变化，我国的兽药产品结构也适应了这种变化。在兽药一般传统剂型散剂、片剂、注射剂的基础上，近年来结合畜牧生产的实际情况，开发出如口服液、灌注剂、颗粒剂、溶液剂、粉剂、胶囊剂、滴眼剂等，目前正向缓、控释制剂和靶向制剂的研究方向发展。对于这些制剂质量标准的研究和制订，以及生物利用度和药代动力学的研究，必须采用灵敏度高、专属性好的分析方法。研制能参与国际市场竞争的中药新制剂，要求对原料和成品有科学可控的质量标准，对于中成药质量的综合评价更应运用现代分离分析技术和计算机技术；现代生物技术所研制的生化药物和基因工程药物在检测方法上，也多采用现代色谱、光谱等综合性方法。

因此，通过采用物理学、化学、光谱学、色谱学、生物检定等方法，对兽药进行严格的分析检验，对各个环节全面地保证、控制与研究，提高兽药的质量，从而促进兽药生产的发展为本课程的主要任务。

拓展训练项目

比重瓶法测定药品的相对密度。

训练内容

1. 仪器与用具

分析天平、比重瓶、恒温水浴箱、温度计等。

2. 操作方法

(1)称定比重瓶的质量　将比重瓶洗净并干燥，带塞精密称定其质量(m_1)。

(2)称定供试品的质量　取上述已称定质量的比重瓶，装满供试品，插入中心有毛细孔的瓶塞，用滤纸将从塞孔及瓶塞周围溢出的液体擦干，置20℃(或各药品项下规定的温度)的水浴箱中，放置10～20 min，随着供试液温度的上升，过多的液体不断从塞孔溢出，随即用滤纸将瓶塞顶部拭干，待液体不再从瓶塞溢出，迅速将比重瓶自水浴箱中取出，用滤纸擦干瓶壁外的水，称定其质量(m_2)，求得供试品的质量(m_2-m_1)。

(3)称定水的质量　求得供试品的质量后，将比重瓶中的供试品倾去，洗净，装满新沸过的冷水，照供试品质量的称定法，精密称定水与比重瓶的质量(m_3)，求得相同温度时水的质量(m_3-m_1)。

3. 结果计算

$$供试品的相对密度=\frac{供试品质量}{水质量}=\frac{m_2-m_1}{m_3-m_1}$$

式中：m_1 为比重瓶的质量，g；m_2 为比重瓶与供试品的质量，g；m_3 为比重瓶与水的质量，g。

4. 注意事项

(1)比重瓶必须洁净、干燥。

(2)装过供试液的比重瓶必须冲洗干净，如供试品为油剂，测定后应尽量倾去，先用石油醚和氯仿冲洗数次，再用乙醇、水冲洗干净。

(3)比重瓶在装供试液和水时,应小心沿壁缓缓倒入,避免产生气泡。

(4)将比重瓶从水浴箱取出时,应用手拿住瓶颈,以免液体因手温影响而膨胀溢出。

(5)测定具有腐蚀性供试品时,可用一表面皿等放置天平盘上,以防腐蚀天平。

(6)采用比重瓶法时的环境(指比重瓶和天平等的放置环境)温度应略低于20℃或各品种项下规定的温度。

5. 应用示例

[示例1-15]　复方甲醛溶液:本品的相对密度为1.020～1.060。

[示例1-16]　聚山梨酯80:相对密度(韦氏比重秤法)为1.06～1.09。

[示例1-17]　二嗪农溶液(250EC):本品的相对密度为0.930～0.960。

6. 原理简介

相对密度是指在相同的温度、压力条件下,某物质的密度与水的密度之比。除另有规定外,温度为20℃。

纯物质的相对密度在特定条件下为不变的常数,当其纯度变化时,相对密度也会随时改变。因此,测定药品的相对密度,可用以鉴别药品的真伪或检查药品的纯杂程度。

(1)比重瓶法　分为温度计比重瓶法和不带温度计比重瓶法。测定装置见图1-9。

(2)韦氏比重秤法　用20℃时相对密度为1的韦氏比重秤测定时,取洁净的玻璃圆筒将新沸过的冷水装至八分满,置20℃(或各药品规定项下的温度)的水浴中,搅动圆筒内的水,调节温度至20℃(或各药品规定项下的温度),将悬于秤端的玻璃锤浸入圆筒内的水中,称臂右端悬挂游码于1.000 0处,调节秤臂左端平衡用螺丝,使之平衡。然后将玻璃圆筒内的水倾去,拭干,装入待测的供试液至相同的高度,用同法调节温度后,将玻璃锤拭干后,浸入供试液中,调节秤臂上游码的数量与位置,使之平衡,读取数值,即为供试品的相对密度。

若使用4℃时相对密度为1的比重秤,用水校准时,游码应悬挂于0.998 2处,并将供试品在20℃测得的数值除以0.998 2。

液体药品的相对密度,一般用比重瓶测定;测定易挥发液体的相对密度,可用韦氏比重秤。测定装置见图1-10。

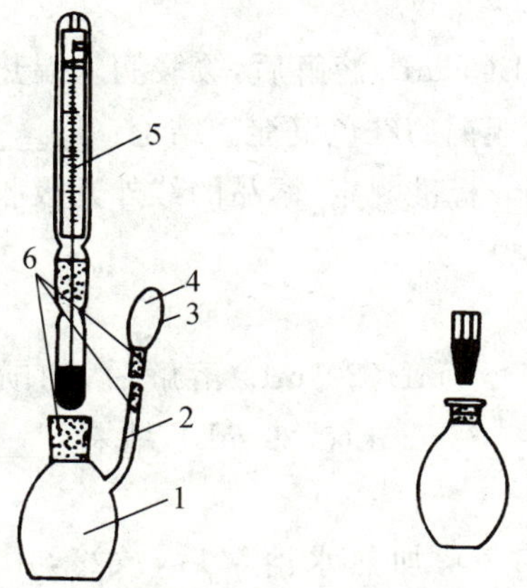

图1-9　带温度计的比重瓶和比重瓶

1. 比重瓶主体　2. 侧管　3. 侧孔　4. 罩　5. 温度计　6. 玻璃磨口

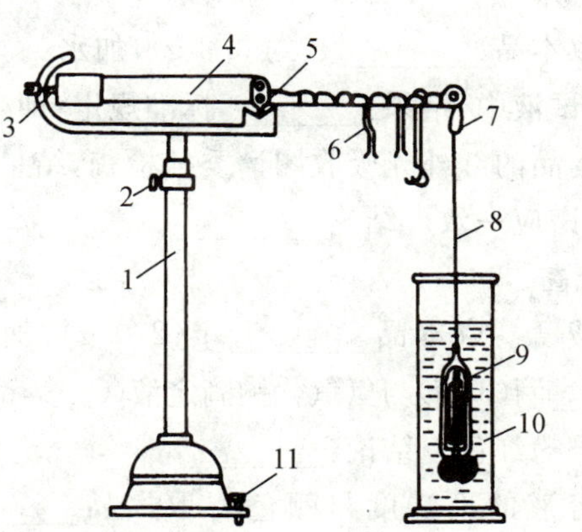

图1-10　韦氏比重秤

1. 支架　2. 调节器　3. 指针　4. 横梁　5. 刀口　6. 游码　7. 小钩　8. 细白金丝　9. 玻璃锤　10. 玻璃圆筒　11. 调整螺丝

检验记录示例

原辅料检验操作记录

编号：

品　　名	葡萄糖	收到日期	
批　　号		检验日期	
规　　格		检验单号	
本批数量		检品来源	
检验项目	全检	检验依据	《葡萄糖原料检验操作规程》

1. 性状

(1)取供试品________g(约 10 g)，平摊于平面皿中，用肉眼在自然光下观察，为无色结晶或白色结晶性或颗粒性粉末，嗅闻气味，取少量本品放于舌尖尝其味道。结果：________标准规定：为无色结晶或白色结晶性或颗粒性粉末，无臭，味甜。结论：________

(2)取本品________g(1 g)，置干燥试管中，加________℃(25℃±2℃)的水________mL(9 mL)，每隔 5 min 强力振摇 30 s；观察 30 min 内的情况，结果：________标准规定：看不见本品颗粒或粉末。结论：________

(3)取本品________g(0.1 g)，置于干燥烧杯中，加入________℃(25℃±2℃)的乙醇________mL(99 mL)，每隔 5 min 强力振摇 30 s；观察 30 min 内的情况，结果：________标准规定：看不见本品颗粒或粉末。结论：________

(4)比旋度　取本品约 10 g，精密称定，置 100 mL 量瓶中，加水适量与氨试液________mL(0.2 mL)，溶解后，用水稀释至刻度，摇匀，放置________min(10 min)，在________℃(25℃)时，按《旋光度测定标准操作规程》测定，结果：________标准规定：比旋度为+52.5°～+53.0°。结论：________

2. 鉴别

(1)取本品________g(约 0.2 g)，加水________mL(5 mL)溶解后，缓缓滴入温热的碱性酒石酸铜试液中，结果：________标准规定：即生成氧化亚铜的红色沉淀。结论：________

(2)本品的红外光吸收图谱委托检查，结果：________标准规定：本品的红外光吸收图谱与对照的图谱应一致。结论：________

3. 检查

(1)酸度　取本品________g(2.0 g)，加水________mL(20 mL)溶解后，加酚酞指示液________滴(3 滴)与氢氧化钠滴定液(0.02 mol/L)________mL(0.20 mL)，结果：________标准规定：显粉红色。结论：________

(2)溶液的澄清度与颜色　取本品________g(5 g)，加热水溶解后，放冷，用水稀释至________mL(10 mL)，在亮处观察溶液，结果：________标准规定：溶液应澄清无色；如显浑浊，按《澄清度检查法》检查，与 1 号浊度标准液比较，结果：________标准规定：不得更浓；如显色，按《溶液颜色检查操作规程》检查，与对照液 1.0 mL 加水稀释至________mL(10 mL)比较，结果：________标准规定：不得更深。结论：________

(3)乙醇溶液的澄清度　取本品________ g(1.0 g),置烧瓶中,加90%乙醇________ mL(30 mL),置水浴上加热回流约________ min(10 min),结果:________标准规定:溶液应澄清。结论:________

(4)氯化物　取本品________ g(0.6 g),按《氯化物检查操作规程》检查,与标准氯化钠溶液________ mL(6.0 mL)制成的对照液比较,结果:________标准规定:不得更浓(0.01%)。结论:________

(5)硫酸盐　取本品________ g(2.0 g),按《硫酸盐检查法》检查,与标准硫酸钾溶液________ mL(2.0 mL)制成的对照液比较,结果:________标准规定:不得更浓(0.01%)。结论:________

(6)亚硫酸盐与可溶性淀粉　取本品________ g(1.0 g),加水________ mL(10 mL)溶解后,加碘试液________滴(1滴)结果:________标准规定:即显黄色。结论:________

(7)干燥失量　精密称取葡萄糖约1 g,置于与葡萄糖同样条件下干燥至恒重的扁形称量瓶中,精密称定,在105℃干燥至恒重。(减失重量不得过9.5%)

温度(℃)		相对湿度(%)		天平编号	
干燥温度(℃)		干燥时间		干燥箱编号	
空称量瓶恒重(g) m_1	第一次			m_1:	
	第二次				
	第三次				
供试品重量(g)	m:				
称量瓶+样恒重(g) m_2	第一次			m_2:	
	第二次				
	第三次				
计算	$(m_1+m-m_2)\div m\times 100\%=$				
标准规定	减失重量不得过9.5%				
项目结论					

(8)炽灼残渣　取本品1.0 g,置已炽灼至恒重的坩埚中,精密称定,缓缓炽灼至完全炭化,放冷至室温,加硫酸________ mL(0.5～1 mL),低温加热至硫酸蒸汽除尽,在________℃(700～800℃)炽灼使完全炭化,放冷后精密称定,再在________℃(700～800℃)炽灼至恒重,炽灼残渣不得过0.1%。

温度(℃)		相对湿度(%)		天平编号	
炽灼温度(℃)		炽灼时间		马弗炉编号	
空坩埚恒重(g) m_1	第一次			m_1:	
	第二次				
	第三次				
供试品重量(g)	m:				

续表

坩埚+样恒重(g) m_2	第一次		m_2:
	第二次		
	第三次		
计算	$(m_2-m_1)\div m\times100\%=$		
标准规定	炽灼残渣不得过0.1%		
项目结论			

(9)蛋白质　取本品________g(1.0 g),加水________mL(10 mL)溶解后,加磺基水杨酸溶液(1→5)________mL(3 mL),结果:________标准规定:不得发生沉淀。结论:________

(10)铁盐　取本品________g(2.0 g),加水________mL(20 m)溶解后,加硝酸________滴(3 滴),缓缓煮沸________min(5 min),放冷,用水稀释使成________mL(45 mL),加硫氰酸铵溶液(30→100)________mL(3 mL),摇匀,如显色,与标准铁溶液________mL(2.0 mL)用同一方法制成的对照液比较,结果:________标准规定:不得更深(0.001%)。结论:________

(11)重金属　取本品________g(4.0 g),加水________mL(23 mL)溶解后,加醋酸盐缓冲(pH3.5)________mL(2 mL),按《重金属检查操作法》进行测定,含重金属不得过 5×10^{-6}(百万分之五)。

温度(℃)		相对湿度(%)	
天平编号		马弗炉编号	
标准铅浓度(μg/mL)		取用量(mL)	
容量瓶容量:　mL　　容量瓶编号:		移液管:　mL　　移液管编号:	
样品重(g)			
结果(与标准液管比较)			
标准规定	供试品管的颜色与标准液管比较,不得更深。		
项目结论			

(12)砷盐　取本品 2.0 g,加水________mL(5 mL)溶解后,加稀硫酸________mL(5 mL)与溴化钾溴试液________mL(0.5 mL),置水浴上加热约________min(20 min),使保持稍过量的溴存在,必要时,再补加溴化钾溴试液适量,并随时补充蒸散的水分,放冷,加盐酸________mL(5 mL)与水适量使成________mL(28 mL),按《砷盐检查操作规程》检查,[符合规定(0.000 1%)]。

温度(℃)		相对湿度(%)	
天平编号		反应时间	
标准砷浓度(μg/mL)		取用量(mL)	
容量瓶容量:　mL　　容量瓶编号:		移液管:　mL　　移液管编号:	

续表

样品重(g)	
结果(与标准砷斑比较)	
标准规定	供试品砷斑的颜色与标准砷斑比较,不得更深。
项目结论	

检验人: 复核人:

资料卡

药用辅料

药用辅料系指生产兽药和调配处方时使用的赋形剂和附加剂;是除活性成分以外,在安全性方面已进行了合理的评估,且包含在药物制剂中的物质。药用辅料除了赋形、充当载体、提高稳定性外,还具有增溶、助溶、缓控释等重要功能,是可能会影响到兽药的质量、安全性和有效性的重要成分。

药用辅料的质量标准应建立在经主管部门确认的生产条件、生产工艺以及原材料的来源等基础上,上述影响因素任何之一发生变化,均应重新确认药用辅料质量标准的适应性;药用辅料可能于多种给药途径,同一药用辅料用于给药途径不同的制剂时,其用量和质量要求亦不相同,应根据实际情况在安全用量范围内确定用量,并根据临床用药要求制定相应的质量控制项目,质量标准的项目设置需重点考察安全性指标。

在指定药用辅料质量标准时既要考虑药用辅料自身的安全性,也要考虑影响制剂生产、质量、安全性和有效性的性质。药用辅料质量标准的内容主要包括两部分:

(1)与生产工艺及安全性有关的常规试验,如性状、鉴别、检查、含量测定等项目;

(2)影响制剂性能的功能性试验,如黏度等。

根据不同的生产工艺及用途,药用辅料的残留溶剂、微生物限度或无菌应符合要求;注射用药用辅料的热原或细菌内毒素、无菌等应符合要求。

药用辅料的包装上应注明为“药用辅料”,且药用辅料的适用范围(给药途径)、包装规格及贮藏要求应在包装上予以明确。

质量标准示例

淀粉

本品系自禾本科植物玉蜀黍 *Zea mays* L.的颖果或大戟科植物木薯 *Manihot utilissima* Pohl.的块根中制得的多糖类颗粒。

【性状】本品为白色粉末;无臭。

本品在冷水或乙醇中均不溶解。

【鉴别】(1)取本品约 1 g,加水 15 mL,煮沸,放冷,即成类白色半透明的凝胶状物。

(2)取本品约 0.1 g,加水 20 mL 混匀,加碘试液数滴,即显蓝色或蓝黑色,加热后逐渐褪色,放冷,蓝色复现。

(3)取本品,用甘油醋酸试液装置,在显微镜下观察。玉蜀黍淀粉均为单粒,呈多角形或类圆形,直径为 5～30 μm;脐点中心性,呈圆点状或星状;层纹不明显。木薯淀粉多为单粒,圆形或椭圆形，直径为 5～35 μm，旁边有一凹处；脐点中心性，呈圆点状或星状，层纹不明显。不得有其他品种的淀粉颗粒。

(4)取本品，在偏光显微镜下观察。玉蜀黍淀粉和木薯淀粉均呈现偏光十字，十字交叉位于颗粒脐点处。

【检查】酸度　取本品 20.0 g，加水 100 mL，振摇 5 min 使混匀，立即依法测定，pH 应为 4.5～7.0。

干燥失重　取本品，在 105℃干燥 5 h，减失的重量，玉蜀黍淀粉不得过 14.0%，木薯淀粉不得过 15.0%。

灰分　取本品约 1.0 g，置炽灼至恒重的坩埚中，精密称定，缓缓炽灼至完全炭化后逐渐升高温度至 600～700℃，使完全灰化失重并恒重，遗留的灰分，玉蜀黍淀粉不得过 0.2%，木薯淀粉不得过 0.3%。

铁盐　取本品 0.50 g，加稀盐酸 4 mL 与水 16 mL，振摇 5 min，滤过，用水少量洗涤，合并滤液与洗液，加过硫酸铵 50 mg，用水稀释成 35 mL 后，依法检查，与标准铁溶液 1.0 mL 制成的对照液比较，不得更深(0.002%)。

二氧化硫　取本品 20.0 g 置具塞锥形瓶中，加水 200 mL，充分振摇，滤过，取滤液 100 mL，加淀粉指示液 2 mL，用电滴定液(0.005 mol/L)滴定，并将滴定的结果用空白试验校正。消耗的碘滴定液(0.005 mol/L)不得过 1.25 mL(0.004%)。

氧化物质　取本品 4.0 g，置具塞锥形瓶中，加水 50.0 mL，密塞，振摇 5 min，转入 50 mL 具塞离心管中，离心至澄清，取上清液 30.0 mL，置碘量瓶中，加冰醋酸 1 mL 与碘化钾 1.0 g，密塞，摇匀，置暗处放置 30 min，加淀粉指示液 1 mL，用硫代硫酸钠滴定液(0.002 mol/L)滴定至蓝色消失，并将滴定的结果用空白试验校正。每 1 mL 硫代硫酸钠滴定液(0.002 mol/L)相当于 34 μg 的氧化物质(以过氧化氢 H_2O_2 计)，消耗硫代硫酸钠滴定液(0.002 mol/L)不得过 1.4 mL(0.002%)。

微生物限度　取本品，依法检查，每 1 g 供试品中除细菌数不得过 1 000 个，霉菌和酵母菌数不得过 100 个外，还不得检出大肠埃希菌。

【类别】药用辅料，填充剂和崩解剂等。

【贮藏】密闭，在干燥处保存。

复习测试题

一、填空

1. 兽药是指用于________、________、________动物疾病或者有目的地调节动物生理机能并规定作用、用途、用法、用量的物质。

2. 在兽药的研制、生产、供应以及临床使用过程中都应该执行严格的科学管理制度，实现________。

3. 氯化物检查法是在________酸性条件下，微量氯化物与________作用生成________浑浊液，与一定量的标准________溶液在相同条件下生成的浑浊液相比较，以检查供试品中的氯化物限量。

4. 硫酸盐检查法是微量硫酸盐与________在盐酸酸性溶液中生成________的浑浊液，与一定量的标准________溶液在相同条件下生成的浑浊液比较，以检查供试品中硫酸盐的含量。

5. 重金属检查常用的显色剂有________或硫代乙酰胺、________等。

6. 砷盐检查法中的古蔡氏法是利用金属锌与酸作用产生新生态的________，与药品中微量砷盐反应生成具挥发性的________，遇溴化汞试纸产生黄色至棕色的________，与同一条件下定量标准砷溶液所产生的________比较，以判定砷盐的限量。

7. 相对密度测定法一般用________和________两种方法。

8. 在药物酸碱度测定时，配制标准缓冲液和溶解供试品的水 pH 应为________。

9. 药物中杂质的来源，一是________，二是________。

10. 药物中硫酸盐检查时，所用的标准对照液是________。

11. 药物中氯化物检查要求在________酸性条件下进行，所用标准对照液为________，在暗处放置________后比色。

12. 对药物进行测定折光率时，采用的光线是________。

13. 相对密度测定法中的比重瓶法，适于测定________。

14. 药典规定测定液体的相对密度时温度应为________。

15. 原料药的含量(%)，除另有注明者外，均按重量计，如未规定上限时，系指不超过________。

二、简答题

1. 什么是药品的相对密度、熔点、馏程、凝点及黏度？
2. 如何用比重瓶法测定药品的相对密度？
3. 简述用阿贝折光仪测定药品折光率的操作方法及注意事项。
4. 在砷盐检查法中，安装仪器时应注意哪些问题？
5. 测定药品的相对密度有何作用？
6. 测定折光率有何意义？
7. 什么叫物质的纯度？
8. 药物杂质的来源都有哪些？
9. 试述氯化物检查的基本原理和反应条件。
10. 请写出硫酸盐检查的反应方程式和反应条件。

学习情境二

粉散剂检验

知识目标

掌握旋光度测定法、干燥失重的基本原理；了解熔点、炽灼残渣、铁盐、硒检查法等检查项目的操作方法。

技能目标

能测定药品的旋光度；能测定药品的干燥失重；能应用毛细管法测定药品的熔点；能进行药品炽灼残渣、铁盐、硒检查操作。

学习子情境 2.1 旋光度测定

学习任务

葡萄糖含量测定。

仪器与用具

自动旋光仪。

实验材料

葡萄糖、氨试液。

操作方法

1. 圆盘旋光仪的结构

圆盘旋光仪的组成部分主要有光源、起偏镜、旋光管(样品管)、检偏镜等。此外，还有半荫板(用来判定零点和终点)、刻度盘游标(用来测定旋转角度)、观测镜(用来观察半荫板)等(图 2-1)。

2. 圆盘旋光仪的使用方法

(1)检查电源的电压是否符合，接通电源开启电钮，待发出的黄色钠光稳定，需 5～10 min。

(2)取出样品管，装满配制供试品的溶剂，排尽气泡，放入样品室，旋转手轮检视，至视野中三部分亮度均匀一致(图 2-2a)，记录零点刻度。

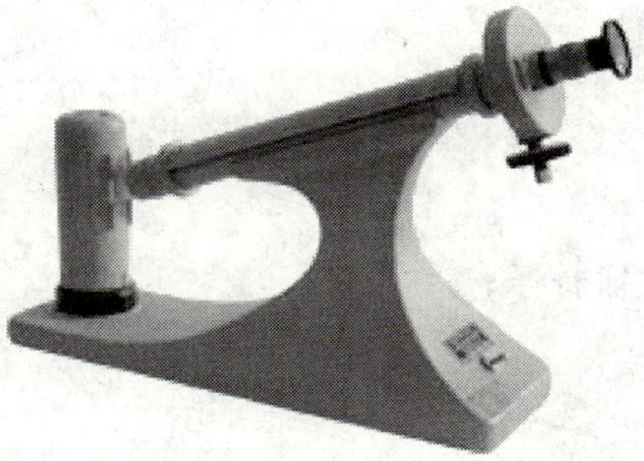

图 2-1　圆盘旋光仪

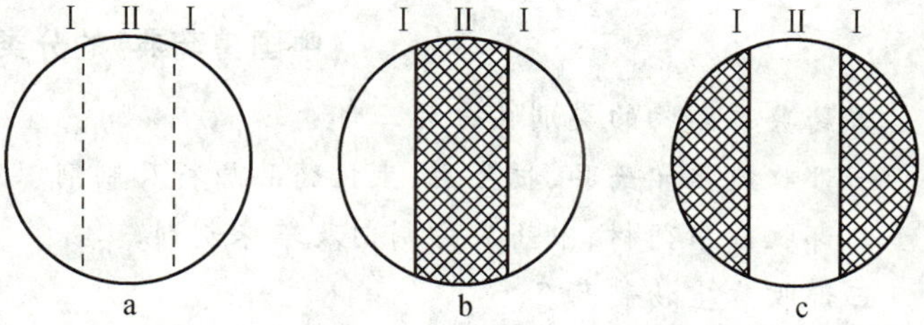

图 2-2　三分视野

(3)用配制好的供试液将测定管洗涤 3 次，然后将供试液注入样品管中，勿使有气泡存在，小心盖上玻璃片、橡皮圈和螺旋盖。擦干，置样品室中。零度视场发生变化(图 2-2b 或 c)。缓缓旋转检偏镜刻度盘检视，至视野均匀明亮，读取旋光度，反复操作 3 次，取其平均值，然后减去空白零点数值，即得供试品的旋光度。

(4)供试品测定后，再校正 1 次零点，以确定在测定时零点有无变化。如第 2 次校正时发现零点有变动，则应重新测定旋光度。

(5)使用完毕后，关闭电钮，断绝电源，并将测定管立即用水洗净，晾干。

3. 数显式自动旋光仪的结构

数显式自动旋光仪的基本结构主要由光源、起偏镜、测定管、检偏镜和检测器 5 个部分组成(图 2-3)。

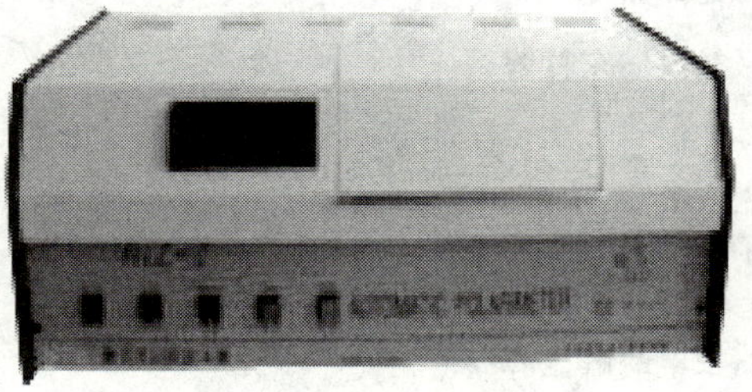

图 2-3　数显式自动旋光仪

4. 数显式自动旋光仪的使用方法

(1)打开电源、光源开关，这时钠光灯应启亮，需经 15 min 钠光灯预热，使之发光稳定。

(2)打开测量开关，机器处于待测状态。

(3)将装有蒸馏水的试管放入样品室，盖上箱盖，待示数稳定后，按清零按钮，管中若有气泡应先让气泡浮于凸颈处。

(4)取出试管将待测溶液注入试管，读数窗显示出该样品的旋光度。

(5)逐次揿下复测按键，重复读几次取平均值。

(6)使用完毕，依次关闭测量、光源、电源开关。

注意事项

(1)每次测定前，应以溶剂作空白校正；测定后，再校正 1 次，以确定在测定时零点有无变动；如第 2 次校正时发现零点有变动，则应重新测定旋光度。

(2)配制供试品溶液及测定时，均应调节温度至(20±0.5)℃(或各品种项下规定的温度)。

(3)供试的液体或固体物质的溶液应充分溶解,供试液应澄清。

(4)测定管上的橡皮圈应注意经常更换,老化后易漏溶液,在测定时注意测定管里不应有气泡,否则影响测定的准确度。

(5)物质的比旋度与测定光源、测定波长、溶剂、浓度和温度等因素有关,因此表示物质的比旋度时应注明测定的条件。

信息窗

《中国兽药典》的分类

兽药典按药物的类别共分为三部:

一部收载化学药品、抗生素、生化药品原料及制剂以及辅料等;

二部收载中药材、中药成方制剂及单味制剂;

三部收载生物制品。

配套丛书:

《兽药使用指南(化学药品卷)》和《兽药使用指南(生物制品卷)》。

应用示例

1. 用于鉴别药物

中国兽药典中收载的常见药物在"性状"项下规定了比旋度见表2-1。

表2-1 常见药物的比旋度$[\alpha]_D^t$

药物名称	比旋度	溶液浓度
葡萄糖	+52.5°~+53°	10%水溶液,并在100 mL中加入氨试液0.2 mL
氢溴酸东莨菪碱	−24°~−27°	50 mg/mL水溶液
乳糖	+52.0°~+52.6°	10%水溶液,并在100 mL中加入氨试液0.02 mL
肾上腺素	−50°~−53.5°	20 mg/mL盐酸(9→200)溶液
醋酸可的松	+210°~+217°	10 mg/mL二氧六环溶液
苯甲酸雌二醇	+58°~+63°	10 mg/mL二氧六环溶液
硫酸庆大霉素	+107°~+121°	50 mg/mL水溶液
维生素C	+20.5°~+21.5°	0.10 mg/mL水溶液

2. 用于检查杂质

[**示例2-1**] 硫酸阿托品中莨菪碱的限量检查。

硫酸阿托品是外消旋体,无旋光性。若其中混有少量左旋的莨菪碱,就会测出左旋的旋光度。精密称定经干燥的阿托品5.077 9 g,置100 mL量瓶中,加水适量溶解后,用水稀释至刻度,摇匀,置长2 dm的管中,测得旋光度为−0.37°。结果判定该供试品中杂质莨菪碱符合旋光度不得超过−0.40°的规定。

3. 用于含量测定

[**示例2-2**] 10%葡萄糖注射液的含量测定。

中国兽药典规定,含葡萄糖($C_6H_{12}O_6 \cdot H_2O$)应为标示量的95.0%~105.0%。

课堂互动

测定葡萄糖的含量计算公式中为什么要乘 2.085 2?

精密量取葡萄糖注射液适量(约相当于葡萄糖 10 g),置 100 mL 量瓶中,加氨试液0.2 mL(10%或 10%以下规格的本品可直接取样测定),用水稀释至刻度,摇匀。静置 10 min,依法测定旋光度,与 2.085 2 相乘,即得供试品中含有 $C_6H_{12}O_6 \cdot H_2O$ 的重量(g)。

实际操作记录:测定温度 20℃,测定管长度 1 dm。取本品直接测定旋光度,测得值为 +4.920°、+4.910°、+4.930°,平均值为 +4.920°。结果计算如下:

含葡萄糖($C_6H_{12}O_6 \cdot H_2O$)为其标示量的 $\frac{4.9 \times 2.085\ 2}{10} \times 100\% = 102.2\%$

知识链接

兽药典的特征与作用

特征:由权威专家组成的《中国兽药典》委员会编辑、出版;由农业部颁布实施;《兽药管理条例》中明确规定其具有的法律约束力;所收载的品种是那些疗效确切、副作用小、质量稳定的常用药品及其制剂;在一定程度上反映出国家在某一时期内兽药生产和科研水平。

作用:在兽药生产中,兽药典首先是生产企业必须执行的产品质量标准;对兽药经营者而言,兽药典规定的各品种的保藏条件是他们必须遵守的法定要求;对兽医或养殖户等兽药使用者来说,兽药典规定的适应对象、适应症、用法用量、注意事项和停药期,为他们提供了法定指南;兽药典为兽药监督管理部门进行兽药质量监督提供法定依据。兽药典是兽药技术领域的最高法典,担负了指导兽药研究、生产、经营、保管、使用,维护市场秩序,保障用药安全的重要职能。

理论参考

利用平面偏振光通过含有某些光学活性的化合物的液体或溶液时,能引起旋光现象,使偏振光的平面向左或向右旋转,所旋转的度数,称之为旋光度(α)。

当平面偏振光透过长 1 dm 且每 1 mL 中含有旋光性物质 1 g 的溶液,在一定波长与温度下测得的旋光度称为比旋度。除另有规定外,旋光度测定法通常采用纳光谱的 D 线(589.3 nm),测定管长度为 1 dm,测定温度为 20℃。

测定比旋度(或旋光度)可用以区别或检查某些药品的光学活性和纯杂程度,也可用以测定药品的含量。

将测定管用供试液或溶液(取固体供试品,按各药品项下的方法制成)冲洗数次,缓缓注入供试液或溶液适量(注意勿使发生气泡),置于旋光计内检测读数,即得供试液的旋光度。使偏振光向右旋转者(顺时针方向)为右旋,以"+"符号表示;使偏振光向左旋转者(逆时针方向)为左旋,以"-"符号表示。用同法读取旋光度 3 次,取 3 次的平均值,照下列公式计算,即可得供试品的比旋度。

课堂互动

测定葡萄糖的比旋度时,为什么要在溶液中加入少量的氨试液,放置 10 min 后测定?

对液体供试品：

$$[\alpha]_D^t=\frac{\alpha}{Ld}$$

对固体供试品：

$$[\alpha]_D^t=\frac{100\alpha}{Lc}$$

式中：$[\alpha]_D^t$ 为比旋度；t 为测定时的温度；D 为钠光谱的 D 线；α 为测得的旋光度；L 为旋光管长度，dm；c 为 100 mL 溶液中含有溶质的质量（按干燥品或无水物计算），g；d 为液体的相对密度。

拓展训练项目

易粉碎的固体药品熔点的测定。

训练内容

1. 供试品的预处理

取供试品适量，研成细粉，除另有规定外，应按照各品种项下“干燥失重”的条件进行干燥。若该品种不检查干燥失重，对熔点范围低限在 135℃ 以上且受热不分解的供试品，可采用 105℃ 干燥；熔点在 135℃ 以下或受热分解的供试品，可在五氧化二磷干燥器中干燥过夜或用其他适宜的干燥方法干燥，如恒温减压干燥。

2. 毛细管装样

分取供试品适量，置熔点测定用毛细管中，轻击管壁或借助长短适宜（约 60 cm）的洁净玻璃管，垂直放在表面皿或其他适宜的硬质物体上，将装有供试品的毛细管放入玻璃管上口，使其自由落下，如此反复数次，使供试品粉末紧密集结于毛细管的底部，装入供试品的高度约为 3 mm。

3. 熔点测定

将温度计放入盛装传温液（熔点在 80℃ 以下者，用水；熔点在 80℃ 以上者，用硅油或液体石蜡）的容器中，使温度计汞球部的底端与容器底部距离 2.5 cm 以上（用内加热器的容器，温度计汞球与加热器上表面距离 2.5 cm 以上）；加入传温液以使传温液受热后的液面适在温度计的分浸线处；加热传温液并不断搅拌，待温度上升至较规定的熔点低限约低 10℃ 时，将装有供试品的毛细管浸入传温液，贴附在温度计上（可用橡皮圈或毛细管夹固定），要求毛细管的内容物在汞球中部；继续加热，调节升温速度 1.0～1.5℃/min（对于熔融同时分解的供试品，则其升温速度为 2.5～3.0℃/min），加热时须不断搅拌传温液使温度保持均匀，记录供试品在初熔至全熔时的温度，重复测定 3 次，求其平均值可得。也可通过熔点测定仪观察（图 2-4）。

图 2-4　熔点仪

4. 初熔和全熔的观察与判断

“初熔”系指供试品在毛细管内开始局部液化出现明显液滴时的温度；在初熔之前，毛细管内的供试物可能出现“发毛”、“收缩”、“软化”、“出汗”等现象，均不做初熔判断。

“全熔”系指供试品全部液化时的温度；“熔融同时分解”是指某一药品在一定温度产生气泡、变色或浑浊等现象。

课堂互动

如何判断熔化过程的初熔与全熔？

5. 应用示例

［示例 2-3］ 巴比妥：熔点为 189～192℃。

［示例 2-4］ 氢溴酸东莨菪碱：熔点为 195～199℃。熔融时，同时分解。

［示例 2-5］ 喹乙醇：熔点为 207～213℃。熔融时，同时分解。

6. 原理简介

熔点是指一种物质按照规定的方法测定由固相熔化成液相时的温度，或熔融同时分解的温度或在熔化时自初熔至全熔经历的一段温度，是物质的一项物理常数。依法测定兽药的熔点，可用于鉴别或检查药物的纯杂程度。

课堂互动

纯净的固体药品熔程是多少？药物不纯时熔点及熔程有什么变化？

中国兽药典规定，根据被测物质性质的不同，熔点测定法可分为 3 种：第一法适用于测定易粉碎的固体药品，第二法适用于测定不易粉碎的固体药品（如脂肪、脂肪酸、石蜡、羊毛脂等），第三法适用于测定凡士林或其他类似物质。各品种项下未注明时，均系指第一法。

知识链接

《中国兽药典》的内容

内容分五部分：凡例→品名目次→正文→附录→索引

（1）凡例　是为解释和使用药典，正确进行质量检验提供指导原则。在新版药典凡例条款中，明确了"凡例"中的有关规定同样具有法定的约束力。一部凡例的标题有：名称及编排，项目与要求，检验方法和限度，标准品、对照品，计量，精确度，试药、试液、指试剂，动物试验，说明书、包装、标签。

（2）品名目次　该目次位于凡例之后，按中文名称笔画顺序排列，单味制剂排在原料药后面，本目次只排药品品名，附录目次列在附录之首。

（3）正文　为所收载药品或制剂的质量标准。兽药的质量标准，是国家为了使用兽药安全有效而制订的控制兽药质量规格和检验方法的规定；是兽药生产、经营、销售和使用的质量依据，亦是检验和监督管理部门共同遵循的法定技术依据。

包括以下内容：兽药名称、结构式及分子式、含量限度、处方、理化性状、鉴别项目及方法、含量（效价）测定的方法、检查项目及方法、作用与用途、用法与用量、注意事项、制剂的规格、贮藏、有效期等。

其中性状记载药品的外观色泽、溶解度、晶型、熔点、相对密度、折射率、紫外吸收系数等，可帮助初步判断是否为该检品；鉴别主要从化学反应考虑，帮助鉴别检品是否与品名相符；检查指杂质检查，规定一定限量，超过者即不合格；含量测定主要确定药品中有效成分的含量范围，测定方法要力求简便快速。

（4）附录　包括制剂通则和通用检测方法，如一般鉴别试验、分光光度法、色谱法、一般杂质检查方法、有关物理常数测定法、试剂配制法以及生物检定法等内容，增加了质谱法、分子排阻色谱法、残留溶剂测定法、粒度和粒度分布测定法、释放度测定法、结晶性检查法、片剂的脆碎度检查法、乳化性检查法、融变时限检查法等检查和测定方法。参考国外药典增收了外用液体制剂、颗粒剂、乳房注入剂及阴道给药制剂等反映动物用药特色制剂通则。而“附录”中收载的指导原则，如兽药质量标准分析方法验证指导原则、兽药稳定性试验指导原则和缓释、控释和迟释制剂指导原则、兽药杂质分析指导原则四项，是为执行兽药典、考察兽药质量、起草与复核兽药质量标准所制定的指导性规定。

(5)索引　除有中文品名目次外，书末附录有按字母顺序排列的中文索引和英文索引。

学习子情境 2.2　干燥失重测定

学习任务

甲砜霉素粉干燥失重测定。

仪器与用具

扁形称量瓶、烘箱(最高温度 300℃，控温精度±1℃)、恒温减压干燥箱、干燥器(普通)、减压干燥器、真空泵、分析天平(感量 0.1 mg)。

实验材料

干燥器中常用的干燥剂为无水氯化钙、变色硅胶、五氧化二磷或硫酸。

操作方法

1. 称取供试品

取供试品，混合均匀，取约 1 g 或各品种项下规定的重量，置于与供试品相同条件下干燥至恒重的扁形称量瓶中，精密称定。

课堂互动

分析天平的使用方法及注意事项有哪些?

2. 干燥

除另有规定外，照各品种项下规定的条件干燥。干燥时，应将瓶盖取下，置称量瓶旁，或将瓶盖半开；取出时，须将称量瓶盖好。

3. 称重

用干燥器干燥的供试品，干燥后取出即可称定重量；置烘箱内干燥的供试品，应在干燥后取出置干燥器中放冷至室温(一般需 30～60 min)，然后称定重量。

4. 结果判定

干燥失重计算公式：

$$\frac{W_1-W_2}{W_1-W_3}\times 100\%$$

式中：W_1 为干燥前称量瓶与供试品的总重量，g；W_2 为干燥后称量瓶与供试品的总重量，g；

W_3 为称量瓶的重量，g。

减失的重量不得大于规定限度。

注意事项

(1)供试品干燥时，应平铺在扁形称量瓶中，厚度不可超过 5 mm，如为疏松物质，厚度不可超过 10 mm。

(2)干燥剂应保持在有效状态。硅胶的有效状态为蓝色，如果在使用过程中由蓝色变为红色，应将硅胶置烘箱内在 105～110℃烘烤约 2 h，至蓝色后取出稍冷，放入干燥器内。

(3)开启减压干燥箱(器)盖时，因箱(器)内压力小于外部，必须先将活塞缓缓旋开，使空气进入才能开盖。

课堂互动

如何正确使用减压干燥箱(器)？

(4)恒重，除另有规定外，系指连续两次干燥后的重量差异在 0.3 mg 以下的重量。干燥至恒重的第二次及以后多次称重，均应在规定条件下继续干燥 1 h 后进行。

信息窗

检验程序

一般分为取样、性状观测、鉴别、检查、含量测定、填写检验报告书等。生产企业为了保证产品质量，常以自订的企业内控兽药 GMP 质量标准为依据，如成品的企业内控标准、半成品(中间产品)的质量标准、原辅材料及包装材料质量标准、工艺用水质量标准。

应用示例

[示例 2-6]　盐酸氨丙啉的干燥失重检查。

取本品，以五氧化二磷为干燥剂，在 100℃减压干燥 3 h，减失重量不得过 2.0%。

[示例 2-7]　氢溴酸东莨菪碱的干燥失重检查。

取本品，先在 60℃干燥 1 h，再升温至 105℃干燥至恒重，减失重量不得过 13.0%。

[示例 2-8]　维生素 B_1 的干燥失重检查。

取本品，在 105℃干燥至恒重，减失重量不得过 5.0%。

[示例 2-9]　酒石酸泰乐菌素的干燥失重检查。

取本品，以五氧化二磷为干燥剂，在 60℃减压干燥至恒重，减失重量不得过 4.5%。

理论参考

药品的干燥失重，系指药品在规定条件下干燥后所减失重量的百分率，主要指水、结晶水及其他挥发性物质如乙醇等。根据减失的重量和取样量计算供试品的干燥失重。

干燥失重测定法有 3 种方法即烘箱干燥法、恒温减压干燥法及干燥器干燥法，干燥器干燥法又分为常压、减压两种。

烘箱干燥法适用于受热较稳定的药品；恒温减压干燥法适用于水分较难除尽及低熔点、受热不稳定的药品；干燥器干燥法适用于受热分解且易挥发的药品，减压可助水分的挥发。

资料卡

粉剂

粉剂系指药物或与适宜的辅料经粉碎、均匀混合制成的干燥粉末状制剂，分为内服粉剂和局部用粉剂。

【外观均匀度】取供试品适量，置光滑纸上，平铺约 5 cm^2，将其表面压平，在亮处观察，应色泽均匀，无花纹与色斑。

【干燥失重】除另有规定外，取供试品，按干燥失重测定法测定，在 105℃ 干燥至恒重，减失重量不得过 2.0%。

【装量】按最低装量检查法检查，应符合规定。

【含量均匀度】主药含量小于 2%者，照含量均匀度检查法检查，应符合规定。检查此项的药物，不再测定含量，可用此平均含量结果作为含量测定结果。复方制剂仅检查符合上述条件的组分。

【无菌】用于深部组织创伤或皮肤损伤的粉剂，照无菌检查法检查，应符合规定。

拓展训练项目一

炽灼残渣检查法。

训练内容

1. 仪器与试剂

高温炉、分析天平(感量 0.1 mg)、坩埚(瓷坩埚、铂坩埚、石英坩埚)、坩埚钳、通风橱、电炉、硫酸(分析纯)。

2. 操作方法

如图 2-5 所示。

供试品
↓ 置恒重的坩埚精密称定
↓ 缓缓炽灼至完全炭化放冷
↓ +硫酸 0.5~1 mL 加热至硫酸蒸汽除尽
↓ 在 700~800℃炽灼至完全灰化
↓ 移置干燥器内放冷，精密称定
↓ 再在 700~800℃下炽灼至恒重

图 2-5　炽灼残渣检查

3. 注意事项

(1)供试品的取量应根据炽灼残渣的限度来决定，一般规定炽灼残渣限度为 0.1%～0.2%，应使炽灼残渣的量在 1～2 mg，故供试品取量多为 1.0～2.0 g。

(2)若同时检查几个供试品的炽灼残渣，应将坩埚预先编码标记(一般用棉棒蘸取 9%的三氯化铁溶液做标记后，将坩埚置高温炉内炽灼约 10 min 取出即可)，盖子与坩埚应编码一致。坩埚从高温炉取出的先后次序，在干燥器内的放置位置、放冷时间，以及称量顺序，均应前后一致；同一干燥器内同时放置坩埚最好不超过 6 个，否则不易恒重。

(3)如需将炽灼残渣留作重金属检查，炽灼温度必须控制在 500～600℃。

4. 应用示例

[**示例 2-10**]　盐酸氨丙啉的炽灼残渣检查：不得过 0.5%。

[**示例 2-11**]　维生素 B_1 的炽灼残渣检查：不得过 0.1%(因同时做重金属检查，故炽灼温度应控制在 500～600℃)。

5. 原理简介

有机药物经炽灼炭化，再加硫酸湿润，低温加热至硫酸蒸气除尽后，于高温(700～800℃)炽灼至完全灰化，使有机质破坏分解变为挥发性物质逸出，残留的非挥发性无机杂质(多为金属的氧化物或无机盐类)成为硫酸盐，称为炽灼残渣。

拓展训练项目二

铁盐检查法。

训练内容

1. 操作方法

(1)除另有规定外，取各品种项下规定量的供试品，加水溶解使成 25 mL，移置 50 mL 纳氏比色管中，加稀盐酸 4 mL 与过硫酸铵 50 mg，用水稀释使成 35 mL 后，加 30%硫氰酸铵溶液 3 mL，再加水适量稀释成 50 mL，摇匀；如显色，立即与各品种项下规定量的标准铁溶液同法制成的对照溶液比较。

(2)如供试管与对照管色调不一致时，可分别移至分液漏斗中，各加正丁醇 20 mL 提取，俟分层后，将正丁醇层移置 50 mL 纳氏比色管中，再用正丁醇稀释至 25 mL，比较。

2. 结果判定

供试管所显的颜色浅于对照管时，判为符合规定，如供试管所显的颜色深于对照管时，判为不符合规定。

3. 应用示例

[示例 2-12]　维生素 B_1 注射液的铁盐检查。

取本品 1.0 g，加水 25 mL 溶解后，依法检查，如显色，与标准铁溶液 2.0 mL 制成的对照液比较，不得更深(0.002%)。

[示例 2-13]　葡萄糖的铁盐检查。

取本品 2.0 g，加水 20 mL 溶解后，加硝酸 3 滴，缓缓煮沸 5 min，放冷，加水稀释成 45 mL，加硫氰酸铵溶液(30→100)3 mL，摇匀，如显色，与标准铁溶液 2.0 mL 用同一方法制成的对照液比较，不得更深(0.001%)。

知识链接

兽药质量标准

共分为两大类：国家标准和专业标准。

(1)国家标准　即《中华人民共和国兽药典》和《中华人民共和国兽药规范》(分别简称《中国兽药典》及《中国兽药规范》)。

以及部颁标准即农业部陆续颁布的一些新兽药质量标准，《农业部兽药质量标准》(1996 年第一册、1999 年第二册、2003 年第三册)。

目前在世界范围比较有影响的药典有英国药典(BP)、欧洲药典(EP)、美国药典(USP)、德国药典(DAP)、日本药典(JP)、中国药典(CP)。

(2)专业标准　由中国兽药监察所制定、修订，农业部审批发布，如《兽药暂行质量标准》、《进口兽药暂行质量标准》等。

拓展训练项目三

硒检查法。

训练内容

1. 操作方法

(1)供试品溶液的制备　除另有规定外，称取各品种项下规定量的供试品，照氧瓶燃烧法，用1 000 mL的燃烧瓶，以硝酸溶液(1→30)25 mL为吸收液，进行有机破坏后，将吸收液移置100 mL烧杯中，用水15 mL分次冲洗燃烧瓶及铂丝，洗液并入吸收液中，即得。

(2)检查法　将上述硒对照溶液与供试品溶液分别用氨试液调节pH至2.0±0.2后，转移至分液漏斗中，用水少量分次洗涤烧杯，洗液并入分液漏斗中，使成60 mL，各加盐酸羟胺溶液(1→2)1 mL，摇匀后，立即精密加二氨基萘试液5 mL，摇匀，在室温下放置100 min，精密加环已烷5 mL，强烈振摇2 min，静置分层，弃去水层，环已烷层用无水硫酸钠脱水后，照紫外—可见分光光度法，在378 nm的波长处分别测定吸光度。供试品溶液的吸光度不得大于硒对照溶液的吸光度。

2. 应用示例

[示例 2-14]　醋酸地塞米松的硒检查。

取本品0.10 g，依法检查，应符合规定(0.005%)。

[示例 2-15]　醋酸氟轻松的硒检查。

取本品50 mg，依法检查，应符合规定(0.01%)。

资料卡

取样场所是如何规定的?

(1)原辅料、包装材料必须进入仓库堆放后于物料待验区取样。(2)中间产品在车间内取样。(3)成品及留样观察产品，在成品待验区取样。

课后练习

查阅兽药典，写出查阅结果

序号	查阅项目	查阅结果	序号	查阅项目	查阅结果
1	易溶的规定		11	吡喹酮的类别与贮藏	
2	溶液后“(1→10)”的含义		12	阿苯达唑的吸收系数测定	
3	细粉的规定		13	硫酸卡那霉素注射液的pH	
4	精密称定的含义		14	注射用水的细菌内毒素	
5	恒重的规定		15	盐酸左旋咪唑片的旋光度	
6	土霉素的性状		16	维生素 B_{12} 注射液的含量测定	
7	双甲脒的水分检查		17	硫酸庆大霉素注射液的规格	
8	甲砜霉素粉的干燥失重		18	喹乙醇预混剂的含量测定	
9	地克珠利预混剂的鉴别		19	磺胺间甲氧嘧啶钠的检查	
10	安乃近注射液的含量测定		20	磷酸泰乐菌素的鉴别	

检验记录示例

成品检验操作记录

编号：

品　　名	维生素C可溶性粉	收到日期	
批　　号		检验日期	
规　　格		检验单号	
本批数量		检品来源	
检验项目	全检	检验依据	《维生素C可溶性粉检验操作规程》

1. 性状

取供试品________g(约10 g)，平摊于平面皿中，用肉眼在自然光下观察，结果：标准规定：为类白色或淡黄色粉末。结论：________

2. 鉴别

取本品________g(约3 g)(约相当于维生素C 0.2 g)，加水________mL(20 mL)溶解过滤，照下述方法试验：取滤液________mL(5 mL)，置干燥试管中，加硝酸银试液________mL(0.5 mL)，结果：________标准规定：即发生银的黑色沉淀。结论：________

取滤液________mL(5 mL)，置干燥试管中，加二氯靛酚钠试液________滴(1～2 滴)，结果：________标准规定：试液的颜色即消失。结论：________

3. 检查

(1)干燥失重　精密称取维生素C可溶性粉约1 g，置与维生素C可溶性粉同样条件下干燥至恒重的扁形称量瓶中，精密称定，在105℃下按《干燥失重测定操作规程》进行测定(减失重量不得过9.8%)。

温度(℃)		相对湿度(%)		天平编号	
干燥温度(℃)		干燥时间		干燥箱编号	
空称量瓶恒重(g) m_1	第一次			m_1：	
	第二次				
	第三次				
供试品重量(g)	m：				
称量瓶＋样恒重(g) m_2	第一次			m_2：	
	第二次				
	第三次				
计算	$[(m_1+m-m_2)\div m]\times 100\%=$				
标准规定	减失重量不得过9.8%				
项目结论					

(2)溶解度　取本品________g(1 g)，加水________mL(100 mL)，搅拌，结果：________标准规定：全部溶解。结论：________

(3)含量测定　精密称定本品 6.67 g(约相当于维生素 C 0.4 g),置于 100 mL 容量瓶中,加新沸过的冷水适量,振摇,使完全溶解,并稀释至刻度,摇匀,用滤纸过滤,弃去初滤液,用移液管精密量取续滤液________ mL(50 mL)于 200 mL 的锥形瓶中,加________ mL(50 mL)新沸过的冷水,加稀醋酸________ mL(10 mL),淀粉指示液________ mL(1 mL),立即用碘液(0.1 mol/L)滴定,至溶液显蓝色在 30 s 内不退色,即得。每 1 mL 的碘液(0.1 mol/L)相当于 8.806 mg $C_6H_8O_6$。

天平编号:	温度(℃):	相对湿度(%):	
移液管编号:	容量瓶编号:		
滴定管编号:	滴定液名称:碘滴定液(0.1 mol/L)F:		
供试品称样量(m),g	供试品 1(m_1):	供试品 2(m_2):	
起始读数,mL			
最终读数,mL			
供试品溶液所消耗滴定液(V),mL			
百分含量计算公式	$(8.806\times V\times F)/(M\times 1\,000\times A\%)\times 2\times 100\%$		
计算结果	供试品 1		
	供试品 2		
相对偏差(%)(不得过 0.3%)	(最大－最小)/(最大＋最小)×100%＝		结论
平均含量(%)			
标准规定	含维生素 C($C_6H_8O_6$)应为标示量的 92.0%～108.0%		
项目结论			

检验人:　　　　　　复核人:

质量标准示例

阿莫西林可溶性粉

本品为阿莫西林与无水葡萄糖配制而成。含阿莫西林($C_{16}H_{19}N_3O_5S$)应为表示量的 90.0%～110.0%。

【性状】本品为白色或类白色粉末。

【鉴别】(1)取本品适量(约相当于阿莫西林 0.25 g),加 4.6%碳酸氢钠溶液溶解并稀释制成 1 mL 的溶液,作为供试品溶液。

(2)在含量测定项下记录的色谱图中,供试品溶液主峰的保留时间应与对照品溶液主峰的保留时间一致。

以上(1)、(2)两项可选作一项。

【检查】溶解性　取本品 50 mg,加水 100 mL,搅拌,应溶解。

水分　取本品,照水分测定法测定,含水分不得过 5.0%。

其他　应符合可溶性粉剂项下有关的各项规定。

【含量测定】照高效液相色谱法测定。

色谱条件与系统适应性试验 用十八烷基硅烷键合硅胶为填充剂；以 0.05 mol/L 磷酸二氢钾溶液(用 2 mol/L 氢氧化钾溶液调节 pH 至 5.0)-乙腈(97.5：2.5)为流动相；检测波长 254 nm。取阿莫西林系统适应性对照品约 25 mg，置 50 mL 量瓶中，用流动相溶解并稀释至刻度，摇匀，取 20 μL 注入液相色谱仪，记录的色谱图应标准图谱一致。

测定法 取本品 25 mg，精密称定，置 50 mL 量瓶中，加流动相溶液并稀释至刻度，制成 1 mL 中约含 0.5 mg 的溶液，摇匀。精密量取 20 μL 注入液相色谱仪，记录色谱图；另取阿莫西林对照品适量，同法测定。按外标法以峰面积计算，即得

【类别】β-内酰胺类抗生素。

【规格】(1)5%；(2)10%。

【贮藏】遮光，密封保存。

复习测试题

一、填空

1. 兽药典的内容一般分为________、________、________、________、________五部分，现行使用的《中国兽药典》是________版，一部收载________、二部收载________、三部收载________。

2.《中国兽药典》编制与药典同等地位的________和________作为配套丛书。

3. 检验工作中常用于参考的国外药典主要有________、________、________、________、________，其英文缩写分别为________、________、________、________、________。

4. 一般纯物质具有固定的沸点，不纯的物质沸点通常为一个区间，称为________。

5. 黏度测定法以________、________或________来表示。

6. 影响物质旋光度的因素很多，除化合物本身特性外，还与________、________、________、________等因素有关。

7. 熔点是指一种物质照规定方法测定，在熔化时________。

8. 测定熔点时，测定易粉碎的固体应用________。

9. 测定熔点时，测定凡士林或其他类似物质就用________。

10. 测定 80～200℃的固体药物熔点时可选用________物质作传温液。

11. 测定物质的旋光度时测定温度应为________。

12. 如需将炽灼残渣留作重金属检查，炽灼温度必须控制在________℃。

13. 药品的物理常数包括________、________、________、________等；其测定结果不仅对药品具有鉴别意义，也可反映药品的纯度。

14. 恒重除另有规定外，系指供试品连续两次干燥或炽灼后称重的差异在________mg 以下的重量。

15. 细粉指能全部通过________号筛并含能通过________号筛不少于 95%的粉末。

16. 供试品干燥时，应平铺在扁形称量瓶中，厚度不可超过________，如为疏松物质，厚度不可超过________。

17. 减压干燥或恒温减压干燥时，干燥器中常用的干燥剂为________。恒温减压干燥器中常用干燥剂为________。

二、简答题

1. 什么是药品质量标准？动物药品质量标准有哪些？
2. 动物药品质量标准包括哪些主要内容？
3. 动物药品检验工作的程序？药品检验的依据是什么？
4. 详细阅读兽药典凡例中的有关规定，解释其中的分析条文。
5. 兽药典附录中的指导性内容有哪些？
6. 药品检验操作标准中取样有何规定？简述其要点。
7. 怎样对药品熔点测定法的结果进行判断？
8. 影响熔点测定的诸因素对熔点测定的结果有何影响？
9. 旋光度和比旋度有何不同？
10. 药典鉴别药物常用的方法有哪些？
11. 举例说明旋光度测定法的应用。
12. 何谓干燥至恒重？炽灼残渣检查时怎样才能比较容易获得恒重？
13. 什么是“有关物质”？“有关物质”常采用哪些检查方法？
14. 测定某药物的干燥失重，在105℃干燥至恒重的称量瓶重18.265 0 g，加入样品后共重19.281 6 g，再在105℃干燥至恒重后重19.276 5 g，试计算干燥失重。
15. 易炭化物检查法主要检查哪些杂质？
16. 以盐酸氨丙啉为例，按照标准规定“取本品，以五氧化二磷为干燥剂，在100℃减压干燥3 h，减失重量不得过2.0%。”简述干燥失重测定步骤。

学习情境三

颗粒剂检验

知识目标

掌握水分测定法的基本原理;掌握溶化性与装量测定的基本方法。

技能目标

能进行费休氏水分测定法的操作;

能测定药品的溶化性与装量。

学习子情境 3.1 水分测定

学习任务

青霉素钾的水分测定。

仪器与用具

水分测定仪(图 3-1)、分析天平(感量 0.1 mg)、微量注射器。

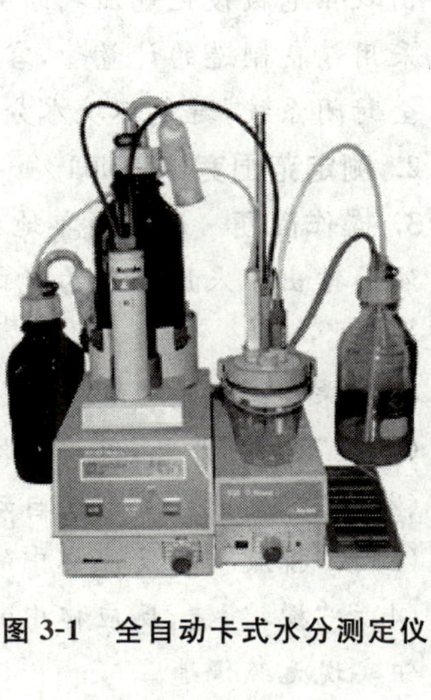

图 3-1 全自动卡式水分测定仪

实验材料

(1)无水甲醇,分析纯,含水量小于 0.1%。

(2)费休氏试液的制备　称取碘(置硫酸干燥器内 48 h 以上)110 g,置干燥的具塞锥形瓶中,加无水吡啶 160 mL,注意冷却,振摇至碘全部溶解后,加无水甲醇 300 mL,称定重量,将锥形瓶置冰浴中冷却,在避免空气中水分侵入的条件下,通入干燥的二氧化硫至重量增加 72 g,再加无水甲醇使成 1 000 mL,密塞,摇匀,在暗处放置 24 h。本液应遮光,密封,置阴凉干燥处保存。临用前应标定浓度(现有商品的费休氏试液出售)。

(3)费休氏试液的标定　用水分测定仪直接标定。或取干燥的具塞玻瓶，精密称入重蒸馏水约 30 mg，除另有规定外加无水甲醇 2～5 mL，在避免空气中水分侵入的条件下，用本液滴定至溶液由浅黄色变为红棕色，或用永停滴定法指示终点；另做空白试验。按下式计算：

$$F=\frac{W}{A-B}$$

式中：F 为每 1 mL 费休氏试液相当于水的重量，mg；W 为称取重蒸馏水的重量，mg；A 为滴定所消耗费休氏试液的体积，mL；B 为空白所消耗费休氏试液的体积，mL。

应标定 3 次，3 次连续标定结果的相对偏差应在±1%以内，以平均值作为费休氏试液的强度。

操作方法

取供试品适量(消耗费休氏试液 1～5 mL)，精密称定，置水分测定仪的滴定容器内，在不断搅拌下，用费休氏试液滴定至溶液由浅黄色变为红棕色即得。按下式计算：

$$供试品中水分含量=\frac{(A-B)F}{W}100\%$$

式中：F 为每 1 mL 费休氏试液相当于水的重量，mg；W 为供试品的重量，mg；A 为供试品所消耗费休氏试液的体积，mL；B 为空白所消耗费休氏试液的体积，mL。

滴定完毕后，将费休氏试液移入贮存瓶中密闭保存，滴定装置用无水甲醇洗涤，以防滴管头及磨口和活塞处析出结晶以致堵塞。

仪器简介

ZKF-1A 型自动卡尔费休水分测定仪

1. 测定精度高　电极极化电压控制；由快速—中速—慢速—终点的滴定过程，并由高亮度的 LED 数码管清晰显示测定结果，分辨率为 0.01 mL。

由双铂电极极化电压判断并显示反应终点，终点滴定。

采用精良制造的计量管，容量误差≤±0.004。

全封闭系统，避免环境水分的渗入。

2. 测定范围宽　0.001%～100%含水量。

3. 操作简便　通过简单地按动功能键，即可自动完成试剂吸入、回液、测定及溶剂的注入和废液的排出。采用专用的瓶口接头，可方便实行管路系统与常规的含(无)吡啶试剂瓶及溶剂瓶连接。

按键操作：

(1)按“电源”开关，仪器便处于通电或断电状态。

(2)按“溶剂”键，溶剂便自动吸入反应杯。

(3)按“排液”键，反应杯中的废液便自动排出，进入废液瓶。

(4)按“搅拌”键，反应杯中的搅拌子处于“搅拌”或“停止”状态。若处于“搅拌”状态，可通过旋钮实现无级调速。

(5)按“准备”键,平面阀自动切换至“准备”位置。卡氏试剂便会自动吸入计量管,为下一步测定做准备。

(6)按“回液”键,计量管中的卡氏试剂便会自动回入试剂瓶,使试剂得以均匀和平衡,以保证测定的精度。若初始阶段,按“回液”键,能起到排出空气的作用,确保测试精度。

(7)按“测定”键,平面阀自动切换至“测定”位置,仪器便自动滴定,并由一般量滴定→中微量滴定→小微量滴定在滴定过程中自动切换,直至反应终点,自动停止滴定,并自动报警,红灯显示,数字显示试剂的容量值。

(8)按“复位”键,可中止上述 5、6、7 中的动作,为功能改变起转换作用。

操作者仅需按动功能键,仪器便自动实现所需的功能动作,操作十分简便、可靠。

4. 保护环境和健康 采用全封闭管路系统,以填充硅胶的干燥管防止大气中水分的渗入和消除卡尔费休试剂中有毒气体的逸出,保障人员健康。

经测定后的废液因含有有害物质,必须遵照环保的要求进行处理,以免对环境造成不良影响。仪器运行平稳,无噪声。

注意事项

(1)费休氏试液应密封、避光,并于干燥处保存,滴定装置中的干燥剂应定期更换。干燥剂如为硅胶,应在 105℃干燥 2～3 h;如为分子筛,最多用 3 个月,分子筛应在 160～200℃至少活化 24 h,废液瓶上的分子筛应先用纯化水淋洗后再活化。

(2)水分测定中所用容器均应洁净干燥,所用的试剂均应无水。

(3)每次水分测定前,费休氏试液应重新标定。

应用示例

[示例 3-1] 注射用青霉素钾的水分检查。

取本品,照水分测定法[第一法(容量滴定法)]测定,含水分不得过 1.0%。

[示例 3-2] 盐酸大观霉素、盐酸林可霉素可溶性粉的水分检查。

取本品,照水分测定法[第一法(容量滴定法)]测定,含水分不得过 15.0%。

理论参考

中国兽药典收载了两种水分测定方法。

第一法(费休氏水分测定法)是根据碘和二氧化硫在吡啶和甲醇溶液中能与水起定量反应的原理来测定供试品中的水分含量。该法又分为容量滴定法和库仑滴定法。

第二法(甲苯法)是利用甲苯与供试品中的水分产生共沸的原理不断将水分带出,检读测定管中水量,来计算供试品中的水分含量。

技能链接

仪器操作注意事项

1. 仪器的安装及场所

①仪器不得安装在有腐蚀性气体的室内,因为腐蚀性气体对仪器部分电路的腐蚀会严重缩短仪器寿命;

②不得安装在电源不稳定的地方，建议使用电子稳压器；

③避免阳光直接照射到仪器；

④仪器安装场所的室温最好控制在10～35℃范围内；相对湿度不得大于60%。

2. 双铂电极的保养

测量用双铂电极被污染时应当对其进行清洗干净，否则会使电极的灵敏度降低，影响测定数据的准确度。常用的电极清洗方法有3种：

①可用丙酮或无水乙醇进行擦拭干净；

②将电极放入蒸馏水中进行超声清洗；

③如果上述两种方法还不能去除污垢，可将电极在铬酸洗液中浸泡2 min，然后用蒸馏水冲洗干净。

3. 仪器系统的密封及避光

进行卡尔费休氏滴定过程中，有时会出现错终点(即提前到达终点)的现象，造成测定结果偏低。特别是在测定含水量在1%以下的药品时影响更大，甚至无法进行测定。主要是空气中的氧将滴定池中的碘离子氧化为碘，从而减少了试剂的耗用量。同时阳光也会明显地促进氧与碘离子的氧化反应，故要采取避光措施。

另外，卡尔费休氏试剂很容易吸收水分，因此要求滴定剂发送系统的滴定管和滴定池(测量池)等采取较好的密封系统。否则由于吸湿现象造成终点长时间的不稳定和严重的误差。

拓展训练项目

水分快速测定仪的使用。

实验原理

根据称重法和烘箱法原理设计，将物质在烘干后(红外线辐射波照射)的重量进行比较，以得到物质内所含水分的百分比。

Sh10A 型水分快速测定仪主要部件名称

仪器由单盘上皿式天平、红外线干燥箱及电器控温三大部件组成，天平的秤盘置于红外线干燥箱内，当试样物质受穿透性强的红外线辐射波热能后，游离水分迅速蒸发，当试样中的游离水分充分蒸发后，通过天平的光学投影装置，可直接读出试样物质含水率的百分比。烘干速度快，重复性好，控温电路采用半导体热敏电阻及可控温线路，其升温速度快，恒温性能好，电网电压波动时对温度变化影响小，该仪器还装有定时器及报警装置，操作简单。

仪器使用

(1)干燥处理　工作前对秤盘和秤盘架干燥处理。

(2)称试样物质的重量　按10 g砝码校正天平零位，把试样物质全部称好，放置在备用秤盘或其他容器内。

(3)预热调零　加码盘放10 g砝码，按下红外线灯电源开关，预热20 min后再开启天平，观察投影屏上的刻线不再移动时即可校正天平零位。

(4)加热测试　取下10 g砝码，把预先称好的试样物质进行加热，定时，到时再开启天平，在投影屏上直接读取试样的含水率。

(5)读数及计算　天平的微分标尺共有刻度 200 个分度(不包括两端的辅助线),在标尺的垂直方向上有 3 组数值,它们代表了 3 种不同量值。

①左起第一组,使用于 10 g 定量的试样测定,每分度(含)水率百分数)为 0.05%,200 个分度合计为 10%。

②左起第二组,使用于 5 g 定量的试样测定,每分度(含水率百分比)为 0.1%,200 个分度合计为 20%。

③右起第一组,使用于取样在 10 g 以下的任意试样重量测定,分度值为 0.005 g,200 分度合计为 1 g。

当使用 10 g 或 5 g 时的定量测定:含水率,10 g 含水率小于 10%。5 g 含水率小于 20%可直接在微分标尺显示上读取。当 10 g 含水率超过 10%,5 g 超过 20%应在加码盘上加上 1 g 砝码(在 10 g 定量测定时 1 g 砝码等于 10%,当 5 g 定量测定时 1 g 砝码等于 20%)此时砝码上添加砝码应与微分标尺显示的百分比相加见例一、例二。当使用 10 g 以下任意重量的测试公式:

$$M=(W_1-W_2)/W_1\times 100\%$$

式中:M 为含水率(%);W_1 为烘干前样品重量(g);W_2 为烘干后样品重量(g)。

例一:试样重量为 10 g,在左起一组上经过烘干后微分标尺显示值读得量值为 0.5%,加码盘上添加砝码 2 g,其含水率:

$$M=0.5\%+20\%=20.5\%$$

例二:试样重量为 5 g,在左起第二组上经过烘干后微分标尺显示值读得量值为 1%,加码盘上添加砝码为 1 g,其含水率:

$$M=1\%+20\%=21\%$$

例三:试样重量为 4 g,在右起第一组上,经过烘干后微分标尺显示值读得量值为 0.05 g,其含水率:

$$M=(4-3.95)/4\times 100\%=1.25\%$$

例四:试样重量为 4 g,在右起第一组上,经过烘干后微分标尺显示值读得量值为 0.05 g,其含水率:

$$M=[4-(3.95-1)]/4\times 100\%=26.25\%$$

从例一和例二证明,使用定量 10 g、5 g 测试方法,只要将加码盘上添加砝码量,同标尺显示的量值累加即可,计算十分方便。

操作者可以通过实验,根据被测试样物质的性能,对试样重量、温度、加热时间等的选定,得出一套切合实际的基本测试工艺,减少测试中不必要的误差。

(6)衡量完毕,应将被测试物质或砝码取下,不可留置盘中。

(7)仪器的主件、横梁上各个零件除平衡母外,不可任意旋动、拆卸以免仪器损坏。

(8)按上述操作方法测定药物的水分含量。

学习子情境 3.2 溶化性与装量测定

学习任务

泡腾维生素制剂的测定。

仪器与用具

量筒、注射器、烧杯。

实验材料

泡腾维生素制剂。

操作方法

(1)可溶颗粒检查法　取供试品 10 g，加热水 200 mL，搅拌 5 min，可溶颗粒应全部溶化或轻微浑浊，但不得有异物。

(2)泡腾颗粒检查法　取供试品 10 g，分别置盛有 200 mL 水的烧杯中，水温为 15～25℃，应迅速产生气体而成泡腾状，5 min 内应完全分散或溶解在水中。

注意事项

混悬颗粒或已规定检查溶出度或释放度的颗粒剂，可不进行溶化性检查。

资料卡

颗粒剂

颗粒剂系指药物与适宜的辅料制成具有一定粒度的干燥颗粒状制剂。颗粒剂可分为可溶颗粒（通称为颗粒）、混悬颗粒、泡腾颗粒、肠溶颗粒、缓释颗粒和控释颗粒等。供内服用。

除另有规定外，颗粒剂应进行以下相应检查。

【粒度】除另有规定外，照粒度和粒度分布测定法检查，不能通过一号筛与能通过五号筛的总和不得超过供试量的 15%。

【干燥失重】除另有规定外，照干燥失重测定法测定，于 105℃ 干燥至恒重含糖颗粒应在 80℃减压干燥，减失重量不得过 2.0%。

【溶化性】除另有规定外，可溶颗粒和泡腾颗粒照方法检查，溶化性应符合规定。

【装量】按最低装量检查法检查，应符合规定。

理论参考

制剂通则

兽药典中对药物制剂分析除规定鉴别、检查及含量测定外，还在附录中对各种制剂规定了制剂通则。制剂通则是指某一类型制剂（即剂型）共性问题应该遵循的原则。

通则撰写的体例与格式包括3个部分：

1. 定义与类型

内容主要包括剂型的组成、制法、用法、性状等特点。

2. 生产与贮藏期间应符合的有关规定

内容主要包括：

(1)对制剂处方中原料药的要求。

(2)常用辅料及要求。

(3)关键制备工艺的要求。

(4)成型质量的一般要求。

(5)包装贮藏的要求。

资料卡

药典中贮藏的规定

遮光	用不透光的容器包装	阴凉处	不超20℃
密闭	容器密闭防尘土及异物进入	凉暗处	避光并不超20℃
密封	容器密封防风化、吸潮、挥发、异物	冷处	2～10℃
熔封或严封	防空气水分、污染		

3. 通则检查项

内容主要包括衡量具有剂型特点、剂型共性的检查项目，用以评价制剂成型的主要工艺与质量。

在兽药典附录制剂通则中，规定各种制剂需要检查的项目及要求，除另有规定外，各种制剂应符合制剂项下有关各项规定(表3-1)。

表3-1　各种制剂需要检查的项目

制剂	检查项目
片剂	重量差异、崩解时限
注射剂	注射液的装量、注射用无菌粉末的装量差异、澄明度、无菌、热原(或细菌内毒素)、不溶性微粒
酊剂	装量、微生物限度
胶囊剂	装量差异、崩解时限
软膏剂、乳膏剂、糊剂	装量、粒度、无菌、微生物限度
滴眼剂	粒度、沉降体积比、装量、澄明度、无菌、微生物限度
眼膏剂	粒度、金属性异物、装量、无菌、微生物限度
粉剂	外观均匀度、干燥失重、装量、含量均匀度、无菌
预混剂	干燥失重、装量、含量均匀度
内服溶液剂、内服混悬剂、内服乳剂	重量差异、装量、干燥失重、沉降体积比、微生物限度

续表3-1

制剂	检查项目
颗粒剂	粒度、干燥失重、溶化性、装量
可溶性粉剂	外观均匀度、干燥失重、溶解性、装量、含量均匀度
外用液体制剂	粒度、沉降体积比、乳化稳定性、装量、无菌、微生物限度
乳房注入剂	粒度、沉降体积比、装量、无菌
阴道用制剂	重量差异、融变时限、微生物限度

资料卡

药典中溶解度的规定

极易溶解	溶质 1 g(mL)在溶剂不到 1 mL 中溶解
易溶	溶质 1 g(mL)在溶剂 1～不到 10 mL 中溶解
溶解	溶质 1 g(mL)在溶剂 10～不到 30 mL 中溶解
略溶	溶质 1 g(mL)在溶剂 30～不到 100 mL 中溶解
微溶	溶质 1 g(mL)在溶剂 100～不到 1 000 mL 中溶解
极微溶解	溶质 1 g(mL)在溶剂 1 000～不到 10 000 mL 中溶解
几乎不溶或不溶	溶质 1 g(mL)在溶剂 10 000 mL 中不溶解

拓展训练项目

最低装量检查法。

训练内容

1. 测定方法

(1)重量法(适用于标示装量以重量计者)　除另有规定外,取供试品 5 个(50 g 以上者 3 个),除去外盖和标签,容器外壁用适宜的方法清洁并干燥,分别精密称定重量,除去内容物,容器用适宜的溶剂洗净并干燥,再分别精密称定空容器的重量,求出每个容器内容物的装量与平均装量,均应符合有关规定。如有 1 个容器装量不符合规定,则另取 5 个(或 3 个)复试,应全部符合规定。

(2)容量法(适用于标示装量以容量计者)　除另有规定外,取供试品 5 个(50 mL 以上者 3 个),开启时注意避免损失,将内容物分别用干燥并预经标化的注射器抽净(50 mL 以上者可倾入预经标化的干燥量筒中),黏稠液体倾出后,将容器倒置 15 min,尽量倾净。读出每个容器内容物的装量,并求其平均装量,均应符合有关规定。如有 1 个容器装量不符合规定,则另取 5 个(或 3 个)复试,应全部符合规定。

2. 结果判定

见表 3-2。

3. 注意事项

(1)检查所用的注射器和量筒必须经过标定,并应洁净、干燥。

(2)注射器、量筒容量应与供试品的标示装量一致,如 2 mL 供试品宜采用 2 mL 注射器。

表 3-2　最低装量检查法规定

标示装量	固体、半固体、液体制剂		黏稠液体(容量法)	
	平均装量	每个容器装量	平均装量	每个容器装量
20 g(mL)以下	不少于标示装量	不少于标示装量的 93%	不少于标示装量的 90%	不少于标示装量的 85%
20 g(mL)至 50 g(mL)	不少于标示装量	不少于标示装量的 95%	不少于标示装量的 95%	不少于标示装量的 90%
50 g(mL)以上至 500 g(mL)	不少于标示装量	不少于标示装量的 97%	不少于标示装量的 95%	不少于标示装量的 93%
500 g(mL)以上	不少于标示装量	不少于标示装量的 98%	不少于标示装量的 95%	不少于标示装量的 93%

(3)测定注射剂为油溶液或混悬液的装量时，应先加温摇匀，再用干燥注射器抽净，放冷至室温检视。

4. 应用示例

[**示例 3-3**]　维生素 AD 油最低装量检查(标示装量为 100 mL)。

取供试品 3 瓶，开启时注意避免损失，将内容物分别倾入干燥并预经标化的干燥量筒中，测得 3 瓶装量分别为 99.2 mL、100.8 mL、100.3 mL。则其平均装量为(99.2＋100.8＋100.3)/3＝100(mL)。每瓶允许最低装量为 100 mL×97%＝97 mL，因每瓶装量均大于 97 mL，故可判为符合规定。

资料卡

预混剂

预混剂系指药物与适宜的辅料均匀混合制成的粉末状或颗粒状制剂。预混剂通过饲料以一定的药物浓度给药。

【干燥失重】除另有规定外，取供试品，按干燥失重测定法测定，在 105℃干燥至恒重，以无机物质为辅料的，减失重量不得过 3.0%，以有机物质为辅料，减失重量不得过 8.0%。

【装量】按最低装量检查法检查，应符合规定。

【含量均匀度】主药含量小于 2%者，照含量均匀度检查法检查，应符合规定。检查此项的药物，不再测定含量，可用此平均含量结果作为含量测定结果。复方制剂仅检查符合上述条件的组分。

质量标准示例

甘草颗粒

本品为甘草浸膏经加工制成的颗粒。

【制法】取甘草浸膏，加入适量蔗糖、糊精，混匀，制粒，干燥，即得。

【性状】本品为黄棕色至棕褐色的颗粒；味甜、略苦涩。

【鉴别】取本品 2 g，加水 10 mL 搅拌溶解，滤过，取滤液，加稀盐酸，产生沉淀，滤过，取沉淀，加氨试液使溶解，蒸干，残渣加水溶解后，强力振摇，产生持久性泡沫。

【检查】应符合颗粒剂项下有关的各项规定。

【含量测定】高效液相色谱法测定。

①色谱条件与系统适应性试验　以十八烷基硅烷键和硅胶为填充剂，以甲醇-0.2 mol/L 醋酸铵溶液-冰醋酸(67∶33∶1)为流动相，检测波长为 250 nm，理论板数按甘草酸峰计算应不低于 2 000。

②对照品溶液的制备　取甘草酸铵对照品约 10 mL，精密称定，置 50 mL 量瓶中，加流动相 45 mL 超声处理使溶解，取出，放冷，加流动相稀释至刻度，摇匀，即得(每 1 mL 含甘草铵 0.2 mg，折合甘草酸为 0.195 9 mg)。

③供试品溶液的制备　取本品细粉 1.5 g，精密称定，置 50 mL 量瓶中，用流动相约 45 mL，超声处理(功率 200 W，频率 50 kHz)30 min 取出，放冷，加流动相稀释至刻度。摇匀，滤过，精密量取续滤液 10 mL，至 25 mL 量瓶中，加流动相稀释至刻度，摇匀，即得。

④测定法　分别精密吸取对照溶液与供试品溶液各 10 μL，注入液相色谱仪，测定，即得。

【功能】祛痰止咳。

【主治】咳嗽。

【用法与用量】猪 6～12 g；禽 0.5～1 g。

【贮藏】密封，置阴凉干燥处。

信息窗

由中国兽医药品监察所相关处室组织专家编写的《兽药质量标准汇编(2006—2011 年)》汇编了 2007—2011 年农业部公告批准的进口兽药注册质量标准和 2006—2011 年农业部公告批准的新兽药注册质量标准，共收载 229 个兽药产品质量标准，包括进口标准 93 个，国内新兽药标准 136 个。

《兽药质量标准汇编(2012 年)》汇编了 2012 年农业部公告批准的进口兽药注册质量标准、新兽药质量标准及其说明书、标签样稿，共收载 54 个兽药产品质量标准，包括进口标准 27 个，国内新兽药标准 27 个。

《兽药说明书范本》(第一册、第二册、第三册)是根据《中国兽药典》(2010 年版)分类和收载产品编写。

复习测试题

一、填空

1. 费休氏水分测定法是利用________在吡啶和甲醇溶液中氧化二氧化硫时需要定量的________参加反应的原理来测定供试品中的水分含量。

2. 费休氏试液应遮光，密封，置阴凉干燥处保存。临用前应________。

3. 水分测定中所用容器均应洁净干燥，所用的试剂均应________。

4. 甲苯法是利用________原理不断将水分带出，检读测定管中水量，来计算供试品中的水分含量。

5. 依据制剂标示装量单位的不同，最低装量检查法分为________和________。

6. 制剂通则是指________共性问题应该遵循的原则。

7. 预混剂检查项目主要包括干燥失重、装量、________。

8. 颗粒剂检查项目主要包括粒度、干燥失重、________、________。

9. 制剂通则撰写的体例与格式包括________、________和________三个部分。

10. 室温系指________℃；热水温度系指________℃；微温或温水系指________℃；水浴温度除另有规定外，指________℃。

11. 药品贮藏与保管中，常温，系指________℃；冷处，系指________℃，阴凉处，系指________，凉暗处，系指________。

12. 药品在某一溶剂中溶解系指 1 g(mL)溶质能在溶剂________中溶解。

13. 精密称定系指称取重量应准确至所取重量的________；称定系指称取重量应准确至所取重量的________。

二、简答题

1. 为什么对药品要进行水分的检查并严格控制其限度？
2. 简述费休氏水分测定法的基本原理。
3. 简述费休氏试剂的制备与标定方法。
4. 简述全自动水分测定仪水分含量测定的具体操作。
5. 影响测定精确度的主要因素有哪些？
6. 为保证测定的精确度，操作时应注意哪些问题？
7. 药典规定，测定药物的溶解度应如何操作？
8. 药物的性状包括哪些内容？
9. 简述颗粒剂溶化性检查的操作方法。
10. 简述最低装量检查法的具体操作。
11. 制剂通则中常用制剂的检查项目有哪些？

学习情境四

片剂检验

知识目标

掌握崩解时限法、溶出度检查法的基本原理;理解含量均匀度检查的操作方法。

技能目标

能测定药物的崩解时限;能测定药物的溶出度。

学习子情境 4.1 崩解时限检查方法

学习任务

盐酸左旋咪唑片崩解时限检查。

仪器与用具

升降式崩解仪。

实验材料

(1)纯化水、盐酸溶液(9→1 000)、磷酸盐缓冲液(pH6.8)。

(2)人工胃液　取稀盐酸 16.4 mL,加水约 800 mL 与胃蛋白酶 10 g,摇匀后,加水稀释成 1 000 mL,即得。

(3)人工肠液　取磷酸二氢钾 6.8 g,加水 500 mL 使溶解,用 0.4%氢氧化钠溶液调节 pH 至 6.8;另取胰酶 10 g,加水适量使溶解;将两液混合后,加水稀释成 1 000 mL,即得。

操作方法

将吊篮通过上端的不锈钢轴悬挂于金属支架上,浸入 1 000 mL 烧杯中,并调节吊篮位置使其下降时筛网距烧杯底部 25 mm,烧杯内盛有温度为(37±1)℃的水,调节水位高度使吊篮上升时筛网在水面下 15 mm 处(图 4-1)。

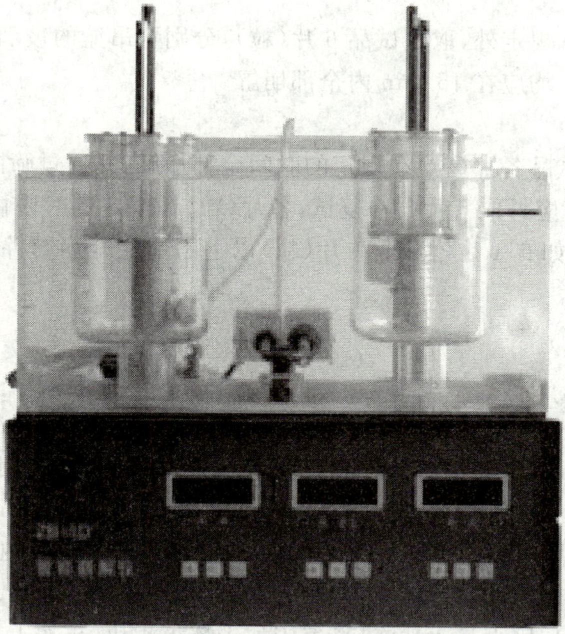

图 4-1　崩解时限测定仪

课堂互动

溶液后的标示如(1→10)的配制方法

指固体溶质 1 g 或液体溶质 1 mL 加溶剂使成 10 mL 的溶液。

注意事项

(1)测试时若需加入挡板,应使挡板 V 形槽呈正方向。

(2)每次测定时,将吊篮、挡板、烧杯冲洗干净,更换新的介质溶液,并在水浴中保温至规定温度,才可进行下一次的测试。检验用水应为纯化水。

(3)全部测试结束后,应将水浴槽中水放出。

应用示例

[示例 4-1]　安乃近片崩解时限检查法。

将崩解仪水浴槽中水加到刻度,打开电源开关,加热。取纯化水装入 1 000 mL 烧杯内,至已标记的液面位置,以纯化水为介质,将盛有介质的烧杯放入水浴槽中,通过水浴加热,使烧杯内的水温度维持在(37±1)℃后,取安乃近片 6 片,分别置于洁净的吊篮玻璃管中,每管 1 片。开启仪器,应在 15 min 内全部崩解。

理论参考

崩解时限是指内服固体制剂在检查时限内全部崩解溶散或成碎粒,除不溶性包衣材料或破碎的胶囊壳外,应全部通过筛网。如有少量不能通过筛网,但已软化或轻质上漂且无硬心者,可作符合规定论。

1. 操作方法

采用吊篮法，除另有规定外，取供试品 6 片(粒)，分别置吊篮的玻璃管中，随着崩解仪器吊篮的上下移动，各片(粒)均应在 15 min 内全部崩解。

2. 结果判定

除另有规定外，供试品各片(粒)在规定的时间全部崩解，并通过筛网，判为符合规定；如有 1 片(粒)不能完全崩解，应另取 6 片(粒)复试，各片(粒)在规定的时限内均能全部崩解通过筛网者，判定为符合规定，如有 1 片(粒)或 1 片(粒)以上不能完全崩解并通过筛网，即判为不符合规定。

课堂互动

片剂的崩解时限检查结果如何判定？举例说明兽药企业生产的片剂制剂有哪些？

硬胶囊应在 30 min 内全部崩解，软胶囊应在 1 h 内全部崩解。软胶囊可改在人工胃液中进行检查。

薄膜衣片，可改在盐酸溶液(9→1 000)中进行检查，应在 30 min 内全部崩解。

肠溶衣片或肠溶胶囊剂，先在盐酸溶液(9→1 000)中检查 2 h，每片不得有裂缝、崩解或软化现象，继续将吊篮取出，用少量水洗涤后，每管加入挡板 1 块，再按上述方法检查。肠溶衣片在磷酸盐缓冲液(pH6.8)中检查，肠溶胶囊剂在人工肠液中进行检查，1 h 内应全部崩解。

泡腾片，取 1 片，置 250 mL 烧杯中，烧杯内盛有 200 mL 水，水温 15～25℃，有许多气泡放出。当片剂或碎片周围的气体停止逸出时，片剂应溶解或分散在水中，无聚集的颗粒剩留。除另有规定外，同法检查 6 片，各片均应在 5 min 内崩解。

学习子情境 4.2　溶出度检查方法

学习任务

阿司匹林片溶出度测定。

仪器与用具

药物溶出度测定仪(图 4-2)、滤膜(滤孔应不大于 0.8 μm)及滤器、10 mL 注射器、分度值为 0.1℃的温度计、1 000 mL 量筒。

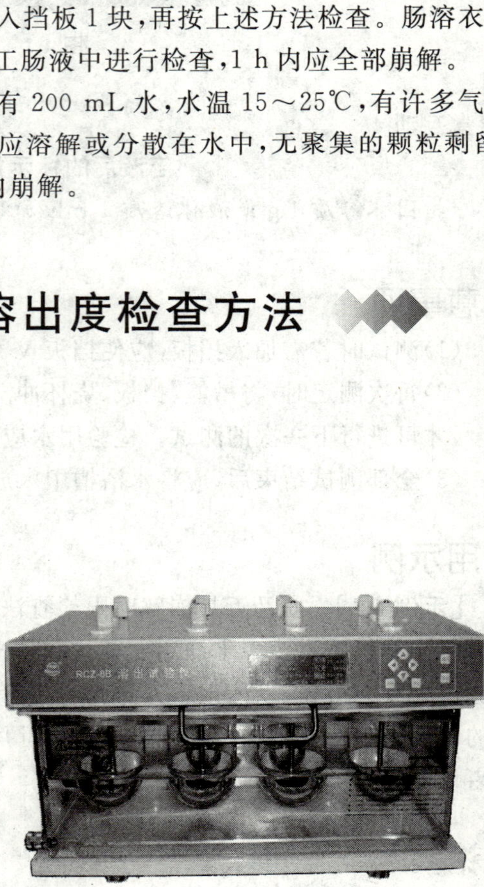

图 4-2　溶出度测定仪

实验材料

阿司匹林片、稀盐酸、稀硫酸、0.4%氢氧化钠溶液。

操作方法

(1)向溶出仪器水槽注水至水线，接通电源，启动水泵，水槽中的水开始循环流动，选择需要的温度挡，并开始加温。

(2)照药品项下规定的方法选择第一法（转篮法）或第二法（桨法）进行操作，除另有规定外，量取经脱气处理的溶出介质 900 mL，注入每个溶出杯内，加温使溶出介质温度保持在(37.0±0.5)℃。调整转速为各药品项下规定转速。

课堂互动

测定溶出度时，所用溶剂为什么要经脱气处理？

(3)取供试品 6 片（粒、袋），分别投入 6 个转篮（溶出杯）内，将转篮（桨叶）降入溶出杯中，立即开始计时，至规定的时间，通过杯盖上取样孔，选择适宜的取样针，使取样点位置在转篮（桨叶）上端距液面的中点，离溶出杯内壁 10 mm 处，吸取溶液适量，立即经过滤孔不大于 0.8 μm 的微孔滤膜滤过，自取样至滤过应在 30 s 内完成。

(4)取滤液照各药品项下规定方法测定，计算每片（粒、袋）的溶出量。

(5)照药品项下规定方法，选择第三法（小杯法），除另有规定外，量取经脱气处理的溶出介质 100～250 mL，注入每个溶出杯内，以下操作同上，取样点位置在桨叶上端距液面中间，离溶出杯内壁 6 mm 处。

仪器简介

UDT-804 通用型溶出度测试仪

系统采用了模块化的设计，实现了全自动取样。注射泵会每隔一段时间自动提取样品。每个样品会被收集到 SCR-160L 样品收集器上的试管或者样品瓶中。温度传感器会测量和记录水浴的温度；自动取样器是可以控制的，它可以逐渐降低，直到进入溶出杯中。

样品会通过膜或者其他的滤头被过滤一下。在每一个取样点，注射泵会自动从溶出杯中抽取样品冲洗取样管路。冲洗管路之后，样品会重新回到相同的溶出杯中，不会发生样品浪费的现象。时间、速度和温度会在每次取样开始时被记录。

注意事项

(1)应使用各品种项下规定的溶出介质，并应新鲜制备和脱气处理。如溶出介质为缓冲液，调节 pH 至规定的 pH±0.5 之内。

(2)滤膜应浸渍在水中，至少浸泡 1 d 以上。

(3)自 6 杯中取样应在 1 min 内完成。

(4)除另有规定外，取样时间为 45 min，限度(Q)为标示量的 70%。

应用示例

[示例 4-2]　阿司匹林片溶出度测定。

取本品 6 片，照溶出度测定法第一法，以稀盐酸 24 mL 加水至 1 000 mL 为溶出介质，转速为每分钟 100 转，依法操作，经 30 min 时，取溶液 10 mL 滤过；精密量取续滤液 3 mL，置 50 mL 量瓶中，加 0.4%氢氧化钠溶液 5 mL，置水浴中煮沸 5 min，放冷，加稀硫酸 2.5 mL，并加水稀释至刻度，摇匀，照紫外-可见分光光度法，在 303 nm 的波长处测定吸光度，按 $C_7H_6O_3$ 的吸收系数($E_{1\,cm}^{1\%}$)为 265 计算，再乘以 1.304，计算每片的溶出量，限度为标示量的 80%，应符合规定。

$$溶出量=\frac{A\times 稀释倍数}{E_{1\,cm}^{1\%}\times 100\times 标示量}\times 1.304\times 100\%$$

理论参考

溶出度系指药物从片剂、胶囊剂或颗粒剂等固体制剂在规定条件下溶出的速度和程度。凡检查溶出度的制剂，不再进行崩解时限的检查。

1. 测定方法

中国兽药典(2005年版)收载了第一法(转篮法)、第二法(桨法)和第三法(小杯法)。

2. 结果判定

(1)6片(粒、袋)中，每片(粒、袋)的溶出量按标示量计算，均不低于规定限度(Q)，判为符合规定；如6片(粒、袋)中仅有1～2片(粒、袋)低于Q，但不低于$Q-10\%$，且其平均溶出量不低于Q，判为符合规定。

课堂互动

片剂的溶出度检查结果如何判定?

(2)如6片(粒、袋)中有1～2片(粒、袋)低于Q，其中仅有1片(粒、袋)低于$Q-10\%$，但不低于$Q-20\%$，且其平均溶出量不低于Q时，应另取6片(粒、袋)复试；初、复试的12片(粒、袋)中有1～3片(粒、袋)低于Q，其中仅有1片(粒、袋)低于$Q-10\%$，但不低于$Q-20\%$，且其平均溶出量不低于Q，判为符合规定。

注：以上结果判定中所示的10%、20%是指相对于标示量的百分率(%)。

技能链接

片剂脆碎度的检查方法

片剂受到震动或摩擦之后容易引起碎片、顶裂、破裂等。

片剂脆碎度反映片剂的抗磨损震动能力，也是片剂质量标准检查的重要项目。常用脆碎度测定仪进行测定。

检查法　片重为0.65 g或以下者取若干片，使其总重约为6.5 g；片重大于0.65 g者取10片。用吹风机吹去脱落的粉末，精密称重，置圆筒中，转动100次。取出，同法除去粉末，精密称重，减失重量不得过1%，且不得检出断裂、龟裂及粉碎的片。本试验一般仅作1次。如减失重量超过1%时，可复检2次，3次的平均减失重量不得过1%，并不得检出断裂、龟裂及粉碎的片。

拓展训练项目

含量均匀度检查法。

训练内容

1. 测定方法

(1)第一法　除另有规定外，取供试品10片(个)，照兽药典中各品种项下规定的方法，分

别测定每片(个)以标示量为100的相对含量X,求其均值$\overline{X}$和标准差S以及标示量与均值之差的绝对值A($A=|100-\overline{X}|$)。

(2)第二法　在含量测定与含量均匀度检查所用方法不同时,而且含量均匀度未能从响应值求出每片(个)含量的情况下,可取供试品10片(个),照该品种含量均匀度项下规定的方法,分别测定,仪器测定响应值Y(可为吸光度、峰面积等),求其均值$\overline{Y}$。另由含量测定法测得以标示量为100的含量X_A,由X_A除以响应值的均值$\overline{Y}$,得比例系数K($K=X_A/\overline{Y}$)。将上述诸响应值Y与K相乘,求得每片以标示量为100的相对含量(%)X($X=KY$),同上法求X和S以及A,计算,判定结果,即得。

2. 结果判定

如$A+1.80S\leqslant15.0$,则供试品的含量均匀度符合规定;若$A+S>15.0$,则不符合规定;若$A+1.80S>15.0$,且$A+S\leqslant15.0$,则应另取20片(个)复试。根据初、复试结果,计算30片(个)的均值$\overline{X}$、标准差S和标示量与均值之差的绝对值A:如$A+1.45S\leqslant15.0$,则供试品的含量均匀度符合规定;若$A+1.45S>15.0$,则不符合规定。

如该品种项下规定含量均匀度的限度为±20%或其他相应的数值,应将上述结果判定中15.0改为20.0或其他相应的数值,但各判断式中的系数不变。

3. 注意事项

(1)供试品的主药必须溶解完全。

(2)测定时溶液必须澄清,如过滤不清,可离心后,取澄清液测定。

(3)应一次配够测定所用溶剂。

(4)含量均匀度的限度应符合各品种项下的规定。

4. 应用示例

[示例4-3]　硫酸阿托品片含量均匀度的检查。

取本品1片,置具塞试管中,精密加水6.0 mL,密塞,充分振摇30 min使硫酸阿托品溶解,离心,取上清液作为供试品溶液。

另取硫酸阿托品对照品约25 mg,精密称定,置25 mL量瓶中,加水溶解并稀释至刻度,摇匀,精密量取5 mL,置100 mL量瓶中,加水稀释至刻度,摇匀,作为对照品溶液。

精密量取供试品溶液与对照品溶液各2 mL,分别置预先精密加入三氯甲烷10 mL的分液漏斗中,各加溴甲酚绿溶液(取溴甲酚绿50 mg与邻苯二甲酸氢钾1.021 g,加0.2 mol/L氢氧化钠溶液6.0 mL使溶解,再加水稀释至100 mL,摇匀,必要时滤过)2.0 mL,振摇提取2 min后,静置使分层,分取澄清的三氯甲烷液,照紫外-可见分光光度法,在420 nm的波长处分别测定吸光度,计算,并将计算结果与1.027相乘,即得供试量是含有$(C_{17}H_{23}NO_3)_2\cdot H_2SO_4\cdot H_2O$的重量。(本品标示量为0.3 mg/片)

$$相对含量计算公式:\frac{A_{供}\times W_{对}\times 对照品纯度\times 供试品稀释倍数}{A_{对}\times W_{供}\times 供试品标示量\times 对照品稀释倍数}\times1.027\times100\%$$

资料卡

兽药制剂的生产批号划分原则

在一定生产周期,经过一系列加工过程所得到的质量均一的一组兽药定为一个批量,一个批量的兽药编为一批。

粉剂、散剂、预混剂：生产批号以分装前同一台混合设备一次性混合量所生产出的质量均一的产品为一批。

片剂：以压片前同一台混合设备一次性混合量所压制出的质量均一的产品为一批。

丸剂：以打丸前同一台混合设备一次性混合量所制出的质量均一的产品为一批。

水针、口服液及其他液体制剂：以灌封或灌装前同一个配液罐一次性配制而生产出的质量均一的产品为一批。

粉针剂：以同一批原料药在同一连续生产周期内生产的均质产品为一批。

5. 原理简介

含量均匀度系指小剂量或单剂量的固体制剂、半固体制剂和非均相液体制剂的每片(个)含量符合标示量的程度。

除另有规定外，片剂、胶囊剂或注射用无菌粉末，每片(个)标示量不大于 10 mg 或主药含量小于每片(个)重量 5%者；其他制剂中每个标示量小于 2 mg 或主药含量小于每个重量 2%者，均应检查含量均匀度。

凡检查含量均匀度的制剂，不再检查重(装)量差异。

质量标准示例

阿苯达唑片

本品含阿苯达唑($C_{12}H_{15}N_3O_2S$)应为标示量的 90.0%～110.0%。

【性状】本品为类白色片。

【鉴别】(1)取本品的细粉适量(约相当于阿苯达唑 0.2 g)，加乙醇 30 mL，置水浴上加热使阿苯达唑溶解，滤过，滤过置水浴上蒸干，残渣照阿苯达唑项下的鉴别(1)、(2)项试验，显相同的反应。

(2)取含量测定项下的溶液，照紫外-可见分光光度法测定，在 295 nm 的波长处有最大吸收，在 277 nm 波长处有最小吸收。

【检查】溶出度　取本品，照溶出度测定法(附录第二法)以 0.1 mol/L 盐酸溶液 900 mL 为溶出介质，转速为每分钟 75 转，依法操作，经 45 min 时，取溶液滤过，精密量取续滤液适量，用 0.1 mol/L 氢氧化钠溶液稀释制成每 1 mL 中约含 10 μg 的溶液，作为供试品溶液，另取阿苯达唑对照品约 20 mg，精密称定，置 100 mL 量瓶中，加 2%盐酸甲醇溶液 5 mL，振摇使溶解，用 0.1 mol/L 盐酸溶液稀释至刻度，摇匀，精密量取 5 mL，置 100 mL 量瓶中，用 0.1 mol/L 氢氧化钠溶液稀释至刻度，摇匀，作为对照品溶液，照紫外 - 可见分光分光光度法，在 308 nm 的波长处分别测定吸光度，计算每片的溶出量。限度为标示量的 65%，应符合规定。

【其他】应符合片剂项下有关的各项规定。

【含量测定】取本品 20 片，精密称定，研细精密称取适量(约相当于阿苯达唑 20 mg)，置 100 mg 量瓶中，加冰醋酸 10 mL，振摇使阿苯达唑溶解，用乙醇稀释至刻度，摇匀，滤过，精密量取续滤液 5 mL，置 100 mL 量瓶中，用乙醇稀释至刻度，摇匀，照紫外可见分光光度法，在 295 nm 的波长处测定吸光度，按 $C_{12}H_{15}N_3O_2S$ 的吸收系数($E_{1\,cm}^{1\%}$)为 444 计算，即得。

【类别】同抗蠕虫药。

【规格】(1)25 mg；(2)50 mg；(3)0.2 g；(4)0.5 g。

【贮藏】密封保存。

复习测试题

一、填空

1. 普通片剂的崩解时限为________ min，薄膜衣片应在________ min内全部崩解。

2. 溶出度检查法的测定方法有________、________和________。

3. 凡检查含量均匀度的制剂，不再检查________。

4. 片剂常规检查项目有________、________、________、________。

5. 泡腾片除另有规定外，同法检查6片，各片均应在________ min内崩解。

6. 中国兽药典收载了溶出度检查法：第一法（转篮法）、第二法（桨法）和第三法________。

7. 片剂、胶囊剂或注射用无菌粉末，每片（个）标示量不大于________或主药含量小于每片（个）重量________者，均应检查含量均匀度。

8. 溶出度测定规定溶出介质的温度应为________℃。

9. 药品质量标准的主要内容包括名称、性状、鉴别、________、________等。

10. 药典中药物性状项下记载药品的外观、臭、味、________以及________等。

11. 人工胃液由________、________加水配制而成。

12. 溶出度测定时，一般初试应取供试品的片数为________片。

13. 溶出度检查中，取样位置第一法应在________处。

14. 含量均匀度系指小剂量或单剂量固体制剂、半固体制剂和非均相液体制剂的每片（个）含量符合________的程度。

二、简答题

1. 什么是崩解时限检查法？

2. 简述崩解时限检查法的操作方法与注意事项。

3. 如何检查片剂的重量差异？

4. 什么是溶出度？为什么要测定溶出度？

5. 药典测定溶出度的方法有几种？试述其仪器装置概况、操作方法与结果判定。

6. 含量均匀度的定义是什么？为什么要检查含量均匀度？

7. 简述含量均匀度检查法的测定方法和结果判定。

学习情境五

溶液剂检验

知识目标

掌握pH测定、薄层色谱法、溶液颜色检查的基本原理；了解澄清度、不溶性微粒检查项目的操作方法；了解中药显微鉴定的主要操作方法。

技能目标

能进行药品的pH测定的操作；

能进行溶液颜色、澄清度、不溶性微粒检查的操作；

能进行中药薄层鉴别、显微鉴别。

学习子情境5.1　pH测定

学习任务

恩诺沙星溶液的pH测定。

仪器与用具

酸度计、分析天平、烧杯(或量瓶)。

实验材料

标准缓冲液、滤纸。

操作方法

(1)仪器预热　按下电源开关，仪器预热30 min，然后对仪器进行校正(图5-1)。

(2)仪器的校正　调节"mV/pH"旋钮至"pH"挡，将斜率旋钮调至100%位置，调节温度旋钮使之指向被测溶液的温度。用水清洗电极，并用滤纸吸干，插入已知pH的标准缓冲溶液中，调节定位调节器，使仪器读数为标准缓冲液的pH，再取出用水清洗电极，并用滤纸吸干，再插入另一 pH 相差约 3 个 pH 单位的标准缓冲液校正，应符合上述要求。

(3)测定供试品 pH　将电极移出，用水冲洗干净，并用滤纸吸干后，将电极插入待测溶液中，搅拌使溶液均匀，仪器显示的数值即为供试品的 pH。

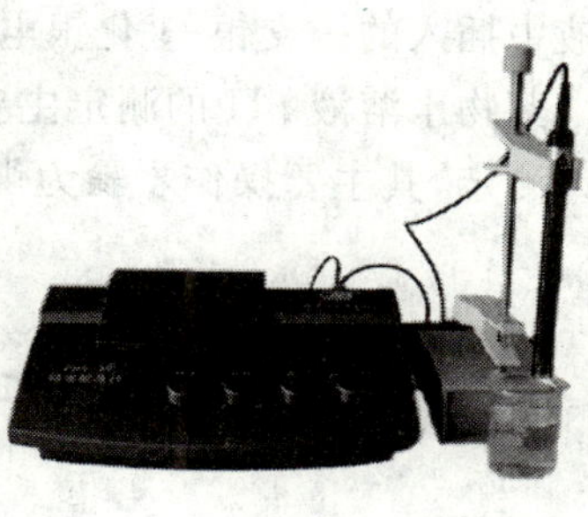

图 5-1　酸度计

注意事项

(1)配制标准缓冲液和溶解供试品的水应是新沸过的冷蒸馏水，其 pH 应为 5.5～7.0。

(2)第一次使用的玻璃电极或长期停用的玻璃电极，在使用前必须在蒸馏水中浸泡 24 h 以上。

(3)每次更换标准缓冲液或供试液，电极和烧杯必须用水冲洗干净，然后用滤纸吸干，也可用所更换的标准缓冲液或供试液洗涤。

(4)注意保护电极，防止损坏或污染。每次测量后要及时套上电极保护套，套内应放少量补充液，以保持电极球泡的湿润。

(5)取与供试液 pH 较接近的第一种标准缓冲液对仪器进行校正(定位)，仪器定位后，要用第二种标准缓冲液核对仪器示值，误差应不大于±0.02 pH 单位。若大于此偏差，则应小心调节斜率，重复上述定位与斜率调节至符合要求。否则，需检查仪器或更换电极后再行校正至符合要求。

(6)温度对电极电阻影响较大，一般应在 5～40℃测定，待测溶液温度不能超过 60℃。

课堂互动

如何进行酸度计仪器的校正？校正用标准缓冲溶液的配制方法？

应用示例

［示例 5-1］　盐酸普鲁卡因注射液：pH 应为 3.5～5.0。

［示例 5-2］　维生素 B_1 注射液：pH 应为 2.5～4.0。

［示例 5-3］　硫酸镁注射液：pH 应为 5.0～7.0。

［示例 5-4］　盐酸左旋咪唑注射液：pH 应为 3.0～4.5。

理论参考

pH 是指水溶液中氢离子浓度(以每升中摩尔数计算)的负对数。pH 测定法是测定药品水溶液氢离子浓度的一种方法，主要用于检控兽药的酸碱性，是兽药检查项下使用较多和重要的指标之一。

测量 pH 所用的仪器称为 pH 计或酸度计。包括 pH 测量电池和 pH 指示器两部分。pH 测量电池就是由玻璃电极和饱和甘汞电极与被测溶液组成的电池，其中玻璃电极为指示电极，即电位随溶液中待测离子的活度(玻璃电极的情况为氢离子的活度)的变化而变化的电极；甘汞电极为参比电极，即电位值基本不变的电极。玻璃电极是由在玻璃管下端接一特殊成分玻璃的球状薄膜，其厚度不到 0.1 mm，内盛含有一定浓度的 KCl 和一定 pH 的缓冲溶液和在此溶液中插入的一支银-氯化银电极(内参比电极)所构成。

药物水溶液 pH 的测定主要采用以玻璃电极为指示电极,饱和甘汞电极为参比电极的酸度计测定,其主要操作步骤为供试品与标准缓冲液的准备→仪器的校正→测定供试品 pH。

学习子情境 5.2　溶液颜色检查

学习任务

恩诺沙星溶液的颜色检查。

仪器与用具

25 mL 纳氏比色管。

实验材料

比色用重铬酸钾液、比色用硫酸铜液、比色用氯化钴液。

操作方法

1. 种色调标准贮备液的制备

按表 5-1 量取比色用氯化钴液、比色用重铬酸钾液、比色用硫酸铜液与水,摇匀,即得。

2. 种色调色号标准比色液的制备

按表 5-2 量取各色调标准贮备液与水摇匀,即得。

3. 操作方法

除另有规定外,取各品种项下规定量的供试品,加水溶解,置于 25 mL 的纳氏比色管中,加水稀释至 10 mL。另取规定色调和色号的标准比色液 10 mL,置于另一 25 mL 的纳氏比色管中,两管同置白色背景上,自上向下透视,或同置白色背景前,平视观察;供试品管呈现的颜色与对照管比较,不得更深。

课堂互动

如何配制各种色调标准贮备液与各种色调色号标准比色液?

表 5-1　各种色调标准贮备液的配制表

色调	比色用氯化钴液(mL)	比色用重铬酸钾液(mL)	比色用硫酸铜液(mL)	水(mL)
黄绿色	1.2	22.8	7.2	68.8
黄色	4.0	23.3	0	72.7
橙黄色	10.6	19.0	4.0	66.4
橙红色	12.0	20.0	0	68.0
棕红色	22.5	12.5	20.0	45.0

表 5-2　各种色调色号标准比色液的配制表

色号	1	2	3	4	5	6	7	8	9	10
贮备液(mL)	0.5	1.0	1.5	2.0	2.5	3.0	4.5	6.0	7.5	10.0
加水量(mL)	9.5	9.0	8.5	8.0	7.5	7.0	5.5	4.0	2.5	0

注意事项

(1)检查时光线应明亮。

(2)如果供试品管中的颜色与对照管中溶液颜色接近时,应将比色管互换位置后再行观察。

(3)配制比色溶液所用的重铬酸钾应为基准试剂,硫酸铜和氯化钴均为分析纯试剂。

应用示例

[示例 5-5]　安乃近注射液的颜色检查

取本品,与黄色 3 号标准比色液(目视比色法)比较,不得更深。

理论参考

药物溶液的颜色及其与规定颜色的差异能在一定程度上反映药物的纯度。本法系指将药物溶液的颜色与规定的标准比色液相比较,或在规定的波长处测定其吸光度,以检查其颜色。主要有目视比色法、分光光度法、色差计法 3 种检查方法。

药物溶液的颜色检查是控制药物中可能引入的有色杂质的限量。药典采用标准比色液作对照,由于一般化学反应所产生的颜色只能够在一定时间内稳定,因此,在比色分析中每次比色时,要同时制备对照溶液与供试溶液,比色操作也必须在一定时间内完成。

质量标准示例

恩诺沙星溶液

本品为恩诺沙星的水溶液。含恩诺沙星($C_{19}H_{22}FN_3O_3$)应为标示量的 90.0%～110.0%。

【性状】本品为几乎无色至淡黄色的澄明液体。

【鉴别】取本品,照恩诺沙星注射液项下的鉴别实验,应显相同的结果。

【检查】pH　应为 11.0～13.0。

颜色　取本品,加水制成 1 mL 中含 25 mg 的溶液,依法检查,与黄色 3 号比色液比较,不得更深。

其他　应符合内服溶液剂项下有关的各项规定。

【含量测定】照高效液相色谱法测定。

色谱条件与系统适应性试验　用十八烷基硅烷键合硅胶为填充剂;以 0.025 mol/L 磷酸溶液(用三乙胺调节 pH 至 3.0)-乙腈(83∶17)为流动相;检测波长 278 nm。理论塔板数按恩诺沙星峰计算不低于 2 500。

测定法　取本品适量,精密称定,加流动相适量,超声处理使溶解,用流动相稀释制成每 1 mL 中约含有 50 μg 的溶液,摇匀,精密量取 10 μL,注入液相色谱仪,记录的色谱图;另取恩诺沙星对照品适量，同法测定。按外标法以峰面积计算，即得。

【类别】喹诺酮类药。

【规格】(1)2.5%；(2)5%；(3)10%。

【贮藏】遮光，密封保存。

拓展训练项目一

澄清度检查法。

训练内容

1. 仪器与试液

比浊用玻璃管(内径 15～16 mm，平底，具塞，以无色、透明、中性硬质玻璃制成)；伞棚灯，照度为 1 000 lx(图 5-2)。浊度标准贮备液与浊度标准原液。

2. 浊度标准液的制备

取浊度标准原液与水，按表 5-3 配制，即得。本液应临用时制备，使用前充分摇匀。

表 5-3 浊度标准液配制表

成分	级号				
	0.5	1	2	3	4
浊度标准原液(mL)	2.5	5.0	10.0	30.0	50.0
水(mL)	97.5	95.0	90.0	70.0	50.0

3. 操作方法

在室温条件下，将用水稀释至一定浓度的供试品溶液与等量的浊度标准液，分别置于配对的比浊用玻璃管中，在浊度标准液制备 5 min 后，在暗室内垂直同置于伞棚灯下，照度为 1 000 lx，从水平方向观察、比较，用以检查溶液的澄清度或其浑浊程度。除另有规定外，供试品溶解后应立即检视。

图 5-2 澄清度测定仪

4. 结果判定

供试品溶液管的浊度浅于或等于浊度标准液 0.5 级号的，即为澄清；如浅于或等于规定的浊度标准液级号的，判为符合规定；如浓于规定浊度标准液级号的，则判为不符合规定。

5. 注意事项

(1)各品种项下规定的“澄清”，系指供试品溶液的澄清度相同于所用溶剂，或未超过 0.5 号浊度标准液。

(2)制备浊度标准贮备液、浊度标准原液和浊度标准液所用的水，均应澄清，可用 0.45 μm 孔径滤膜或 G_5 垂熔玻璃漏斗滤过而得。

(3)浊度标准贮备液、浊度标准原液和浊度标准液，均应按规定制备、使用，否则影响结果。

6. 应用示例

[示例 5-6] 盐酸左旋咪唑的溶液的澄清度检查。

取本品 2.0 g，加新沸并冷却至 20～25℃的水 50 mL，溶解后，溶液应澄清；如显浑浊，与 2 号浊度标准液比较，不得更浓。

[示例 5-7] 硫酸镁的溶液的澄清度检查。

取本品 2.5 g,加水 20 mL,振摇使溶解,溶液应澄清;如显浑浊,与 1 号浊度标准液比较,不得更浓。

技能链接

化验员检验工作完毕,必须由本人按规定的质量标准和检验规程对项目、计算公式、误差范围、检验结论等进行认真审核后签名。

检验报告单须经 QC 主任审核签章,加盖质检专用章后发出,审核重点是检验项目、结论是否与检测标准一致。

拓展训练项目二

不溶性微粒检查法。

训练内容

(一)光阻法

1. 仪器

不溶性微粒检测仪 包括取样器、传感器和数据处理器 3 部分(图 5-3)。测量粒径范围为 2～50 μm,检测微粒浓度为 0～5 000 个/mL。

2. 检查法

图 5-3 微粒分析仪

(1)标示装量为 25 mL 或 25 mL 以上的静脉用注射液 除另有规定外,取供试品,用水将容器外壁洗净,小心翻转 20 次,使溶液混合均匀,立即小心开启容器,先倒出部分供试溶液冲洗开启口及取样杯,再将供试品溶液倒入取样杯中,超声处理(80～120 W)30 s 脱气或静置适当时间脱气后,置于取样器上(或将供试品容器直接脱气后置于取样器上,不加搅拌)。开启搅拌或手动缓缓转动,使溶液均匀(避免气泡产生),依法测定至少 3 次,每次取样应不少于 5 mL,记录数据;另取至少 2 个供试品,同法测定。每个供试品第一次数据不计,取后续测定结果的平均值计算。

(2)标示装量为 25 mL 以下的静脉用注射液 供试品→翻转均匀→超声处理脱气或静置适当时间脱气→开启容器→将供试品容器置于取样器上→不加搅拌→由仪器直接抽取适量溶液记录数据。

也可采用适宜的方法:合并至少 3 个供试品的内容物→置于取样杯中→超声处理脱气或静置适当时间脱气→置于取样器上→开启搅拌或手动缓缓转动→使溶液均匀→依法测定。

(3)静脉注射用无菌粉末或注射用浓溶液 供试品→精密加入适量微粒检查用水(或适宜的溶剂)→小心盖上瓶盖→缓缓振摇使内容物溶解(注射用浓溶液直接操作)→超声处理脱气或静置适当时间脱气→置于取样器上→不加搅拌→由仪器直接抽取适量溶液→记录数据。

也可采用适宜的方法:取至少 3 个供试品→分别精密加入适量微粒检查用水(或适宜的溶剂)→缓缓振摇使内容物溶解(注射用浓溶液直接操作)→小心合并容器中的溶液(使总体积不少于 20 mL)→置于取样杯中→超声处理脱气或静置适当时间脱气→置于取样器上→开启搅

拌或手动缓慢转动→使溶液均匀(避免气泡产生)→依法测定。

3. 结果判定

(1)标示装量为 100 mL 或 100 mL 以上的静脉用注射液　除另有规定外，每 1 mL 中含 10 μm 以上的微粒不得过 25 粒，含 25 μm 以上的微粒不得过 3 粒。

(2)标示装量为 100 mL 以下的静脉用注射液、静脉注射用无菌粉末及注射用浓溶液　除另有规定外，每个供试品容器中含 10 μm 以上的微粒不得过 6 000 粒，含 25 μm 以上的微粒不得过 600 粒。

(二)显微计数法

1. 仪器与材料

(1)层流净化台　高效空气过滤器，孔径 0.45 μm，气流方向由里向外，应定期检查风速及净化台上空气中的微粒数。

(2)显微镜　双筒大视野显微镜，目镜内附标定的测微尺(每格 0.05～0.1 mm)。坐标轴前后、左右移动范围均应大于 30 mm，显微镜装置内附有光线投射角度、光强度均可调节照明装置。

(3)微孔滤膜　白色，孔径 0.45 μm，直径 25 mm 或 13 mm，具一面印有 3 mm 的格栅。

(4)滤器、平皿、平头无齿镊子。

2. 检查前的准备

试验环境检测符合规定后，在层流净化台上将滤器用微粒检查用水(或其他适宜溶剂)冲洗至洁净，用平头无齿镊子夹取测定用滤膜，用微粒检查用水(或其他适宜溶剂)冲洗后，置滤器托架上；固定滤器，倒置，反复用微粒检查用水(或其他适宜溶剂)冲洗滤器内壁，沥干后安装在抽滤瓶上，备用。

3. 检查法

(1)标示装量为 25 mL 或 25 mL 以上的静脉用注射液　除另有规定外，取供试品，用水将容器外壁洗净，在层流净化台上小心翻转 20 次，使溶液混合均匀。立即小心开启容器，先倒出供试液少量冲洗开启口，再量取供试液 25 mL，沿滤器内壁缓缓注入经预处理的滤器(滤膜直径 25 mm)中，静置 1 min，缓缓抽滤至滤膜近干，再用微粒检查用水 25 mL，沿滤器内壁缓缓注入，洗涤并抽滤至滤膜近干，再用平头无齿镊子将滤膜移置平皿上(必要时，可涂抹极薄层的甘油使滤膜平整)，微启盖子使滤膜适当干燥后，将平皿闭合，置显微镜载物台上，调好入射光，放大 100 倍进行显微测量，调节显微镜使滤膜格栅清晰，移动坐标轴，分别测定有效滤过面积上最长粒径大于 10 μm 和 25 μm 的微粒数。

(2)标示装量为 25 mL 以下的静脉用注射液　取供试品→翻转均匀→开启容器→用适宜的方法直接抽取每个容器中的全部溶液沿滤器内部缓缓注入经预处理的滤器(滤膜直径 13 mm)中→照上述(1)同法测定。

(3)静脉注射用无菌粉末及注射用浓溶液　除另有规定外，照光阻法中“检查法(3)”制备供试品溶液，同上述(1)操作测定。

4. 结果判定

(1)标示装量为 100 mL 或 100 mL 以上的静脉用注射液　除另有规定外，每 1 mL 供试液中含 10 μm 以上的微粒不得过 12 粒，含 25 μm 以上的微粒不得过 2 粒。

(2)标示装量为 100 mL 以下的静脉用注射液、静脉注射用无菌粉末及注射用浓溶液　除另有规定外，每个供试品容器中含 10 μm 以上的微粒不得过 3 000 粒，含 25 μm 以上的微粒不得过 300 粒。

5. 注意事项

(1)各种形状的微粒应以实测到的最长直径计算，重叠微粒和聚合胶体微粒均以单个微粒计数；结晶析出不属于检测范围，故不应计算。

(2)必要时可另取微粒检查用水 25 mL，照上述检查法(1)项下自“沿滤器内壁缓缓注入，洗涤并抽滤至滤膜近干”起，依法操作一式两份。此项空白试验仅可视作对操作环境的认证，所得数据不必在供试品检查结果中扣除，但对检测结果的正确与否有密切关系。此项试验必须检测全滤膜，得到可信赖的数据后方可进行样品检测；如试验结果 25 mL 中含 25 μm 以上的微粒超过 5 粒，则说明操作环境不佳，应设法改善。

(3)本法应在澄明度检查符合规定的基础上取样，一式两份。不符合规定者不再复试。

6. 应用示例

[**示例 5-8**]　葡萄糖注射液不溶性微粒检查(装量为 250 mL)。

按光阻法的“检查法(1)”操作，按“结果判定(1)”做结果判定。

资料卡

内服溶液剂、内服混悬剂、内服乳剂

内服溶液剂　系指药物溶解于适宜溶剂中制成供内服的澄清液体制剂。

内服混悬剂　系指难溶性固体药物，分散在液体介质中，制成供内服的混悬液体制剂，包括干混悬剂或浓混悬剂。

内服乳剂　系指两种互不相溶的液体，制成供内服的稳定的水包油型乳液制剂。

【质量差异】除另有规定外，单剂量包装的干混悬剂照下述方法检查，应符合规定。

检查法　取供试品 20 个(袋)，分别称量内容物，计算平均重量，超过平均重量±10%者不得过两个，并不得有超过平均重量±20%者。

凡规定检查含量均匀度者，一般不再进行重量差异检查。

【装量】除另有规定外，单剂量包装的内服溶液剂、内服混悬剂、内服乳剂装量，应符合下列规定。

取供试品 10 个(袋、支)分别将内容物倾尽，测定其装量，每个(袋、支)装量均不得少于其标示量。

多剂量包装的内服溶液剂、内服混悬剂、内服乳剂、内服滴剂照最低装量检查法检查，应符合规定。

【干燥失重】除另有规定外，干混悬剂照干燥失重测定法检查，减失重量不得过 2.0%。

【沉降体积比】内服混悬剂照下述方法检查，沉降体积比应不低于 0.90。

检查法　除另有规定外，用具塞量筒量取供试品 50 mL，密塞，用力振摇 1 min，记下混悬物的开始高度 H_0，静置 3 h，记下混悬物的最终高度 H，按下式计算：

$$沉降体积比 = H/H_0$$

干混悬剂按各品种项下规定的比例加水振摇，应均匀分散，并照上法检查沉降体积比，应符合规定。

【微生物限度】照微生物限度检查法检查，应符合规定。

学习子情境 5.3 薄层色谱鉴别

学习任务

双黄连口服液的鉴别。

仪器与用具

色谱缸、微量点样器(5 μL)、薄层板(硅胶 H 预制板，规格 10 cm×10 cm，厚度 0.20～0.25 mm，青岛海洋化工厂生产)、紫外分析仪。

实验材料

乙酸丁酯-甲酸-水(7∶2.5∶2.5)的上层溶液为展开剂。

操作方法

薄层色谱法的一般操作程序为制板→点样→展开→显色检视。

1. 制板

(1)自制薄层板　常用的载板是玻璃板。吸附剂中加黏合剂，湿法涂铺制成的薄层板称为硬板。软板所用的吸附剂中不加黏合剂，干法铺制。

硬板的制备方法为除另有规定外，将 1 份固定相和 3 份水(或加有黏合剂的水溶液)在研钵中按同一方向研磨混合，去除表面的气泡后，倒入涂布器中(图 5-4)，在玻璃板上平稳地移动涂布器进行涂布(厚度为 0.2～0.3 mm)，取下涂好薄层的玻璃板，置水平台上于室温下晾干后，在 110℃活化 30 min，即置有干燥剂的干燥器中备用。

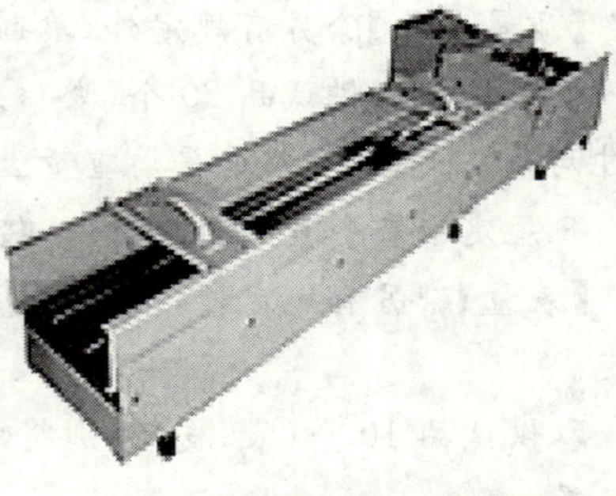

图 5-4　薄层电动涂敷器

(2)市售薄层板　临用前一般应在 110℃活化 30 min。聚酰胺薄膜不需活化。铝基片薄层板可根据需要剪裁，但须注意剪裁后的薄层板底边的硅胶层不得有破损。如在贮放期间被空气中杂质污染，使用前可用适宜的溶剂在展开容器中上行展开预洗，110℃活化后，放干燥器中备用。

2. 点样

将待测样品液滴加到薄层板上的操作称为点样。点样方法除另有规定外，用点样器(图 5-5)点样于薄层板上，一般为圆点，点样基线距底边 2.0 cm，点样直径为 2～4 mm，点间距离为 1.0～2.0 cm，点间距离可视斑点扩散情况以不影响检出为宜。

3. 展开

将点好样品的薄层板放入展开缸的展开剂中，浸入展开剂的深度为距薄层板底边 0.5～

1.0 cm(切勿将样点浸入展开剂中),密封顶盖,等展开至规定距离(一般为 10～15 cm),取出薄层板,晾干,然后选择适宜方法检测。

展开可以单向展开,即向一个方向展开,也可以进行双向展开,取出,待展开剂完全挥发后,将薄层板转动 90°,再用原展开剂或另一种展开剂进行展开;亦可多次展开。

在展开过程中,展开缸应密闭,以克服边缘效应。边缘效应是指在展开过程中,由于混合溶剂作为展开剂,薄层边缘处的非极性溶剂成分较易挥发,而使被测组分 R_f 值比薄层中间部分增大的现象。

图 5-5　自动点样仪

课堂互动

展开过程中,如何克服边缘效应?

4. 显色与检视

供试品含有可见光下有颜色的成分可直接在日光下检视,也可用喷雾法或浸渍法,以适宜的显色剂显色或加热显色,在日光下检视。有荧光的物质或遇某些试剂可激发荧光的物质可在 365 nm 紫外光灯下观察荧光色谱。对于可见光下无色,但在紫外光下有吸收的成分可用带有荧光剂的硅胶板(如 GF_{254} 板),在 254 nm 紫外光灯下观察荧光板面上的荧光猝灭物质形成的色谱。观察装置见图 5-6。

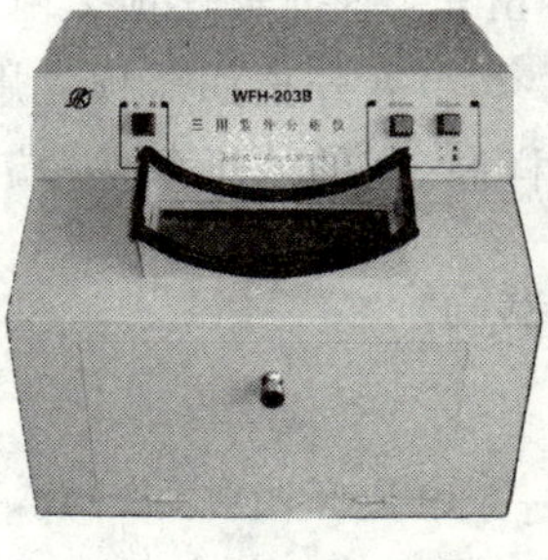

图 5-6　三用紫外分析仪

既无色,又无紫外吸收的物质,可用试剂显色法。薄层色谱常用的通用型显色剂有硫酸、碘、荧光黄溶液等,它们可用于检查一般有机化合物。还有根据化合物分类或特殊官能团设计的特效性显色剂,也称专属性显色剂,其只能使某一类化合物或某官能团显色,如茚三酮是氨基酸的专用显色剂。显色剂显色可采用喷雾显色、浸渍显色或置碘蒸气中显色等方法。

双黄连口服液的鉴别

(1)取本品 1 mL,加 75%乙醇溶液 5 mL,摇匀,作为供试品溶液。另取黄芩苷对照品及绿原酸对照品,分别加 75%乙醇制成每 1 mL 含 0.1 mg 的溶液,作为对照品溶液。照薄层色谱法试验,吸取上述三种溶液各 1～2 μL,分别点于同一聚酰胺薄膜上,以醋酸为展开剂,展开,取出,晾干,置紫外光灯(365 nm)下检视。供试品色谱中,在与黄芩苷对照品色谱相应的位置上,显相同颜色的斑点;在与绿原酸对照品色谱相应的位置上,显相同颜色的荧光斑点。

(2)取本品 1 mL,加甲醇 5 mL,摇匀,静置,取上清液,作为供试品溶液。另取连翘对照药材 0.5 g,加甲醇 10 mL,加热回流 20 min,滤过,滤液作为对照药材溶液。照薄层色谱法试验,吸取上述两种溶液各 5 μL,分别点于同一硅胶 G 薄层板上,以三氯甲烷-甲醇(5∶1)为展开剂,展开,取出,晾干,喷以 10%硫酸乙醇溶液,在 105℃加热至斑点显色清晰。供试品色谱中,在与对照药材色谱相应的位置上,显相同颜色的斑点。

注意事项

(1)实践证明,在 TLC 法中组分的 R_f 值的最佳范围是 0.3～0.5,可用范围为 0.2～0.8。由于影响 R_f 值的因素较多,主要是溶质和展开剂的性质、薄层板的性质、温度、展开方式和展开距离等。为了消除一些难以控制的实验条件的影响,建议采用相对比移值 R_s。

(2)硅胶的活性与其含水量有关,含水量越高,吸附力越差,活性也就越低。但将硅胶加热至 100℃左右,吸附的水分能被除去,活度提高,这一过程称为“活化”。

(3)展开剂的选择主要应根据被分离物质及展开剂的极性来决定,同时,还要考虑固定相的活性。一般选择原则是“相似性原则”,即强极性试样宜用强极性展开剂,弱极性试样宜用弱极性展开剂。除选用单一展开剂外,为达到最佳分离效果,还可通过试验选用混合展开剂。

(4)薄层板使用前,在透射光及反射光下检视,检查其均匀度,表面应平整、无麻点、无气泡、无破损及无污染。

(5)要求点样时必须注意勿损伤薄层表面。

(6)展开前如需要溶剂蒸气预平衡,可在展开缸中加入适量的展开剂,密闭,一般保持15～30 min。溶剂蒸气预平衡后,应迅速放入载有供试品的薄层板,立即密闭,展开。

(7)展开缸如需预先用展开剂饱和,可在缸中加入足够量的展开剂,并在壁上贴两条与缸一样高、宽的滤纸条,一端浸入展开剂中,密封顶盖,使系统平衡或按各品种项下的规定操作。

仪器简介

全自动点样仪 ATS4

(1)具有两种(接触式和非接触喷雾式)点样方式,可点点状、带状及方形。根据不同的薄层板选择不同的点样方式,如点软板(手铺板)时,可选择接触式,因为若选用喷雾方式可能会将硅胶吹走。

(2)具有加热功能。当点样量较大时,或是溶剂较难挥发(如水溶液),可选择加热方式点样,减少斑点扩散。

(3)点样台的高度可以调节,可点不同厚度的薄层板,无需调节点样头。

(4)不会堵塞针头。吸样时,仪器先用锋利的空心不锈钢管刺入样品瓶垫片,然后,针头通过不锈钢管插入溶液吸样,这样针头不会被垫片的硅橡胶碎片堵塞。

(5)仪器的操作通过软件进行,可同时控制数码成像系统、扫描仪等。

全自动多级展开仪 AMD2

(1)可使用五种溶剂对同一薄层板进行多次展开;

(2)分离效率比传统展开方式提高约 3 倍(可在 80 mm 之内分出 40 种成分);

(3)自动控制预饱和、展开方式、展开距离和干燥条件等,并可编程控制;

(4)内置 CCD 传感器监测展开过程并显示出展开距离和时间;

(5)符合 GLP/GMP 要求。

喷雾系统 SG1/DS20

定量控制喷雾仪,对选定区域(如一个通道,一个横向区域,或整块薄层板)实现定量均匀喷雾,保证喷雾的重现性。内置 4 种显色剂瓶,可任意选择和转换,并实现多种复合喷雾,超细喷雾颗粒 1～10 μm,显色均匀,试剂用量少。

应用示例

1. 定性鉴别

常采用的方法是用已知标准物质作对照，将试样与对照品在同一块薄层板上展开，显色定位后，根据试样的 R_f 值及显色检视过程中的现象，与对照品对照进行定性鉴别。

［**示例 5-9**］　健猪散的大黄薄层鉴别。

(1)仪器用具与试液

色谱缸、微量点样器(5 μL)、薄层板(硅胶 H 预制板，规格 10 cm×10 cm，厚度 0.20～0.25 mm，青岛海洋化工厂生产)、紫外分析仪。

展开剂　石油醚(30～60℃)-甲酸乙酯-甲酸(15∶5∶1)的上层溶液。

(2)操作方法

①供试品溶液制备　取本品 0.25 g，加甲醇 20 mL，浸渍 1 h，滤过，取滤液 5 mL，蒸干，加水 10 mL 使溶解，再加盐酸 1 mL，置水浴上加热 30 min，立即冷却，用乙醚分 2 次提取，每次 10 mL，合并乙醚提取液，蒸干，残渣加氯仿 1 mL 使溶解，作为供试品溶液。

②对照药材溶液制备　取大黄对照药材 0.1 g，同法制成对照药材溶液。

③点样　对照药材溶液、供试品溶液各 5 μL。

④展开方式　上行展开；展距：8 cm。

⑤显色　置紫外光灯下检视；再置氨蒸气中熏后，日光下检视。

⑥层析结果　紫外光灯(365 nm)下，供试品色谱中，在与对照药材色谱相应位置上，显相同的 5 个橙黄色斑点(图 5-7)；经氨蒸气熏后，置日光下检视，斑点变为红色(图 5-8)。

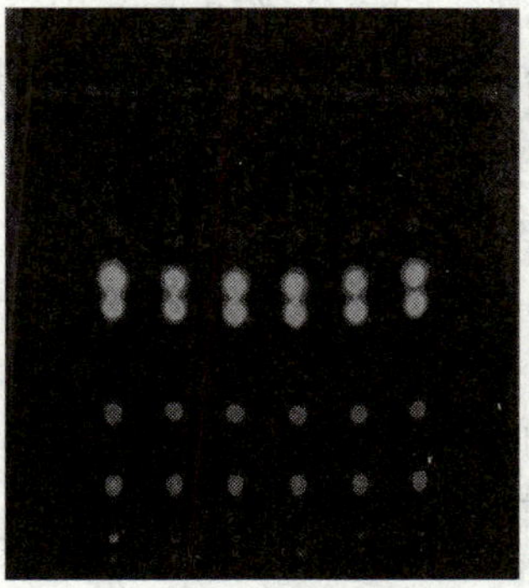

图 5-7　大黄荧光色谱

1. 大黄对照药材　2. 健猪散

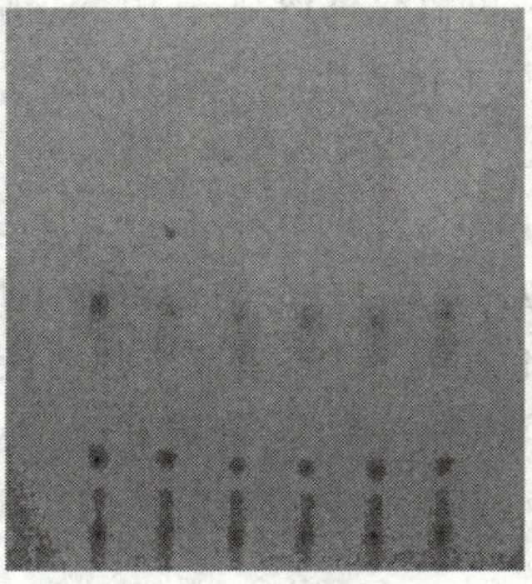

图 5-8　大黄氨熏，可见光色谱

1. 大黄对照药材　2. 健猪散

［**示例 5-10**］　甲砜霉素的鉴别。

色谱条件：硅胶 GF_{254} 薄层板，展开剂为乙酸乙酯-甲醇(97∶13)，在紫外光灯(254 nm)下检测。

取甲砜霉素及其对照品，分别加甲醇溶解并稀释成每 1 mL 中约含 10 mg 的溶液。照薄层色谱法试验，吸取上述两种溶液各 5 μL，分别点于同一硅胶 GF_{254} 薄层板上，以乙酸乙酯-甲醇(97∶13)为展开剂，展开，晾干，置紫外光灯(254 nm)下检视，供试品溶液所显主斑点的颜色和位置与对照品溶液的主斑点的颜色和位置相同。

2. 定量分析

薄层定量方法主要有洗脱法和直接定量法。

洗脱法就是用适宜的溶剂将吸附剂中的组分洗脱下来，再用适当的方法进行定量测定，如结合比色法或紫外分光光度法等进行定量。

直接定量法有目视比较法和薄层扫描法两种。目视比较法是将一系列已知浓度的对照品溶液与试样溶液点在同一薄层板上，展开并显色后，以目视法直接比较试样斑点与对照品斑点的颜色深度或面积大小，估计出被测组分的近似含量，该法常用于原料药中杂质限度的检查。薄层扫描法是用薄层扫描仪在薄层板上扫描定量，准确度及精密度有所提高。

[示例 5-11] 牛黄中胆酸的含量测定。

色谱条件：硅胶 G 薄层板；展开剂为异辛烷-乙酸丁酯-冰醋酸-甲酸（8：4：2：1）；显色剂为 30%硫酸乙醇溶液。

扫描参数：$\lambda_s = 380$ nm，$\lambda_R = 650$ nm。用外标两点法计算试样中胆酸的含量。

3. 杂质检查

[示例 5-12] 甲氧苄啶的有关物质检查。

色谱条件：硅胶 G 薄层板，展开剂为三氯甲烷-甲醇-浓氨溶液（95：7.5：1），显色剂为铁氰化钾一三氯化铁溶液。

取甲氧苄啶，加三氯甲烷-甲醇（9：1）制成每 1 mL 中含 20 mg 的溶液，作为供试品溶液；精密量取适量，用三氯甲烷-甲醇（9：1）稀释成每 1 mL 中约含 40 μg 的溶液，作为对照溶液。照薄层色谱法试验，吸取上述两种溶液各 5 μL，分别点于同一硅胶 G 薄层板上，以三氯甲烷-甲醇-浓氨溶液（95：7.5：1）为展开剂，展开，晾干，喷以铁氰化钾-三氯化铁溶液（取 5%铁氰化钾溶液与 10%三氯化铁溶液各 10 mL 临用前混合，摇匀），约 1 min 内立即检视。供试品溶液如显杂质斑点，不得多于 2 个，其颜色与对照溶液的主斑点比较，不得更深。

[示例 5-13] 甲苯咪唑中的"有关物质"检查。

取本品 50 mg，置 10 mL 量瓶中，加无水甲酸 2 mL 溶解后，加甲醇 1 mL，用丙酮稀释至刻度，摇匀，作为供试品溶液；精密量取 1 mL，置 200 mL 量瓶中，用丙酮稀释至刻度，作为对照溶液，照薄层色谱法试验，吸取上述溶液各 10 μL，分别点于同一硅胶 GF_{254} 薄层板上，以三氯甲烷-甲醇-甲酸（90：5：5）为展开剂，展开后，晾干，置紫外灯光（254 nm）下检视，供试品溶液如显杂质斑点，其颜色与对照溶液的主斑点比较，不得更深。

理论参考

薄层色谱法（TLC）系将供试品溶液点于薄层板上，在展开容器内用展开剂展开，使供试品所含成分分离，所得色谱图与适宜的对照物按同法所得的色谱图对比，并可用薄层扫描仪进行扫描，用于药品的鉴别、检查或含量测定。

1. 分离原理

当点样端浸入溶剂中，借助于薄层板上吸附剂的毛细管作用，溶剂会载带被分离组分向前移动，这一过程称为展开，所用溶剂称为展开剂。由于吸附剂对不同极性组分具有不同的吸附能力，展开剂对不同极性组分也有不同的溶解、解吸能力，从而产生差速迁移得到分离。经过一段时间，当溶剂前沿到达预定位置后，取出薄层板，吸附能力不同的组分在薄层板上可形成彼此分离的斑点。

2. 薄层色谱法中的重要参数

①比移值(R_f) 供试品经展开后，可用比移值(R_f)表示其各组分的位置(图 5-9)，但由于影响比移值的因素多，因而多采用在相同实验条件下与对照物质对比以确定其异同。R_f 值是 TLC 的基本定性参数，按下式计算：

$$R_f=\frac{\text{原点中心至斑点中心距离}}{\text{原点中心至展开剂前沿的距离}}$$

由 A、B 组成的混合试样，经展开后测量的 R_f 为：

$$R_{fA}=\frac{L_1}{L_0} \quad R_{fB}=\frac{L_2}{L_0}$$

式中：L_1、L_2 分别为原点中心至斑点中心 A、B 的距离，L_0 为原点中心至溶剂前沿的距离。

②相对比移值(R_s) 是试样组分的移行距离与参考物质移行距离之比，按下式计算：

$$R_s=\frac{\text{原点中心至样品斑点中心的距离}}{\text{原点中心至参考物质斑点的距离}}$$

其值可以大于 1 或者小于 1；参考物可以是另外加入的物质，也可以直接以样品中的另一组分为参考物进行比较。

③分离度(R) 是薄层色谱法的重要分离参数。在薄层色谱法应用时，用于鉴别时，对照品溶液与供试品溶液中相应的主斑点，应显示两个清晰分离的斑点。用于限量检查和含量测定时，要求定量峰与相邻峰之间有较好的分离度(图 5-10)，分离度(R)计算公式为：

$$R=2(d_2-d_1)/(w_1+w_2)=2d/(w_1+w_2)$$

式中：d_2 为相邻两峰中后一峰与原点的距离；d_1 为相邻两峰中前一峰与原点的距离；在薄层扫描图上，d 为两色谱峰顶间距离；w_1 及 w_2 为相邻两峰各自的峰宽。在薄层色谱法中，$R>1.0$ 较适宜，兽药标准另有规定的除外。

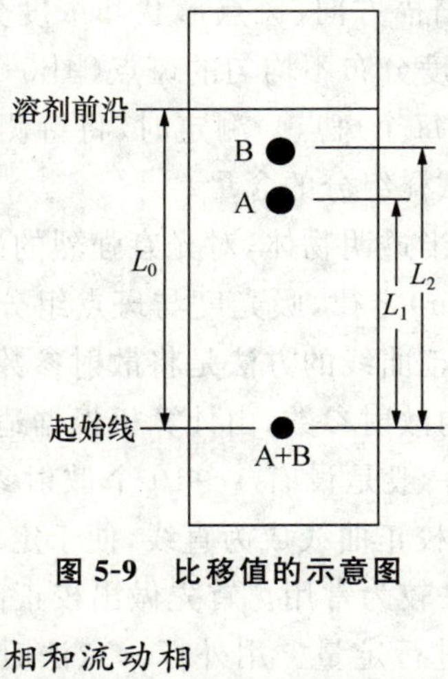

图 5-9 比移值的示意图

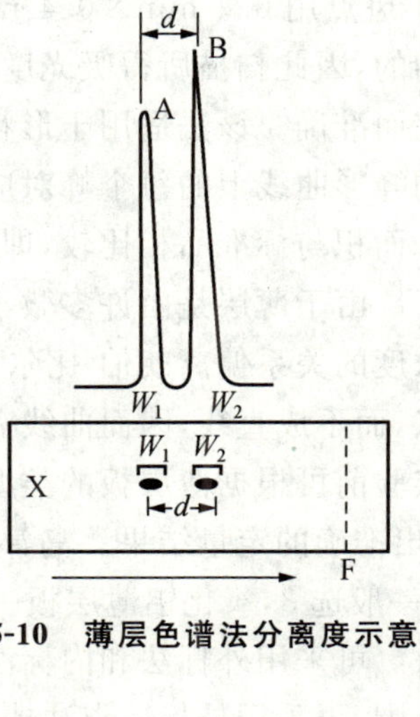

图 5-10 薄层色谱法分离度示意图

3. 固定相和流动相

①固定相(吸附剂) 常用的固定相有硅胶、硅藻土、氧化铝、微晶纤维素等。一般要求其粒径为 10～40 μm，铺成硬板时需加黏合剂。常用黏合剂有煅石膏、羧甲基纤维钠(CMC-

Na),高效薄层板常用黏合剂为聚丙烯酸。硅胶是最常用的固定相。

课堂互动

不同类型的硅胶固定相有什么区别?

硅胶
- 硅胶 G:为硅胶和煅石膏混合而成
- 硅胶 H:为不含黏合剂的硅胶,用时根据情况另加黏合剂
- 硅胶 HF_{254}:不含黏合剂而含有一种无机荧光剂,在 254 nm 波长紫外光下呈荧光背景
- 硅胶 GF_{254}:含黏合剂并含有一种无机荧光剂,在 254 nm 波长紫外光下呈荧光背景

②流动相(展开剂)　对展开剂的要求是能使待测组分很好地溶解且不与组分发生化学反应;使展开后的组分斑点圆而集中,无拖尾现象;使待测组分的 R_f 值最好在 0.4～0.5 之间,若试样中待测组分较多,则 R_f 值也可在 0.2～0.8 之间,各组分的 R_f 差值应大于 0.05,以免斑点重叠。

4. *薄层扫描法*

系指用一定波长的光照射在薄层板上,对薄层色谱有吸收紫外光或可见光的斑点或对经照射能激发产生荧光的斑点进行扫描,将扫描得到的图谱及积分数据用于药品的鉴别、杂质检查或含量测定。

(1)定量方法

①薄层扫描的测光方式　可分为吸收光度法和荧光光度法。吸收光度法又可分为透射法和反射法两种。透射法为用一定波长的单色光照射斑点后通过测量透射光强度进行定量。反射法为用光照射到薄层色斑上,部分光被色斑吸收,另一部分被反射,通过测量反射光的强度进行定量。

②薄层扫描的扫描方式　可分为直线扫描和锯齿扫描。直线扫描即光束以直线轨迹通过色斑,测得的是光束在各个部分的吸光度之和。该法适用于色斑圆形规则的斑点。锯齿形扫描为光束呈锯齿状轨迹移动,扫描光束可随所测斑点面积进行调节,大斑点用 1.2 mm×1.2 mm 光束,小斑点用 0.4 mm×0.4 mm 光束扫描。在光束的微小范围内,斑点的组分浓度可认为是均匀的,因此扫描所得吸光度积分值不受扫描方向、斑点形状和浓度分布的影响,使测定结果稳定而准确。该法适用于形状不规则及浓度分布不均匀的斑点(图 5-11)。

扫描得到的峰形曲线上的每个峰对应于薄层上的每个斑点。测定时,将待测试样扫描曲线上的峰高和峰面积与标准品相比较,即可得出待测试样组分的含量。

③曲线校正　由于薄层是由许多微小颗粒组成的半透明物体,对光有强烈的散射作用,使吸光度与物质浓度的关系偏离朗伯-比尔(Lambert-Beer)定律,吸光度与斑点组分的含量之间的曲线呈弯曲状,而不成直线,因而曲线需要校正。校正曲线的方法是将散射参数和处理方法存入计算机。实验前可根据薄层板的类型,选择合适的散射参数,由计算机根据适当的修正程序自动校正,给出准确的定量结果。岛津薄层扫描仪一般是设有 1～10 个散射参数(Sx),硅胶薄层板的 Sx 一般选 3,氧化铝薄层板一般选 7,可使校正曲线成为直线,便于定量测定。

④定量方法　可采用外标法和内标法,其中外标法较为常用。首先做出校正曲线,求得测定组分的线性范围,再采用外标一点法或外标两点法进行定量。用外标一点法时须注意校正曲线应基本通过原点。若校正曲线不过原点,应采用外标两点法,即用两种浓度的对照液,或一种浓度两种点样量与样品液在同一薄层板上展开,根据斑点峰面积积分值和对照品量求得

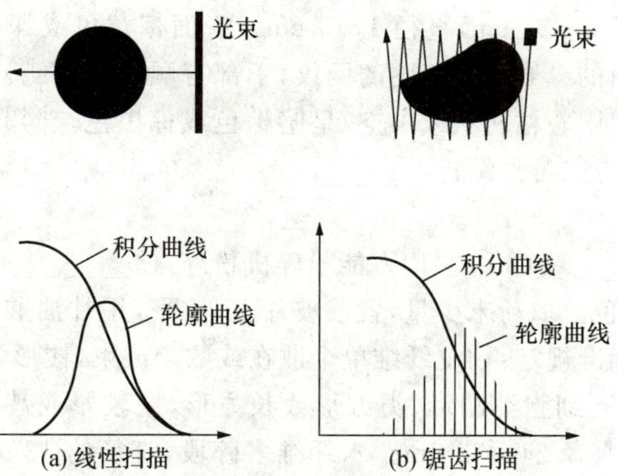

图 5-11　线性扫描

(a)和锯齿扫描　(b)示意图

样品中待测组分的含量。

(2)仪器组成

由光源、单色器、样品室、试样台、检测器、记录仪及数据处理系统等构成。薄层扫描仪的光学系统有单光束、双光束和双波长 3 种。双波长薄层扫描仪是较常应用的一种仪器，采用双波长对斑点进行曲折扫描，可进行反射法、透射法测定。在相同条件下，取标准物质绘制斑点的峰面积与待测组分的峰面积相比较，即可测得待测组分的含量。

(3)兽药典该法的一般规定

①一般选择反射方式，采用吸收法或荧光法。除另有规定外，含量测定使用市售薄层板。

②扫描方法可采用单波长扫描或双波长扫描。

③定量测定应保证供试品斑点的量在线性范围内。

④用于含量测定时，通常采用线性回归二点法计算，如线性范围很窄时，可用多点法校正多项式回归计算。

⑤供试品和对照品溶液应交叉点于同一薄层板上，供试品点样不得少于 2 个，对照品每一个浓度不得少于 2 个。

⑥扫描时，应沿展开方向扫描，不可横向扫描。

检验记录示例

原辅料检验操作记录

编号：

品名	黄芩	收到日期	
批　号		检验日期	
规　格		检验单号	
本批数量		检品来源	
检验项目	全检	检验依据	《黄芩原料检验操作规程》

1. 性状

(1)取供试品________g(10 g)，摊开，用肉眼在自然光下观察，结果：________标准规定：

本品呈圆锥形，扭曲，长 8～25 cm，直径 1～3 cm。表面棕黄色或深黄色，有稀疏的疣状细根痕，上部较粗糙，有扭曲的纵皱或不规则的网纹，下部有顺纹和细皱。质硬而脆，易折断，断面黄色，中心红棕色；老根中心枯朽状或中空，呈暗棕色或棕黑色。闻其气味，应气微；取本品少量放在口中尝其味道，应味苦。结论：________

2. 鉴别

(1)取供试品________g(30 g)，用万能粉碎机粉碎，过________(二号)筛，结果：________标准规定：本品粉末黄色。取粉末少量，置载玻片上，摊平，用甘油酸试液处理后，在显微镜下观察，结果：________标准规定：韧皮纤维单个散在或数个成束，梭形，长 60～250 μm，直径 9～33 μm，壁厚，孔沟细。石细胞类圆形、类方形或长方形，壁较厚或甚厚。木栓细胞棕黄色，多角形。网纹导管多见，直径 24～72 μm。木纤维多碎段，直径约 12 μm，有稀疏斜纹孔。淀粉粒甚多，单粒类球形，直径 2～10 μm，脐点明显，复粒由 2～3 分粒组成。结论：________

(2)取本品粉末________g(1 g)，加甲醇________mL(20 mL)，超声处理________min(20 min)，滤过，滤液蒸干，残渣加甲醇________mL(1 mL)使溶解，作为供试品溶液。另取黄芩对照药材________g(1 g)，同法制成对照药材溶液。再取黄芩苷对照品________mg(50 mg)，精密称定，置 50 mL 容量瓶中，加稀甲醇溶解并稀释至刻度，摇匀(制成每 1 mL 含 1 mg 的溶液)，作为对照品溶液。按《薄层色谱法检验操作规程》试验，吸取上述三种溶液各________μL(5 μL)，分别点于同一以含 4%醋酸钠的羧甲基纤维素钠溶液为黏合剂的硅胶 G 薄层板上，以醋酸乙酯-丁酮-甲酸-水(5∶3∶1∶1)为展开剂，预平衡________min(30 min)，展开，取出，晾干，喷以 1%三氯化铁乙醇溶液。比较供试品色谱中与对照药材色谱相应的位置，结果：________标准规定：供试品色谱中在与对照药材色谱相应的位置上，显相同颜色的斑点；比较供试品色谱中与对照品色谱相应的位置，结果：________标准规定：供试品色谱中在与对照品色谱相应的位置上，显一相同的暗绿色斑点。结论：________

3. 检查

(1)水分

取供试品________g(约 5 g)，精密称定，置短颈圆底烧瓶中，加甲苯________mL(约 200 mL)，加入玻璃粒________粒(数粒)，将仪器各部分连接，自冷凝管顶端加入甲苯，至充满水分测定管的狭细部分，将短颈圆底烧瓶置电热套缓缓加热，待甲苯开始沸腾时，调节温度，使每秒钟馏出 2 滴。待水分完全馏出(即测定管刻度部分的水量不再增加时)，将冷凝管内部先用甲苯冲洗，再用饱蘸甲苯的长刷将管壁上附着的甲苯推下，继续蒸馏________min(5 min)，放冷至室温，拆卸装置，(如有水附在水分测定管上，可用蘸甲苯的铜丝推下)放置，使水与甲苯完全分离(可加亚甲蓝粉末少量，使水染成蓝色，以便分离观察)，检读水量为________mL，计算供试品中的含水量(%)。

计算公式	水分$=\frac{V}{m}\times 100\%$　式中：V 为含水量，mL；m 为供试品的称样量，g。
计算结果	水分＝
标准规定	水分应不得超过 12.0%
项目结论	

(2)总灰分

取坩埚置于高温炉中,将盖子斜盖在坩埚上,经________℃(500～600℃)炽灼约________min(30～60 min),取出坩埚,稍冷片刻,用坩埚钳将坩埚移至干燥器内并盖上盖子,放冷至室温(30～60 min),精密称定坩埚重量,再按上述操作炽灼至恒重,精密称定为 m_1。

在已恒重的坩埚中加入 2～3 g 的供试品,精密称定为 m。

将盛有供试品的坩埚斜置电炉或煤气上缓缓炽烧(避免供试品骤然膨胀而溢出),炽灼至供试品全部炭化,并不冒浓烟(以上操作在通风柜中进行),放冷至室温。

在放冷的坩埚中加入热水或10%硝酸铵溶液________mL(2 mL),使炭化物全部湿润,继续置水浴锅上蒸干,用坩埚钳将坩埚移至高温炉中,将盖子斜盖在坩埚上,经________℃(500～600℃)炽灼约________min(60 min),使供试品完全灰化。

用坩埚钳取出坩埚,稍冷片刻,将坩埚移至干燥器内并盖上盖子,放冷至室温(30～60 min),精密称定重量,再按上述操作炽灼至恒重,精密称定为 m_2。

温度(℃)		相对湿度(%)		天平编号	
炽灼温度(℃)		炽灼时间		马弗炉编号	
空坩埚恒重(g) m_1	第一次			m_1:	
	第二次				
	第三次				
供试品重量(g)	m:				
坩埚+样恒重(g) m_2	第一次			m_2:	
	第二次				
	第三次				
计算	$[(m_2-m_1)\div m]\times 100\%=$				
标准规定	炽灼残渣不得过6.0%				
项目结论					

检验人:　　　　复核人:

拓展训练项目

中药显微鉴定方法。

训练内容

(一)常用显微鉴别试液配制

1. 试剂、试药

甘油、苯酚、樟脑、水合氯醛、醋酸、苏丹Ⅲ、乙醇、钌红、间苯三酚、碘、α-萘酚、黄氧化汞、硝酸、氯化锌、碘化钾、三氧化铬。以上均为市售分析纯试剂、试药。水为蒸馏水。

2. 器具

天平、试剂瓶、量筒、烧杯、玻棒等。

3. 试液配制操作

操作程序:称取(或量取)规定量试剂或试药→加规定溶剂→用玻棒搅拌→溶解→混匀→装瓶→贴签→备用。

(1)稀甘油　取甘油 33 mL,加水稀释至 100 mL,再加樟脑一小块或液化苯酚 1 滴,即得。或取甘油 1 份,50%乙醇 1 份,混合即得。此液为封藏液,用于保存临时切片。

(2)水合氯醛试液　取水合氯醛 50 g,加水 15 mL 与甘油 10 mL 使溶解,即得。此液为透化剂,可使干缩的细胞壁膨胀而透明,并能溶解淀粉粒、树脂、蛋白质及挥发油等。

(3)甘油醋酸试液　取甘油、50%醋酸及水各等份,混合,即得。此液专用于观察淀粉粒形态,可使淀粉粒不变形,便于测量其大小。

(4)苏丹Ⅲ试液　取苏丹Ⅲ 0.01 g,加 90%乙醇 5 mL 溶解后加甘油 5 mL,摇匀,即得。本液应置棕色的玻璃瓶内保存,在两个月内应用。此液可使木栓化、角质化细胞壁及脂肪油、挥发油、树脂等染成红色或淡红色。

(5)钌红试液　取 10%醋酸钠溶液 1～2 mL,加钌红适量使呈酒红色,即得。此液可使黏液染成红色。本液应临用新制。

(6)间苯三酚试液　取间苯三酚 0.5 g,加乙醇使溶解成 25 mL,即得。本液应置棕色玻璃瓶内,在暗处保存。此液与浓盐酸合用,可使木化细胞壁染成红色或紫红色。

(7)碘试液　使用 0.1 mol/L 碘液。本液应置棕色瓶内保存。此液用于检查淀粉,染成蓝色或紫色;蛋白质或糊粉粒呈黄色。

(8)α-萘酚试液　取 15%的 α-萘酚乙醇溶液 10.5 mL,缓缓加硫酸 6.5 mL,混匀后再加乙醇 40.5 mL 及水 4 mL,混匀,即得。此液用于检查菊糖,染成紫红色,并很快溶解。

(9)硝酸汞试液　取黄氧化汞 40 g,加硝酸 32 mL 与水 15 mL 使溶解,即得。本液应置具塞棕色玻璃瓶内,在暗处保存。此液用于检查糊粉粒,染成砖红色。

(10)氯化锌碘试液　取氯化锌 20 g,加水 10 mL 使溶解,再加碘化钾 2 g 使溶解,加碘至饱和,即得。本液应置具塞棕色玻璃瓶内保存。此液用于检查木质化与纤维素细胞壁,前者显黄棕色,后者显蓝色或紫色。

(11)硝铬酸试液　取硝酸 10 mL,加入 100 mL 水中,混匀;另取三氧化铬 10 g,加水 100 mL 使溶解。用时将二液等量混合,即得。此液为常用的"植物组织解离液"。样品的解离浸泡时间,按材料的质地不同而异。

(二)显微标准片的制作

1. 器具及样品

刀片、解剖刀、镊子、手术剪刀、培养皿、载玻片、盖玻片、毛笔等。样品:党参、山药等。

2. 显微标准片的制作示范

(1)徒手切片　在检验中,此法最常用,操作简便,迅速,制成的切片保持其细胞内含物的固有形态,便于进行各种显微化学反应观察。

制作党参横切片。操作方法为右手持刀片,左手拇指和食指夹持药材,中指托药材的底部,使药材略高出食、拇二指,肘关节应固定,使材料的切面保持水平,刀口向内使刀刃自左前方向右后方切削,即可切得薄片。操作时,材料的切面和刀刃须经常加水或 50%乙醇保持湿润,防止切片粘在刀片上。切好的切片用毛笔蘸水轻轻从刀片上推入盛有水或 50%乙醇的培养皿中。

(2)粉末制片　主要用于粉末状的药材及药材粉末制成的成方制剂观察。

制作山药粉末片。操作方法为药材要先干燥，磨或锉成细粉，装瓶，贴上标签。用解剖针挑取粉末少许，置载玻片的中央偏右的位置，加适宜的试剂一滴，用针搅匀，待液体渗入粉末时，用左手食指与拇指夹持盖玻片的边缘，使其左侧与药液层左侧接触，再用右手持小镊子或解剖针托住盖玻片的右侧，轻轻下放，则液体逐渐扩延充满盖玻片下方。如液体未充满盖玻片，应从空隙相对边缘滴加液体，防止产生气泡；若液体过多，用滤纸片吸去溢出的液体，最后在载玻片的左端贴上检品的标签或书写上标记。

(三)生物显微镜的操作及显微化学法观察

1. 仪器及器具、试液、样品

光学显微镜、显微描绘器、镜台测微尺、目镜测微尺等。苏丹Ⅲ试液、间苯三酚试液、氯化锌碘试液、碘试液、甘油醋酸试液、α-萘酚试液、钌红试液、稀醋酸、稀盐酸、硫酸等。样品：见各观察项下。

课堂互动

查阅资料学习掌握显微镜的结构、使用方法及维护注意事项。

2. 生物显微镜的操作

生物显微镜是进行显微鉴定的仪器。根据需要选择不同的目镜或物镜倍数组合，使之达到清晰观察的目的。观察时视野范围内应均匀明亮，随时用光栏调节光线强度；先用低倍镜观察，如需放大，可将观察物调至视野中央，然后转换成高倍镜，仔细观察，用目镜测微尺测量观察物的大小，记录。操作步骤如下：

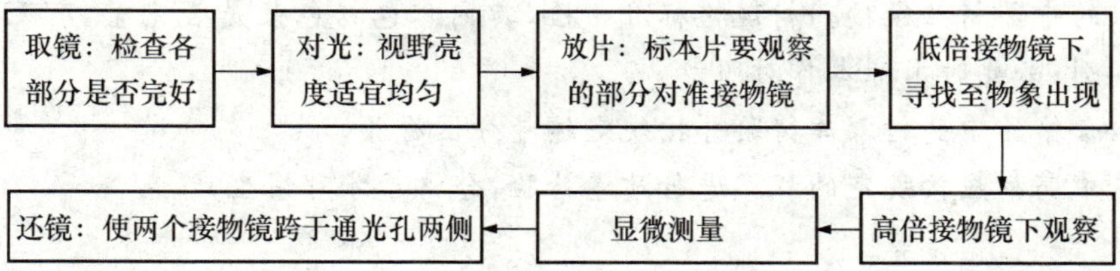

3. 显微化学法观察

取各鉴别法项下药材粉末少许(或切片)，滴加规定试液适量，制片，置显微镜下观察：

(1)细胞壁性质的鉴别

木栓化或角质化细胞壁　观察党参横切面，加苏丹Ⅲ试液，稍置或微热，显橘红色至红色。

木质化细胞壁　观察干姜粉末片，加间苯三酚试液1～2滴，稍放置再滴加盐酸1滴，因木化程度不同，显红色或紫红色。

纤维素细胞壁　观察薄荷粉末片，加氯化锌碘试液，或先加碘试液湿润后稍放置，再加硫酸溶液(33→50)，显蓝色或紫色。

硅质化细胞壁　观察木贼粉末片，加硫酸无变化。

(2)细胞内含物性质的鉴别

淀粉粒　观察山药、附子粉末片，加碘试液显蓝色或紫色。如用甘油醋酸试液装片置偏光显微镜下观察，未糊化的淀粉粒显偏光现象；已糊化的淀粉粒无偏光现象。

糊粉粒　观察决明子粉末片，加碘试液，显棕色或黄棕色。加硝酸汞试液，显砖红色。材料中如含有多量脂肪油，宜先用乙醚或石油醚脱脂后进行试验。

脂肪油、挥发油或树脂　观察肉豆蔻粉末片，加苏丹Ⅲ试液显橘红色、红色或紫红色。加90％乙醇，脂肪油和树脂不溶解（蓖麻油和巴豆油例外），挥发油则溶解。

菊糖　观察党参粉末片，加10％α-萘酚乙醇溶液，再加硫酸，显紫红色并很快溶解。

黏液　观察山药粉末片，加钌红试液，显红色。

草酸钙结晶　观察大黄粉末片，加稀醋酸不溶解，加稀盐酸溶解而无气泡发生。加硫酸（1→2）溶液，逐渐溶解，片刻后，析出针状硫酸钙结晶。

碳酸钙结晶（钟乳体）　观察桑叶粉末片，加稀盐酸溶解，同时有气泡发生。

硅质　观察砂仁粉末片，加硫酸不溶解。

4. 注意事项

（1）显微镜操作时，降低镜筒的速度不宜过快，一定注意接物镜与载玻片之间的距离，防止压碎载玻片，液体溢出，污染或损坏镜头。

（2）新载玻片在使用前要用适宜方法洗净、干燥。

（3）观察时标本片中不应有气泡，以免影响观察。

技能链接

中药材是如何验收的？

中药的真伪优劣，即中药的品种和质量。真即正品，凡是国家药品标准所收载的品种均为正品。伪即伪品，凡是不符合国家药品标准规定的品种以及以非药品冒充或者以它种药材冒充正品的均为伪品。

（1）购入的中药材必须按药材规格标准初检，其内容包括包装是否完整，有无受潮、发霉、虫蛀、真伪鉴别；必要时用标本作对照。

（2）初验合格的中药材入库待验并按规定编号分区存放。

（3）待验中药材应按规定的程序进行质量检验，合格后才可用生产。

5. 应用示例

[示例5-14]　观察半夏块茎的淀粉粒和草酸钙针晶。

实验步骤样品制备→粉末片制备→显微观察→显微测量→记录。

（1）样品制备　取半夏药材，先干燥，磨或锉成细粉，装瓶，贴上标签。

（2）粉末片制备　取粉末少许，以水或甘油醋酸试液装片，按粉末制片法制片，用以观察淀粉粒。另取粉末少许，滴加水合氯醛试液，按粉末制片方法制片，用以观察草酸钙针晶。

（3）显微观察及显微测量

水装片　将标本片置显微镜下观察，可见众多的淀粉粒，其中单粒呈圆球形、半圆形至多角形，通常较小，脐点呈点状，裂隙状；复粒较多，常由2～8个单粒组成。

水合氯醛装片　将标本片置显微镜下观察，可见草酸钙针晶存在于圆形或椭圆形的薄壁细胞中，成束或散在，有的已从破碎的细胞中散出，有的已经折断。半夏的针晶束常呈浅黄色或深灰色，散在的针晶则无色透明，有较强的折光性。

(4)记录　将上述测定结果如实记录，并绘制草图(图 5-12)，填写其检验报告。

(5)结果判定　根据检验的显微特征记录与鉴定依据提供的标准记载或对照药材比较是否相符，判断其真伪，并填写检验报告：本品粉末显微特征符合中国兽药典(2005 年版二部)项下有关规定。

(6)实验要求

①按实验步骤操作。

②认真进行观察和记录，绘制显微鉴定草图。

③根据鉴定结果和鉴定依据，填写检验报告。

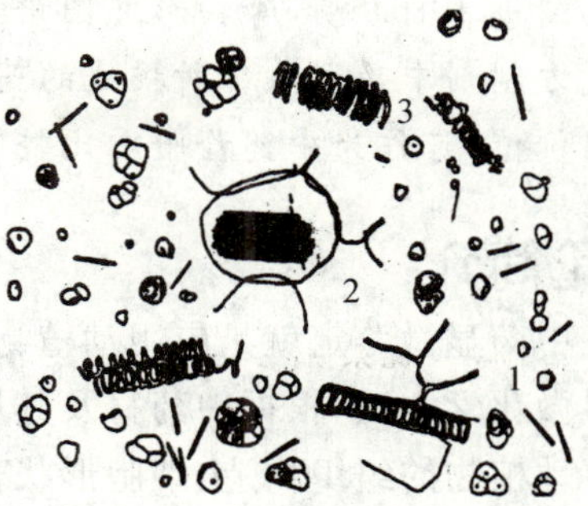

图 5-12　半夏粉末显微鉴别图

1. 淀粉粒　2. 黏液细胞及针晶束　3. 导管

④有关检验原始记录和检验报告格式，应按相关规定执行。

[示例 5-15]　观察黄芩根的韧皮纤维、石细胞和网纹导管。

取黄芩根粉末制成临时标本片，显微镜下观察。韧皮纤维众多，梭形，单个或多个成束，完整或折断；细胞壁加厚明显并木质化，纹孔道明显。石细胞较多，多呈类圆形、类方形或不规则形，细胞壁木质化，加厚显著，纹孔道明显。网纹导管较多，网孔多呈扁椭圆形(图 5-13)。

[示例 5-16]　平胃散的显微鉴定。

实验步骤为粉末片制备、显微观察、显微测量、记录。

(1)粉末片制备　取样品少许，加水合氯醛装片，按粉末制片法制片。

(2)显微观察及显微测量　本品置显微镜下观察，可见草酸钙针晶细小，长 5～32 μm，不规则地充塞于薄壁细胞中，为苍术特征。石细胞分枝状，壁厚，层纹明显，为厚朴特征。草酸钙方晶成片存在于薄壁组织中，为陈皮特征。纤维束周围薄壁细胞含草酸钙方晶，形成晶纤维，为甘草特征。

(3)记录　将上述测定结果如实记录，并绘制草图，填写其检验报告。

(4)结果判定　本品检出的苍术、厚朴、陈皮、甘草显微特征，符合中国兽药典(2005 年版二部)项下有关规定。

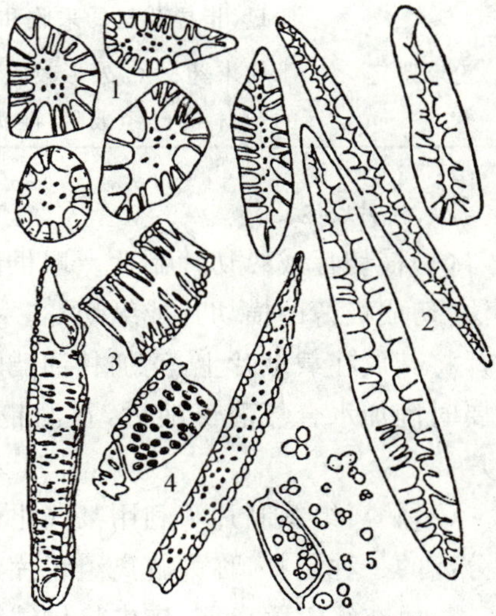

图 5-13　黄芩粉末显微鉴别图

1. 石细胞　2. 韧皮纤维　3. 导管
4. 木纤维　5. 淀粉粒

(5)实验要求

①按实验步骤操作。

②学习分析处方，掌握处方中各单味药材专属性鉴别特征。

③认真进行观察和记录，绘制显微鉴定草图。根据鉴定结果和鉴定依据，填写检验报告。

④有关检验原始记录和检验报告格式，应按相关规定执行。

资料卡

中药显微鉴别和薄层色谱彩色图集

中国兽药典委员会编著的《中国兽药典》配套丛书之一，收载了中药材、成方制剂显微鉴别彩色图板 1 164 幅，薄层彩色图谱 82 幅，并附有兽用中药成方制剂中药材显微鉴别特征检索和成方制剂中显微特征所描述的药材表。对于指导中药显微鉴别和薄层色谱分析具有重要的实用价值，可作为中药检验中比较、鉴别和判断的参照。

理论简介

中药显微鉴定就是应用动植物细胞、组织学和矿物晶体学等知识，利用显微镜、显微技术及显微化学方法，根据中药材及其加工品、中成药在显微镜下呈现的微观特征进行分析鉴定，观察动植物的组织构造、细胞形状、内含物的特征以及矿物的光学特征，以确定其真伪和纯度。该鉴定法是鉴别中药材及中成药真伪优劣的重要方法之一。

1. 分类

显微鉴定根据鉴定对象和采取的手段不同分为组织鉴定和粉末鉴定两类(表 5-4)。

表 5-4　显微鉴定类别与应用

类别	应　用
组织鉴定	①完整药材的鉴别，用于鉴别药材性状特征不明显或外形相似而组织构造不同的类似品、混淆品、代用品、伪品 ②多来源药材的对比鉴别 ③确定某种化学成分的存在部位，以考查质量，指导药材的采收和加工 ④药材形态被破坏，不易辨认或区分的药材。
粉末鉴定	①粉末药材 ②外形较大，难以制作组织切片或组织构造无鉴别意义而粉末具有显著特征的药材 ③已经破碎，性状鉴定难以区分的药材 ④含有药材粉末的中成药制剂。

2. 制片方法

(1)横切片或纵切片制片　取供试品欲观察部位，经软化处理后，用徒手切片法及滑走切片法，切成极薄的横切片或纵切片。一般片厚为 10～20 μm，必要时包埋后切片。选取平整的薄片将其放在载玻片上，滴加甘油醋酸试液、水合氯醛试液或其他试液 1～2 滴，盖上盖玻片。必要时滴加水合氯醛试液后，在酒精灯上加热透化，并滴加甘油乙醇试液或稀甘油，盖上盖玻片。

(2)解离组织制片　利用某些化学药品处理材料后，使组织中各细胞间层溶解而使细胞相互分离的一种制片，称为解离组织片。

一般在组织解离前，应先将供试品切成长约 5 mm、直径 2 mm 的段或厚约 1 mm 的片。如药材内薄壁组织占大部分，木化组织少或分散存在，可用氢氧化钾法；如薄壁组织较少，木化组织较多或集成较大的群束，可用硝铬酸法或氯酸钾法。

氢氧化钾法　将供试品置试管中，加 5%氢氧化钾溶液适量，加热至用玻璃棒挤压能离散为止，倾去碱液，加水洗涤后，取少许在载玻片上用解剖针撕开，滴加稀甘油盖上盖玻片后观察。

硝铬酸法　将供试品置试管中，加硝铬酸试液适量，放置至用玻璃棒挤压能离散为止，倾去酸液，加水洗涤后，照上法装片。

氯酸钾法　将供试品置试管中，加硝酸溶液(1→2)及氯酸钾少量，缓缓加热，待产生的气泡渐少时，再及时加入少量氯酸钾，以维持气泡稳定地发生，至用玻璃棒挤压能离散为止，倾去酸液，加水洗涤后，照上法装片。

(3)表面制片　将供试品湿润软化后，剪取欲观察部位约 4 mm^2，一正一反置载玻片上，或撕取表皮，加适宜的试液或加热透化后，盖上盖玻片。

(4)粉末制片　将供试品粉末过四号筛，挑取少许置载玻片上，滴加甘油醋酸试液、水合氯醛试液或其他适宜的试液，盖上盖玻片。必要时在酒精灯上加热透化。

(5)磨片制片　磨制标本片，又叫作磨片。有些坚硬的动物类药材如珍珠、石决明及矿物类药材的断面不能制作切片，需磨成薄片来观察。选取厚度1～2 mm的供试材料，置粗磨石(或磨砂玻璃板)上，加适量水，用食指、中指夹住或压住材料，在磨石上往返磨砺，待两面磨平，且厚度约百微米时，将材料移置细磨石上，加水，用软木塞压在材料上，往返磨砺至透明，用水冲洗，再用乙醇处理和甘油乙醇试液装片。在中药鉴定工作中，药材常用的制片方法及应用见表5-5。

表5-5　常用的制片方法及应用

制片方法		应　用
切片标本片	横切片	用于观察组织的排列特征
	纵切片	用于观察茎、根类中药的某些细胞组织，如射线的特征
解离组织片		用于观察某些细胞的形状，如纤维、石细胞等
表面标本片		用于观察叶、花、全草、果实和种子等的表面特征
粉末片		用于观察组织碎片、细胞及后含物或某些中药颗粒的特征
磨片		用于坚硬药材如骨类、贝壳类及矿石的显微特征观察

(6)含药材粉末的制剂显微制片　按供试品不同剂型，散剂可直接取适量粉末；片剂取2～3片，锭剂取1～2锭，分别置乳钵中研成粉末，取粉末适量，根据观察对象不同，分别按药材粉末制片法制片(1～5片)。

技能链接

中药材的贮存与发放如何管理？

(1)中药材的贮存发放与其他原辅料的贮存发放要求相同。

(2)一般中药材最易受潮、发霉和遭虫蛀，因此除了特别注意防潮外，还应有适当的防霉、防虫蛀措施且不影响中药材的品质。

(3)药材加工前应清除杂质和非用药部位，并进行质量检验，必要时应用样本作对照，经复核无误后方可投入加工。

(4)毒、剧药材外包装应有明显标志，设置专柜专库保存，坚持"双人双锁"的监督复核制度。

(5)长期贮存的药材，每半年倒库一次，彻底清理库存药材。梅雨天气经常晾晒易发霉生虫的药材，发现质量问题立即报质量管理部门，按不合格原辅料处理。

3. 显微鉴定记录方法

显微鉴定记录要求详细、清晰、明确、真实。记录方法如下：

(1)组织特征的记录　应从外至内的顺序进行，对有鉴别意义的特征需详细地描述；并要绘制简图。有条件的可进行显微照相及制作显微图谱。

(2)粉末显微特征的记录　粉末显微鉴别时，先记录原粉末的色泽。在描述颜色时往往需要用两种颜色重叠使用,并以后一种颜色为主。例如黄绿色,表示带黄色的绿色,即以绿色为主。进行显微鉴别实验时,一般先进行甘油醋酸片的观察,后进行水合氯醛观察,最后再进行滴加试剂或结合其他理化试剂的显微观察。所以在实验中,首先观察有无淀粉粒,若有,不论其多少和大小,首先描述,其次方是其他的显微特征。

注意观察时全面性。观察每张粉末片时,应自上左至下右,呈"之"字形扫描,逐渐移动粉末片,全面观察应找的特征,将每个特征一一描述及绘图,在观察与描绘时,即应测定其长度。

每次测量记下数据,并分析数据最小、最大值和多见量值(μm)。如浙贝母淀粉粒直径为6～56 μm,表示最小量值和最大量值;如为6～40～56 μm,中间的数值表示多见量值。测量直径时,应以物体中部为准。

描述特征时,应根据先多数后少数的顺序,将易见、多见的特征先加以描述,顺次而为少见的,最后方描述偶见的,并在特征项下加注"多见"、"少见"等字样。描述应先着重描述特殊的组织、细胞和含有物。对于各类药材均具有的一些基本组织,如叶类药材有栅栏细胞、海绵细胞、细小导管等可不作重点描述。

(3)绘图方法　绘图时应注意特征明确,线条清晰。绘图方法有徒手或采用显微描绘器,显微图像处理系统。徒手绘图时,一边用左眼向显微镜内观察,一边睁开右眼将视野特征图像用铅笔转绘于记录纸上。如采用显微描绘器绘图或显微摄影、显微图像处理系统,可根据各仪器的操作要求进行,并要注明放大倍数,或加比例尺。

(4)结果判定　根据检验的显微特征记录与标准记载或对照药材比较是否相符,断定其真伪或是否有掺伪。

检验记录示例

成品检验操作记录

编号:

品　　名	痢喘康散	收到日期	
批　　号		检验日期	
规　　格		检验单号	
本批数量		检品来源	
检验项目	全检	检验依据	《痢喘康散成品检验操作规程》

1. 性状

取供试品________g(约10 g),平摊于平面皿中,用肉眼在自然光下观察,结果:________标准规定:为黄棕色粉末。结论:________

2. 鉴别

取本品粉末少量,置载玻片上,摊平,用甘油醋酸试液处理后在显微镜下观察,结果:________标准规定:非腺毛单细胞,较平直,多断碎,直径13～33 μm,有的表面可见螺状或双螺状纹理。纤维束鲜黄色,周围细胞含草酸钙方晶,形成晶纤维,含晶细胞的壁木化增厚。纤维淡黄色,梭形,壁厚,孔沟细。草酸钙方晶成片存在于薄壁细胞中。草酸钙针晶成束,长32～144 μm,存在于黏液细胞中或散在。草酸钙簇晶直径20～160 μm,有的可至190 μm。草酸钙簇晶直径11～35 μm,存在于薄壁细胞中,常排列成行,或一个细胞含数个簇晶,壁厚,微木化。

不规则片状结晶无色，有平直纹理，联结乳管直径 4～25 μm，含淡黄色颗粒状物。纤维束周围薄壁细胞含草酸钙方晶，形成晶纤维。结论：________

3. 检查

(1)均匀度　取供试品适量置光滑白纸上，平铺约 5 cm^2，将其表面压平，在亮处观察，结果：________标准规定：呈均匀的色泽，无花纹、色斑。结论：________

(2)水分　空称量瓶的恒重：取空称量瓶，置________℃(105℃)干燥箱中，将瓶盖取下置称量瓶旁，或将瓶盖半开，干燥 30 min，盖上瓶盖，取出，置玻璃干燥器(干燥剂变色硅胶)中放冷至室温(30～60 min)，取出，精密称定重量，放入________℃(105℃)干燥箱中，重复上述操作，直至恒重，记录数据为 m_1。

供试品的称量：在已恒重的称量瓶中加入约 1 g 供试品，精密称定重量，记录为 m。

称量瓶＋样的恒重：将盛有供试品的称量瓶置________℃(105℃)干燥箱中，将瓶盖取下置称量瓶旁，或将瓶盖半开，干燥________h(30 min)，盖上瓶盖，取出，置玻璃干燥器(干燥剂变色硅胶)中放冷至室温(30～60 min)，取出，精密称定重量，放入________℃(105℃)干燥箱中，重复上述操作，直至恒重，记录数据为 m_2。

温度(℃)		相对湿度(%)		天平编号	
干燥温度(℃)		干燥时间		干燥箱编号	
空称量瓶恒重(g) m_1	第一次			m_1：	
	第二次				
	第三次				
供试品重量(g)	m：				
称量瓶＋样恒重(g) m_2	第一次			m_2：	
	第二次				
	第三次				
计算	$[(m_1+m-m_2)\div m]\times 100\%=$				
标准规定	减失重量不得过 9.8%				
项目结论					

(3)装量　按《最低装量检查法标准操作规程》进行测定，计算结果(应符合规定)。

温度(℃)：	相对湿度(%)：	天平编号：	
标准规定：平均装量不得少于	每个包装装量不得少于		
批号：	规格：		
编号	1	2	3
容器＋内容物重量(g)W_1			
容器重量(g)W_2			
内容物重量(g)W_1-W_2			
平均装量(g)			
项目结论			

检验人：　　　　复核人：

质量标准示例

参苓白术散

【处方】党参 60 g　茯苓 30 g　白术(炒)60 g　山药 60 g　甘草 30 g　炒白扁豆 60 g　莲子 30 g　薏苡仁(炒)30 g　砂仁 15 g　桔梗 30 g　陈皮 30 g

【制法】以上 11 味,粉碎,过筛,混匀,即得。

【性状】本品为浅棕黄色的粉末;气微香,味甘、淡。

【鉴别】(1)取本品,置显微镜下观察:石细胞类斜方形或多角形,一端稍尖,壁较厚,纹孔稀疏。不规则分支状团块无色,遇水合氯醛液溶化;菌丝无色或淡棕色,直径 4～6 μm。草酸钙针晶细小,长 10～32 μm,不规则地充塞于薄壁细胞中。草酸钙针晶束存在黏液细胞中,长 80～240 μm,直径 2～8 μm。纤维束周围薄壁细胞含草酸钙方晶,形成晶纤维。种皮栅状细胞成片,无色,长 26～213 μm,宽 5～26 μm。内种皮厚壁细胞黄棕色或棕红色,表面观类多角形,壁厚,胞腔含硅质块。草酸钙方晶成片存在于薄壁组织中。色素层细胞黄棕色或红棕色,表面观呈类长方形、类多角形或类圆形,有的可见草酸钙簇晶。

(2)取本品 6.5 g,加乙醚 30 mL,超声处理 30 min,滤过。滤液挥干,残渣加乙酸乙酯 1 mL使溶解,作为供试品溶液。另取白术对照药材 0.5 g,加乙醚 15 mL,同法制成对照品药材溶液。照薄层色谱法试验吸取上述新制备的两种溶液各 2 μL,分别点于同一硅胶 G 薄层板上,以石油醚(60～90℃)-乙酸乙酯(50∶1)为展开剂,展开,取出,晾干,喷以 5%香草醛硫酸溶液,加热至斑点显色清晰。供试品色谱中,在与对照药材色谱相应的位置上,显相同颜色的斑点。

【检查】应符合散剂项下有关的各项规定。

【功能】补脾胃,益肺气。

【主治】脾胃虚弱,肺气不足。

【用法与用量】马、牛 250～350 g;羊、猪 45～60 g。

【贮藏】密闭,防潮。

复习测试题

一、填空

1. pH 测定主要用于检控兽药制剂的________。

2. 第一次使用或长期停用的玻璃电极,在使用前必须________。

3.药物溶液的颜色检查采用与规定的标准品比色液相比较(即________法),或在规定的波长处测定其吸光度,以检查其颜色(即________法)。

4.澄清度可在一定程度上反映药品的________和________水平,澄清度检查法是将供试品溶液与规定级号的________标准液进行比较,以判定药品溶液的澄清度或其________程度。

5.不溶性微粒检查法检查的是溶液型静脉用注射剂中不溶性微粒的________和________。除另有规定外,测定方法一般先采用________法,当________法测定结果不符合规定或供试品不适于用________法测定时,采用________法测定。

6. 比移值(R_f)是________距离与________距离之比。
7. 将硅胶加热至100℃左右,吸附的水分能被除去,活度提高,这一过程称为________。
8. 溶解样品的溶剂,一般用________等挥发性有机溶剂。
9. 边缘效应,是指待测组分在薄层边缘处 R_f 值比薄层中间部分________的现象。
10. 薄层的物理显色是用________法;化学显色可采用________和________。
11. 中药显微鉴定主要分________和________两类。
12. 目的物的大小可用放在显微镜目镜筒内的________测量。
13. 粉末显微特征的描述遵循________、________、________三条原则。
14. 利用某些化学试液处理材料后,使组织中________而使细胞________的一种制片,称为解离组织片。
15. 粉末制片时,一般将供试品粉末过________筛。
16. 自制或市售薄层板,临用前应________℃活化________min。
17. 薄层色谱可用以进行药品的鉴别、杂质检查或________。

二、简答题

1. 举例说明酸度计测定药物 pH 的方法及注意事项。
2. 溶液颜色检查时应注意哪些问题?
3. 澄清度检查法中的"澄清"指的是什么?
4. 怎样选择比色管?洗涤比色管时应注意哪些问题?
5. 采用光阻法检查注射液的不溶性微粒时,应怎样检查试验环境?
6. 什么是薄层色谱法?如何来选择薄层色谱法的固定相和流动相?
7. 常用的固定相有哪些?硅胶-G 板和硅胶-CMC 板有什么区别?
8. 举例说明薄层色谱法的操作步骤?操作过程中应注意哪些事项?
9. 什么是薄层扫描法并举例说明其定量操作方法?
10. 组织鉴定和粉末鉴定各主要应用于哪些方面?
11. 中药显微鉴定常用的制片方法有哪几种?
12. 举例说明中药显微鉴定操作步骤及记录的方法。
13. 简述生物显微镜的使用方法及注意事项。
14. 查阅资料简述各类药材的显微鉴别要点。

学习情境六

注射剂检验

知识目标

理解化学滴定测定法的基本原理；掌握紫外分光光度法、原子吸收分光光度法、液相色谱法、药品生物检定法的基本原理。

技能目标

能进行碘量法、亚硝酸钠法测定的操作；
能进行紫外分光光度法、原子吸收分光光度法、液相色谱法的操作；
能进行热原检查、无菌检查、细菌内毒素检查的操作；会抗生素效价测定的操作。

学习子情境 6.1 碘量法

学习任务

安乃近注射液的含量测定。

仪器与用具

移液管(10 mL)、滴定管(25 mL)、容量瓶(100 mL)等。

实验材料

甲醛、盐酸为分析纯；碘滴定液(0.05 mol/L)，按药典法配制与标定。

操作方法

精密量本品 10 mL，置 100 mL 量瓶中，加乙醇 80 mL，再加水稀释至刻度，摇匀，立即精密取 10 mL，加乙醇 2 mL、水 6.5 mL 与甲醛溶液 0.5 mL，放置 1 min，加盐酸溶液 1.0 mL，摇匀，用碘滴定液(0.05 mol/L)滴定(控制滴定速度为每分钟 3～5 mL)，至溶液所显的淡黄色在 30 s 内不褪。每 1 mL 碘滴定液(0.05 mol/L)相当于 17.57 mg 的 $C_{13}H_{16}N_3NaO_4S \cdot H_2O$。

本品含安乃近($C_{13}H_{16}N_3NaO_4S \cdot H_2O$)应为标示量的 95.0%～105.0%。本品的规格为 5 mL：1.5 g、10 mL：3 g 或 20 mL：6 g。

课堂互动

如何进行滴定液的配制与标定？简述正确的滴定操作方法。

注：①碘量法测定安乃近含量有一定的专属性、简便易行，但安乃近性质不稳定，测定中所用溶剂、pH、室温和滴定速度等条件均影响测定结果。

②安乃近注射液中含抗氧剂(亚硫酸氢钠或焦亚硫酸钠)，对碘量法测定有干扰，故加入甲醛溶液 0.5 mL 以掩蔽微量的抗氧剂。

注意事项

(1)直接碘量法只能在酸性、中性、弱碱性条件下进行；置换碘量法和剩余碘量法则只能在弱酸性、中性、弱碱性条件下进行，要使用碘量瓶。放置过程应于暗处，并用空白试验校正。

(2)碘滴定液应保存在具塞棕色玻璃瓶中，在阴凉处放置。在用碘滴定液滴定时，不得使用碱式滴定管，而应使用棕色酸式滴定管。

(3)配制淀粉指示液时加热时间不宜过长，并应快速冷却，以免降低其灵敏度。由于淀粉溶液能慢慢水解，制成的淀粉指示液应在 7 d 内使用。所配制的淀粉遇碘应显纯蓝色，如显红色，即不宜使用。淀粉指示液应在近终点时加入，以免淀粉吸附较多的 I_2 使结果产生误差。

(4)由于 I^- 在酸性条件下可被空气氧化生成 I_2，因此在滴定过程中要尽量减少与空气接触，不应过度摇动。实验操作宜在阴凉的环境下进行。温度过高不仅易造成 I_2 挥发，同时会降低淀粉指示液的灵敏度。由于曝光和放置时间较长，碘离子会被氧气氧化，因此反应应在暗处放置 5～10 min。待反应完全后，立即滴定。

(5)配制硫代硫酸钠滴定液时，要将纯化水煮沸冷却后使用，以除去水中溶解的二氧化碳和氧，并杀灭微生物。还应加入 0.02%的碳酸钠作为稳定剂，使溶液的 pH 保持在 9～10，以防止硫代硫酸钠分解。由于新配制的溶液浓度还会发生变化，因此，硫代硫酸钠溶液应贮存于棕色瓶中，避光处放置 1 个月，经过滤除去杂质后再用基准物标定。当发现溶液出现混浊时不得继续使用，应重新配制。

应用示例

[示例 6-1]　维生素 C 的含量测定。

取维生素 C 约 0.2 g，精密称定，加新沸过的冷水 100 mL 与稀醋酸 10 mL 使溶解，加淀粉指示液 1 mL，立即用碘滴定液(0.1　mol/L)滴定，至溶液显蓝色，并在 30 s 内不褪色。每 1 mL 的碘滴定液(0.1　mol/L)相当于 8.806 mg 的 $C_6H_8O_6$。

①操作中加入稀醋酸 10 mL 使滴定在酸性溶液中进行。在酸性介质中抗坏血酸受空气中氧的氧化作用减慢，但样品溶于稀酸后仍需立即进行滴定。②加新沸过的冷水也是为了减少水中溶解氧对测定的影响。

理论参考

滴定分析法也称容量分析法，它是化学分析中的重要分析方法之一。是将滴定液滴加到待测物质的溶液中，直到化学反应按计量关系完全作用为止，然后根据所用标准溶液的浓度和体积计算所测物质的含量。滴定方式的分类见表 6-1。

表 6-1　滴定分析方式

依据	分类			
不同的化学反应类型	酸碱滴定法、配位滴定法、氧化还原滴定法、沉淀滴定法			
滴定方式	直接滴定法、返滴定(回滴)法、间接滴定法			
待测物的质量	方法	试样质量 m(mg)	滴定剂体积 V(mL)	滴定物质量 m(mg)
	常量分析	1 000～100	100～10	1 000～100
	半微量分析	100～10	10～1	100～10

1. 滴定液的配制与标定

(1)滴定液的配制

①直接配制法　准确称取一定量的物质于容量瓶中→用水溶解并稀释至刻度→根据称取物质的质量和溶液的体积→即可算出溶液的准确浓度。

②间接配制法(标定法)　有些物质因吸湿性强，不稳定，常不能准确称量，对这类物质，即先配成接近所需浓度的溶液，再用基准物质或另一种已知准确浓度的滴定液来精确地测定它的准确浓度。这种利用基准物质或已知准确浓度的滴定液，来准确测定滴定液浓度的操作过程称为“标定”。

(2)滴定液的标定

①基准物质标定法　精密称取一定量的基准物质，溶解后用待标定的溶液滴定，根据基准物质的质量和待标定溶液所消耗的体积，即可算出该溶液的准确浓度。

②滴定液比较法　精密吸取一定量的待标定溶液，用另一种已知准确浓度的滴定液滴定，反之亦然。根据两种溶液所消耗的体积及测定用滴定液的浓度计算出待标定溶液的浓度。这种用另一种已知准确浓度滴定液来测定待标定溶液准确浓度的操作过程称“比较”法。

(3)滴定液配制及标定的注意事项

①配制滴定液的物质一般可用“分析纯”规格。如硫代硫酸钠、硫氰酸铵、亚硝酸钠、高氯酸、乙二胺四乙酸二钠等。标定滴定液所用的基准物质(如氯化钠、草酸钠等)以及不经标定直接称取基准物质溶解制备的滴定液(如重铬酸钾)，应用“基准试剂”规格。某些情况下，可用“优级纯”试剂规格。

②基准试剂需用专门的称量瓶，瓶存放于专用干燥器中(注意：基准品三氧化二砷属毒药，应严加保管)。基准试剂如呈较大的粒状或结晶状，可先磨成细粉，以利于溶解。干燥时间在规定温度下，一般 3～4 h 即可达恒重。

③配制滴定液所用的水，系指其纯度符合中国兽药典的纯化水。但配制某些滴定液如硫代硫酸钠等宜用已煮沸的纯化水，以减少滴定液在贮藏过程中的分解。

④有些滴定液应先配贮备液(如氢氧化钠饱和液，硫代硫酸钠液)以备标定时应用。

配制滴定液如需过滤，可用 3 号或 4 号垂熔玻璃漏斗过滤。一般滴定液的浓度宜控制 F 值在 0.950～1.050 之间。

⑤滴定液标定时所用的容量仪器需经过严格校正。在标定滴定液时，滴定管溶液均应从

刻度零点开始，以减少误差。所用的试液及指示剂如无另外规定，均按中国兽药典执行。

⑥根据中国兽药典规定，配制及标定溶液应在常温下进行，但若标定时的温度与正常温度相差过多时，则应记录下来，以便必要时加以校正。滴定液配制时，应将溶液温度调到 20℃时再加至刻度，以后使用时，如温度在 15～25℃以外，应先使溶液保持在 20℃左右时再取用。

⑦每次标定均应做 3～5 份平行试验，其结果应有严格的一致性(相对平均偏差不得超过 0.1%)，然后采用算术平均值。

⑧滴定液的配制、标定必须专册详细记录，并经另一人用同一实验方法标定，经对标定结果校对无误后(两人平均结果的相对偏差，不得超过 0.15%，否则重标)方可使用。记录应包括配制日期、配制方法、配制数量、配制人、标定日期、标定人、复标人、标定时的室温、F 值及各数据原始记录及计算。

(4)滴定液的使用与贮藏

①滴定液应盛装于质量较好并密塞的玻璃瓶中，例如用一般玻璃瓶贮存碘滴定液时间长久后，玻璃可能放出多量的碱，使碘变为碘化物和碘酸盐；盛装高浓度碱滴定液应用白色聚乙烯塑料瓶或内壁涂以石蜡的玻璃瓶中，并用橡皮塞密塞；需避光的滴定液应用棕色玻璃瓶盛装。

②滴定液宜定人定期标定。有的滴定液(如氢氧化钠等)，一次配制后不宜使用过久。滴定液在贮放期中，应注意其物理性状的变化，如发现有沉淀、变色或异常等情况，应弃去重配或根据具体情况处理后(如滤除沉淀)再标定使用。

③滴定液应倾出后吸取，不可直接用吸管插入瓶内；滴定液倾出时宜直接倾入滴定管中，一般应尽量少通过烧杯、漏斗灌注，以防浓度受影响。

④滴定液必要时应作温度校正。在实际工作中，使用时的温度往往与标定的温度不一致。如以冰醋酸为溶剂的高氯酸滴定液受温度影响尤为显著，故每次使用应作温度校正。

⑤若使用较低浓度的滴定液，除另有规定外，应于临用前精密量取原滴定液适量，加适宜的溶剂定量稀释制成。必要时应重新标定。滴定液应集中放置于干燥阴凉处。每次使用前，应充分摇匀。

⑥在一般情况下，滴定液定期标定的时间为氢氧化钠滴定液(0.1 mol/L)0.5 个月；硫代硫酸钠滴定液(0.1 mol/L)、碘滴定液(0.1 mol/L)、硝酸银滴定液(0.1 mol/L)、硫氰酸铵滴定液(0.1 mol/L)、亚硝酸钠滴定液(0.1 mol/L)1 个月；高锰酸钾滴定液(0.1 mol/L)、乙二胺四醋酸二钠滴定液(0.1 mol/L)1.5 个月；盐酸滴定液(0.1 mol/L)、硫酸滴定液(0.1 mol/L)2 个月。

技能链接

滴定液标签

配制日期	标定日期	F	室温(℃)	配制者	标定者	复标者	有效期

2. 滴定分析法的计算

滴定液浓度一般以物质的质量摩尔浓度来表示，即每 1 000 mL 溶剂中所含溶质的摩尔数（单位：mol/L）。

(1)滴定度(T)　每 1 mL 某摩尔浓度的滴定液所相当的被测物质的质量，常以 $T_{A/B}$ 表示，A 为滴定液，B 为被测物质，单位为 mg/mL（或 g/mL）。如用碘量法测定维生素 C 含量时，规定“每 1 mL 碘滴定液(0.05 mol/L)相当于的 8.806 mg 维生素 C”，表示每 1 mL 碘滴定液恰能与 8.806 mg 维生素 C 反应。以滴定度乘以滴定中消耗的滴定液体积即可得到待测物质的质量。

(2)浓度校正因数(F)　指该滴定液的实测浓度值与规定的浓度之比。滴定液经稀释后其校正因数不改变，而被测物质的滴定度改变。

$$F=\frac{\text{滴定液的实测浓度}}{\text{滴定液的规定浓度}}$$

(3)含量计算的通式

$$\text{原料药含量}=\frac{\text{实测的供试品量(g)}}{\text{供试品取样量(g)}}\times 100\%$$

$$\text{原料药含量(以干品计)}=\frac{\text{实测的供试品量(g)}}{\text{供试品取样量(g)}\times(1-\text{水分或干燥失重百分数})}\times 100\%$$

$$\text{制剂的含量}=\frac{\text{实测的供试品量(g)}}{\text{供试品取样量(g)}}\times 100\%$$

$$\text{制剂的标示量的百分含量}=\frac{\text{实测的供试品量(g)}}{\text{供试品取样量(g)}\times\text{供试品的标示量}}\times 100\%$$

(4)滴定液标定的计算

$$F=\frac{W_{\text{基}}\times 1\,000}{V\cdot T}$$

式中：F 为浓度校正因数；$W_{\text{基}}$ 为基准物重量 g，V 为消耗滴定液体积，mL，T 为滴定度，mg/mL。

(5)直接滴定法的含量计算

①原料药含量计算公式

$$\text{供试品含量}=\frac{V\times F\times T}{W}\times 100\%$$

$$\text{或供试品含量}=\frac{(V-V_0)\times F\times T}{W}\times 100\%$$

$$\text{供试品含量(以干品计)}=\frac{V\times F\times T}{W\times(1-\text{水分}\%)}\times 100\%$$

$$\text{或供试品含量(以干品计)}=\frac{(V-V_0)\times F\times T}{W\times(1-\text{水分}\%)}\times 100\%$$

②制剂标示百分含量计算公式（以片剂、注射剂为例）

片剂：

$$供试品标示量的百分含量=\frac{V\times F\times T\times 平均片重\times 稀释倍数}{W\times 规格}\times 100\%$$

$$或供试品标示量的百分含量=\frac{(V-V_0)\times F\times T\times 平均片重\times 稀释倍数}{W\times 规格}\times 100\%$$

注射剂：

$$供试品标示量的百分含量=\frac{V\times F\times T\times 稀释倍数}{取样体积(mL)\times 规格\times 1\,000}\times 100\%$$

$$或供试品标示量的百分含量=\frac{(V-V_0)\times F\times T\times 稀释倍数}{取样体积(mL)\times 规格\times 1\,000}\times 100\%$$

(6)间接滴定法和剩余滴定法的含量计算

①原料药含量计算公式

$$供试品含量=\frac{(V_0-V)\times F\times T}{W}\times 100\%$$

$$或供试品含量=\frac{(V_0-V)\times F\times T}{W\times(1-水分\%)}\times 100\%$$

②制剂标示百分含量计算公式(以片剂、注射剂为例)

片剂：

$$供试品标示量的百分含量=\frac{(V_0-V)\times F\times T\times 平均片重\times 稀释倍数}{W\times 规格}\times 100\%$$

$$供试品标示量的百分含量=\frac{(V_0-V)\times F\times T\times 稀释倍数}{取样体积(mL)\times 规格\times 1\,000}\times 100\%$$

式中：W 为供试品的重量，mg；V 为滴定液消耗体积，mL；V_0 为空白试液滴定液消耗体积，mL；T 为滴定度；为与每 1 mL 的滴定液(1.00 mol/L)相当以毫克表示的被测物质量；F 为滴定液的浓度校正因数；片剂规格，g；平均片重，g；注射剂规格，g/mL。

注：对于原料药，当规定含量按干燥品或无水物计时，按上述原料药含量公式计算含量；否则，上述原料药含量公式中的供试品取用量均不扣除干燥失重或水分。

3. 常用术语

(1)滴定液　是一种已知准确浓度的标准溶液称滴定液。

(2)滴定　将滴定液从滴定管滴加到所测物质溶液中的过程叫作滴定。

(3)化学计量点　当滴入的滴定液中物质的量与待测物质的量定量完成反应时，反应达到了化学计量点，一般化学计量点是按指示剂的变色来确定。

(4)滴定终点　在滴定过程中，指示剂发生颜色变化的转变点称为滴定终点。滴定终点还可以通过仪器来显示，例如可以利用溶液的电导、电位、吸收度等的变化来确定，其测得值比上述用指示剂凭目视更为精确，滴定误差可以减小。

(5)滴定误差　滴定终点与化学计量点不一定恰恰符合，由此所造成的分析误差叫作滴定误差。为了减少滴定误差，应选择合适的指示剂，使滴定终点尽可能接近化学计量点。

(6)基准物质　用来测定滴定液浓度的纯净物质称为基准物质。应符合以下要求：纯度要高，即杂质的含量应该少到可以忽略；其组成应与其化学式完全相符；性质稳定，干燥时不分解，称量时不吸湿，不吸收空气中CO_2，不被空气氧化等；分子质量要大，因分子质量大则称量就大，称量误差就可减少。

技能链接

洗液的配制及选用

1. 重铬酸钾洗液

称取10 g重铬酸钾于500 mL烧杯中，加水16 mL，加热使溶解，待冷后，在不断搅拌下缓缓加入浓硫酸200 mL，放冷后，转移至小口磨口瓶中密闭储存。如配置的洗涤有红色沉淀析出，表示用硫酸的浓度低，可先把所有浓硫酸放在烧杯中，置砂浴上加热，蒸去水分后，在配制洗液。本洗液呈红褐色，在使用过程中，如变为绿色则洗涤能力降低。本洗液使用于沾染油垢或有机物器皿的洗涤。

2. 1％～2％硝酸钠—浓硫酸洗液

称取硝酸钠2 g，加少量水溶解后，加浓硫酸100 mL即得。本液适于玻璃砂坩埚的洗涤。

3. 高锰酸钾的氢氧化钠洗液

称取高锰酸钾4 g溶于少量水中，缓缓加入10％氢氧化钠溶液100 mL，即得。本液适于洗涤沾染油腻或有机物器皿。洗后在器皿上附有二氧化锰沉淀，可用盐酸、草酸、亚铁盐、过氧化氢等溶液洗去。因本液成强碱性，洗涤时间不宜过长。

4. 醇制氢氧化钾洗液

取氢氧化钾100 g溶于50 mL水中，冷却后，加工业酒精稀释成1 000 mL，即得。本液洗涤沾染油污或有机物的器皿效果较好。

5. 碱性洗液

常用的有碳酸钠溶液、碳酸氢钠液以及氢氧化钠液，他们的浓度一般为5％左右。本类洗液适于油腻玻璃器皿的洗涤，可长时间浸泡，也可以加热煮沸。

6. 酸性洗液

浓硫酸、浓硝酸、浓盐酸等，根据器皿污垢的多少，可浸泡或煮洗。加热时温度不可太高，最好在通风橱中进行。

7. 酒精-浓硝酸混合洗液(3∶4，mL/mL)

适用于滴定管的洗涤，洗涤方法为：在滴定管中加3 mL酒精，然后慢慢加入4 mL比重1.4的浓硝酸，盖住滴定管口，利用产生的氧化氮洗净滴定管。洗涤应在通风橱中进行。

拓展训练项目一

苯甲酸钠的含量测定。

训练内容

1. 仪器用具

恒温电热干燥箱、分析天平(感量0.1 mg)、干燥器、滴定管(25 mL、50 mL的酸式管)、分液漏斗(150 mL)、锥形瓶。

2. 试剂

指示液、无水碳酸钠为基准试剂、乙醚(分析纯)。

3. 盐酸滴定液(0.5 mol/L)的配制与标定

配制　取盐酸 45 mL,加水适量使成 1 000 mL,摇匀。

标定　取在 270～300℃干燥至恒重的基准无水碳酸钠约 0.8 g,精密称定,加水 50 mL 使溶解,加甲基红-溴甲酚绿混合指示液 10 滴,用本液滴定至溶液由绿色转变为紫红色时,煮沸 2 min,冷却至室温,继续滴定至溶液由绿色变为暗紫色。每 1 mL 盐酸滴定液(1 mol/L)相当于 26.50 mg 的无水碳酸钠。根据本液的消耗量与无水碳酸钠的取用量,算出本液的浓度,即得。

4. 苯甲酸钠的含量测定操作方法

取本品约 1.5 g,精密称定,置分液漏斗中,加水 25 mL、乙醚 50 mL 与甲基橙指示液 2 滴,用盐酸滴定液(0.5 mol/L)滴定,随滴随振摇,至水层显橙红色;分取水层,置具塞锥形瓶中,乙醚层用水 5 mL 洗涤,洗液并入锥形瓶中,加乙醚 20 mL,继续用盐酸滴定液(0.5 mol/L)滴定,随滴随振摇,至水层显持续的橙红色。每 1 mL 盐酸滴定液(0.5 mol/L)相当于的 72.06 mg 的 $C_7H_5NaO_2$。本品按干燥品计算,含 $C_7H_5NaO_2$ 不得少于 99.0%。

注:本法又称双相滴定法。苯甲酸钠易溶于水,其水溶液呈碱性,可用盐酸滴定液滴定,但在滴定过程中析出的游离酸不溶于水,且使滴定终点的 pH 突跃不明显,不利于终点的正确判断。因此利用苯甲酸能溶于有机溶剂的性质,在水相中加入与水不相混溶的有机溶剂,并置于分液漏斗中进行滴定反应,将滴定过程中产生的苯甲酸不断地萃取入有机溶剂层中,减少苯甲酸在水中的浓度,使滴定反应完全,终点清晰,同时可降低苯甲酸的离解。

5. 注意事项

(1)酸碱滴定法需在室温下进行。用浓盐酸配制各种不同浓度的盐酸滴定液时,应在通风橱内进行。用浓硫酸配制各种不同浓度的硫酸滴定液时,严禁将纯化水倒入浓硫酸中,而应将浓硫酸慢慢倒入水中,边倒边搅拌。

(2)碳酸钠有强烈的吸湿性,并可吸收空气中的 CO_2,故使用前必须在 270～300℃下干燥至恒重;但温度不可过高,否则 Na_2CO_3 分解为 Na_2O。然后置于干燥器中,冷却后备用。

(3)在酸碱滴定操作中,CO_2 的影响不可忽略,因为溶液中的 CO_2 可与碱发生中和反应,增加碱的消耗量,从而影响滴定结果,所以用基准物碳酸钠标定硫酸或盐酸滴定液时,近终点时应加热 2 min,以除去溶液中的 CO_2。不论用哪一种方法配制不含碳酸盐的碱滴定液,稀释用的水都应预先除去其中的 CO_2。一般在临用前将纯化水煮沸数分钟,冷却后即可使用。

(4)因指示剂本身具有酸碱性,所以要按规定量加入,否则影响指示剂的灵敏度。

(5)在实验过程中,不得有酸性气体(如 SO_3、SO_2)或碱性气体(如 NH_3)存在。

(6)应同时做平行试验,相对平均偏差应在 0.2%以内。

6. 应用示例

[示例 6-2]　直接滴定法测定阿司匹林的含量。

取本品约 0.4 g,精密称定,加中性乙醇(对酚酞指示液显中性)20 mL 溶解后,加酚酞指示液 3 滴,用氢氧化钠滴定液(0.1 mol/L)滴定。每 1 mL 氢氧化钠滴定液(0.1 mol/L)相当于 18.02 mg 的 $C_9H_8O_4$。本品含 $C_9H_8O_4$ 不得少于 99.5%。

注:为了防止阿司匹林酯结构在滴定时水解,致使测定结果偏高,一般不用水作溶剂,而用中性乙醇溶解样品进行滴定。本品是弱酸,用强碱滴定时,化学计量点偏碱性,故指示剂选用

在碱性区变色的酚酞。

滴定时应在不断振摇下稍快地进行，以防止局部碱度过大而促使其水解。试验表明当温度范围在0～40℃内对测定结果几乎没有影响。但供试品中所含水杨酸超过规定限度时，不宜用直接滴定法测定。

[示例 6-3] 间接滴定法测定阿司匹林片的含量。

取本品10片，精密称定，研细，精密称取适量（约相当于阿司匹林0.3 g），加中性乙醇（对酚酞指示液显中性）20 mL，振摇使阿司匹林溶解，加酚酞指示液3滴，滴加氢氧化钠滴定液（0.1 mol/L）至溶液显粉红色，再精密加氢氧化钠滴定液（0.1 mol/L）40 mL，置水浴上加热15 min并时时振摇，迅速放冷，用硫酸滴定液（0.05 mol/L）滴定，并将滴定的结果用空白试验校正。每1 mL氢氧化钠滴定液（0.1 mol/L）相当于18.02 mg的$C_9H_8O_4$。本品含阿司匹林（$C_9H_8O_4$）应为标示量的95.0%～105.0%。

课堂互动

分析讨论含量测定中的“并将滴定的结果用空白试验校正”的含义？

注：片剂中除加有少量酒石酸或枸橼酸稳定剂外，制剂工艺过程及贮存过程中还可能有水解产物（水杨酸、醋酸）产生，因此不能采用直接滴定法，而采用先中和样品中共存的酸，再将阿司匹林用碱滴定液水解后，用酸滴定液回滴剩余的碱的两步滴定法。反应原理如下：

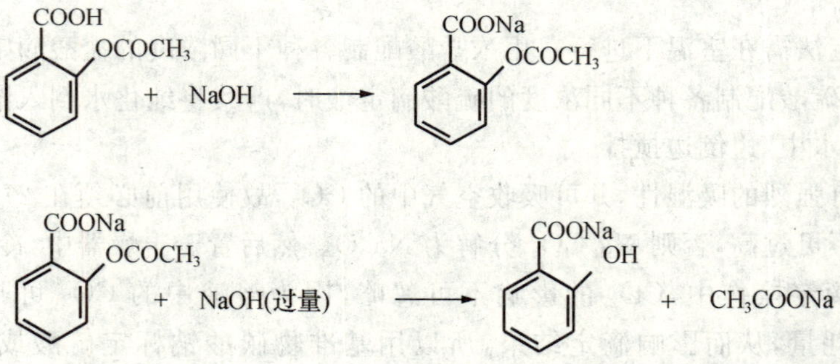

$$2NaOH(剩余) + H_2SO_4 \longrightarrow Na_2SO_4 + 2H_2O$$

7. 理论简介

酸碱滴定法是以酸、碱中和反应为基础的滴定分析法。一般以酸（碱）性滴定液滴定被测物质，以指示液或仪器指示终点，根据酸（碱）滴定液的浓度和消耗的毫升数，可计算出被测物质的含量。

一般在中和反应中，最常用的方法就是利用一些因溶液pH变化而引起颜色变化的“酸碱指示剂”来指示终点。

在化学计量点附近的pH突变称为滴定突跃，突跃所在的范围称为滴定突跃范围。指示剂的选择是以滴定突跃范围为依据的。选择指示剂的原则是：凡是变色范围全部或一部分落在滴定突跃范围内的指示剂都可用来指示滴定的终点。常用指示剂的变色范围与变色情况见表6-2。

表 6-2　常用酸碱指示剂的变色范围

指示剂	变色范围 pH	变色情况	
		酸色	碱色
甲基橙	3.2～4.4	红	黄
溴酚蓝	2.8～4.6	黄	蓝绿
甲基红	4.2～6.3	红	黄
中性红	6.8～8.0	红	黄
酚红	6.8～8.0	黄	红
酚酞	8.3～10.0	无	红
麝香草酚酞	9.3～10.5	无	蓝

拓展训练项目二

盐酸左旋咪唑的含量测定。

训练内容

1. 仪器用具

分析天平(感量 0.1 mg)、10 mL 滴定管(分度值为 0.05 mL)、具塞锥形瓶(100 mL)、容量瓶(1 000 mL,棕色)。

2. 试剂

指示液(按药典方法配制)、冰醋酸、醋酐、高氯酸均为分析纯;邻苯二甲酸氢钾为基准试剂。

3. 高氯酸滴定液(0.1 mol/L)的配制与标定

配制　取无水冰醋酸(按含水量计算,每 1 g 水加醋酐 5.22 mL)750 mL,加入高氯酸(70%～72%)8.5 mL,摇匀,在室温下缓缓滴加醋酐 23 mL,边加边摇,加完后再振摇均匀,放冷,加无水冰醋酸适量使成 1 000 mL,摇匀,放置 24 h。若所测供试品易乙酰化,则须用水分测定法测定本液的含水量,再用水和醋酐调节至本液的含水量为 0.01%～0.2%。

标定　取在 105℃干燥至恒重的基准邻苯二甲酸氢钾约 0.16 g,精密称定,加无水冰醋酸 20 mL 使溶解,加结晶紫指示液 1 滴,用本液缓缓滴定至蓝色,并将滴定的结果用空白试验校正。每 1 mL 高氯酸滴定液(0.1 mol/L)相当于 20.42 mg 的邻苯二甲酸氢钾。根据本液的消耗量与邻苯二甲酸氢钾的取用量,算出本液的浓度,即得。

4. 盐酸左旋咪唑的含量测定操作方法

取本品约 0.2 g,精密称定,加冰醋酸 10 mL 溶解后,加醋酸汞试液 5 mL 与结晶紫指示液 1 滴,用高氯酸滴定液(0.1 mol/L)滴定至溶液显蓝色,并将滴定的结果用空白试验校正。每 1 mL 的高氯酸滴定液(0.1 mol/L)相当于 24.08 mg 的 $C_{11}H_{12}N_2S \cdot HCl$。按干燥品计算,含 $C_{11}H_{12}N_2S \cdot HCl$ 不得少于 98.5%。

注:氢卤酸在冰醋酸中的酸性虽不如高氯酸强,但也是一个较强的酸,常见的无机酸在冰醋酸中的酸性以下列次序递减:

$$HClO_4 > HBr > H_2SO_4 > HCl > HSO_4^- > HNO_3$$

因此，在滴定有机碱的氢卤酸盐时，一般均预先在冰醋酸中加入醋酸汞试液 3～5 mL，使氢卤酸生成在冰醋酸中难以解离的卤化汞，从而消除氢卤酸对滴定反应的不良影响。

$$2BH^+ \cdot X^- + Hg(Ac)_2 \rightarrow 2BH^+ \cdot Ac^- + HgX_2$$

5. 注意事项

(1)配制高氯酸滴定液时，为防高氯酸与有机物接触而遇热爆炸，应将高氯酸用冰醋酸稀释后，在搅拌下缓缓滴加醋酐。量取高氯酸的量筒不得再次量取醋酐。标定高氯酸滴定液，以邻苯二甲酸氢钾为基准物，结晶紫为指示剂。高氯酸滴定液应置于棕色玻璃瓶中，密闭保存。当溶液变黄时，即高氯酸分解，不得再用。

技能链接

实验室内所有的标准溶液容器均应在明显处贴标签，并需表明：名称、浓度、配制日期、配制规程号、储存条件、有效期、负责人签字等项目。

(2)配制甲醇钠溶液时，应避免与空气中的二氧化碳及水气接触，每次临用前均应重新标定，并贮存于密闭的附有滴定装置的硬质玻璃或聚乙烯容器内。防止溶剂的挥发，保持滴定液浓度的稳定。

(3)多数有机溶剂的膨胀系数较大，因而体积随温度的改变较大，若滴定供试品与标定高氯酸滴定液时的温度差别超过 10℃时，应重新标定；若未超过 10℃，则可按下式将滴定液的浓度加以校正：

$$N_1 = \frac{N_0}{1 + 0.0011(t_1 - t_0)}$$

式中：0.001 1 为冰醋酸的膨胀系数，℃；t_0 为标定高氯酸滴定液时的温度，℃；t_1 为滴定供试品时的温度，℃；N_0 为 t_0 时高氯酸滴定液的浓度，mol/L；N_1 为 t_1 时高氯酸滴定液的浓度，mol/L。

(4)滴定操作时，应在干燥的恒温条件下进行，不得有氨气、二氧化碳和水汽；玻璃仪器必须干燥，试剂的含水量应在 0.2%以下，若含水量较高应采用一定的方法除去。

(5)非水溶剂成本较高，取样量相应要减少，一般以消耗滴定液(0.1 mol/L)体积在 8 mL 左右为最佳，所以常选用 10 mL 滴定管进行滴定。

(6)因为冰醋酸较黏稠，流动较慢，滴定到达终点后，应稍等片刻再读数，以免黏附在滴定管壁上的溶剂未能完全流下，影响滴定结果。同时，由于非水滴定中的溶剂和指示液常消耗一定量滴定液，故需做空白试验校正。

(7)药品的结晶水应在含量测定前经适当的方法干燥处理将结晶水除去。

(8)原料药一般是将样品加溶剂溶解后，直接进行滴定；片剂则需要做适当的处理，排除赋形剂的干扰再进行滴定；注射剂含有大量水分，需用适当的方法除去水分，再进行滴定。

6. 应用示例

[示例 6-4] 硝酸士的宁的含量测定。

取本品约 0.3 g，精密称定，加冰醋酸 20 mL，振摇使溶解，照电位滴定法，用高氯酸滴定液(0.1 mol/L)滴定，并将滴定的结果用空白试验校正。每 1 mL 的高氯酸滴定液(0.1 mol/L)相当于 39.74 mg 的 $C_{21}H_{22}N_2O_2 \cdot HNO_3$。本品含 $C_{21}H_{22}N_2O_2 \cdot HNO_3$ 不得少于 99.0%。

注：硝酸在冰醋酸介质中虽为弱酸，但是它具有氧化性，可使指示剂变色，所以采用非水溶液滴定法测定有机碱的硝酸盐时，一般不用指示剂而用电位法指示终点。

［示例 6-5］　氢氯噻嗪的含量测定。

取本品约 0.12 g，精密称定，加二甲基甲酰胺 40 mL 溶解后，加偶氮紫指示液 3 滴，在氮气流中，用甲醇钠滴定液（0.1 mol/L）滴定至溶液恰显蓝色，并将滴定结果用空白实验校正。每 1 mL 的甲醇钠滴定液（0.1 mol/L）相当于 14.89 mg 的 $C_7H_8ClN_3O_4S_2$。

7. 理论简介

在非水溶剂中进行的滴定分析方法称非水滴定法。非水溶剂是指有机溶剂和不含水的无机溶剂。以非水溶剂作为滴定介质，不仅能增强有机化合物的溶解能力，而且常能改变物质的化学性质（如酸碱性及其强度），使在水中不能完全进行的反应能够顺利进行。在适当的条件下，还可以区分滴定某些混合物的组分。非水溶液滴定法包括两类方法：一类是非水碱量法；另一类是非水酸量法（表 6-3）。

表 6-3　非水溶液滴定法分类

分类	溶剂	滴定液	指示剂	应用
非水碱量法	冰醋酸（或其他溶剂）	高氯酸	结晶紫	测定弱碱或弱碱性盐类药物，如胺类、氨基酸类、含氮杂环、有机碱及其盐类
非水酸量法	乙二胺	甲醇钠	麝香草酚蓝	测定弱酸或弱酸性盐类药物，如苯甲酸、酚类、磺酰胺类

终点指示方法一般有指示剂法与电位法两种。常用指示剂如结晶紫，其酸式色为黄色，碱式色为紫色，中间变色较复杂；麝香草酚蓝，其酸式色为黄色，碱式色为蓝色，终点变色较明显。

常用电位法指示终点，是因为有许多物质的测定还没有找到合适的指示剂，而且在选择指示剂及确定终点颜色时，一般都需要用电位法作对照。

技能链接

玻璃器皿的洗涤

1. 烧杯、锥形瓶、烧杯

先用自来水冲洗，然后取肥皂、洗衣粉等刷洗，再用自来水冲洗干净，最后用蒸馏水（或去离子水）洗涤三遍，备用。

2. 滴定管

用自来水冲洗，再用滴定管刷刷洗，若有油污，可倒入 40～50℃的重铬酸钾浓硫酸洗液 10 mL 左右，把滴定管横置，并转动，使洗涤液遍布全滴管。直立后，置于回收瓶上放出，然后用自来水冲洗干净后，再用蒸馏水洗三次，即可。

3. 碱式滴定管

洗前应将乳胶头管卸下，在管下放一烧杯或锥形瓶，然后斜置滴定管，边倒洗液边转动滴定管进行洗涤，沾污严重的，可用洗液浸泡数小时。

4. 量瓶

先用水冲洗，如水冲洗后仍不洁净，可再用洗液润湿或浸泡，也可用洗涤剂洗涤至洁净后，在用蒸馏水冲洗三次备用。

5. 移液管或吸量管

应吸取洗液进行洗涤，如果污染严重，可将移液管或吸量管放入高型玻璃筒（或大量筒）中，倒入洗液进行浸泡，根据污染程度，可自行掌握时间的长短，取出后先用自来水冲洗干净，再用蒸馏水冲洗三次，备用。

复习测试题

一、填空

1. 滴定液是一种已知准确浓度的________。

2. 滴定液的配制方法有________配制法和________配制法。

3. 滴定液浓度一般以________来表示。

4. 酸碱滴定法是以________滴定液滴定被测物质，以指示液或________指示终点，根据滴定液的浓度和消耗的数，计算出被测物质的含量。

5. 药典收载的维生素C注射液含量测定方法是________。

6. 碘量法测定维生素C注射液含量时，常需加入丙酮，目的是________。

7. 非水滴定法中，非水溶剂的选择应能________，并使滴定反应进行完全，不引起________，有适宜的极性使终点明显突跃。

8. 非水溶液滴定法是在________中进行滴定的方法。

9. 非水滴定法测定弱碱性药物时常用的溶剂是________，标定高氯酸滴定液的基准物质是________。

10. 滴定液必须规定有效期，除特殊情况另有规定外，一般规定为________月。

11. 配制碘滴定液时要加入一定量的碘化钾，其作用是________。

12. 滴定分析中常用的滴定有酸碱滴定法、________、________、沉淀滴定法、络合滴定法。

13. 滴定分析中，指示剂在变色这一点称为________。

二、简答题

1. 什么是基准物质？基准物质必须具备哪些条件？

2. 滴定液配制、标定及贮藏与使用时应注意哪些问题？

3. 什么是非水滴定？有什么优点？在药品检验中有什么意义？

4. 举例说明碘量法测定的具体操作及注意事项。

5. 非水溶液滴定法主要用于哪类药物的含量测定？终点的判断要注意什么？

6. 写出用直接碘量法测定维生素C含量的反应原理及注意事项。

学习子情境 6.2　亚硝酸钠法

学习任务

磺胺二甲嘧啶钠注射液的含量测定。

仪器与用具

分析天平(感量 0.1 mg)、永停滴定仪(图 6-1)、烧杯(100 mL)、容量瓶(1 000 mL,棕色)。

实验材料

盐酸、亚硝酸钠、无水碳酸钠等为分析纯;对氨基苯磺酸为基准试剂、浓氨试液按药典方法配制。

操作方法

1. 亚硝酸钠滴定液(0.1 mol/L)的配制与标定

配制　取亚硝酸钠 7.2 g,加无水碳酸钠(Na_2CO_3)0.10 g,加水适量使溶解成 1 000 mL,摇匀。

标定　取在 120℃干燥至恒重的基准对氨基苯磺酸约 0.5 g,精密称定,加水 30 mL 与浓氨试液 3 mL,溶解后,加盐酸(1→2)20 mL,搅拌,在 30℃以下用本液迅速滴定,用永停法指示终点。每 1 mL 亚硝酸钠滴定液(0.1 mol/L)相当于 17.32 mg 的对氨基苯磺酸。根据本液的消耗量与对氨基苯磺酸的取用量,算出本液浓度,即得。

2. 永停滴定法的操作

精密称取(或量取)供试品适量于烧杯中,除另有规定外,可加水 40 mL 与盐酸溶液(1→2)15 mL,将烧杯置电磁搅拌器上,搅拌使供试品溶解。再加溴化钾 2 g,插入铂-铂电极并调节电极电压约为 50 mV 后,将滴定管尖端插入液面下 2/3 处,用亚硝酸钠滴定液迅速滴定,随滴随搅拌,至近终点时,将滴定管尖端提出液面,用少量水淋洗尖端,洗液并入溶液中,继续缓缓滴定,至电流计指针突然偏转,并不再回复,即为滴定终点。

课堂互动

亚硝酸钠法测定样品含量时,如何控制测定速度?

3. 注射液含量测定

精密量取本品适量(约相当于磺胺二甲嘧啶钠 0.5 g),照永停滴定法,用亚硝酸钠滴定液(0.1 mol/L)滴定。每 1 mL 亚硝酸钠滴定液(0.1 mol/L)相当于 30.03 mg 的 $C_{12}H_{13}N_4O_2S$。

本品含磺胺二甲嘧啶钠($C_{12}H_{13}N_4O_2S$)应为标示量的 95.0%～105.0%。

注意事项

(1)在重氮化法中,一般先将芳伯胺药物溶解在过量的稀盐酸中,再用亚硝酸钠滴定液滴定。可增大药物的溶解度，且过量的盐酸有利于重氮化反应速度加快，并可保持重氮盐的稳定。

(2)重氮化反应中，温度越高，重氮化反应速度越快。但是温度太高 HNO_2 易挥发和分解，且生成的重氮盐分解速度也加快。所以，除另有规定外，一般选择反应温度为 10～30℃。

(3)重氮化反应速度较慢，常加入 KBr 作为催化剂。

(4)因该反应在终点时反应速度很慢，因此只有当电流计指针突然偏转，并保持 1 min 不回复时，方为终点。仪器装置见图 6-1。

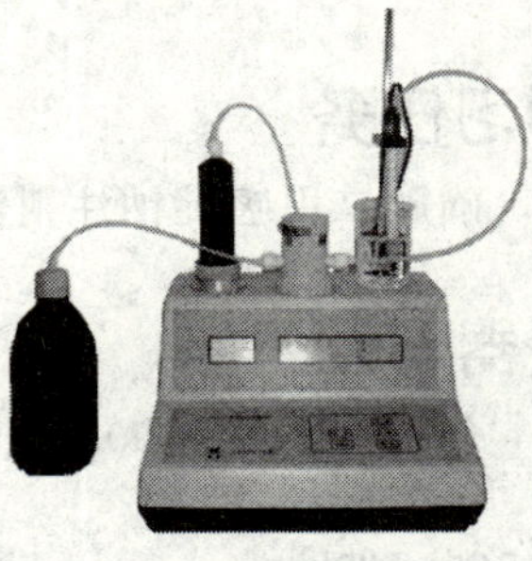

图 6-1　永停滴定装置

(5)用对氨基苯磺酸作为基准物标定亚硝酸钠滴定液时，由于对氨基苯磺酸难溶于水，须先用氨水溶解，再以盐酸调节溶液成适当的酸度。

(6)电极的清洁状态是滴定成功与否的关键。污染的电极在滴定时指示迟钝，终点时电流变化小，此时应重新处理电极。处理方法可将电极插入 10 mL 浓硝酸和 1 滴三氯化铁的混合溶液内煮沸数分钟，取出后用水冲洗干净即可。注意电极任何部位都不得存留微量硝酸。

课堂互动

分析讨论用永停法指示滴定终点时的判断方法和理论依据。

应用示例

[示例 6-6]　磺胺嘧啶片的含量测定操作。

取本品 10 片，精密称定，研细，精密称取适量(约相当于磺胺嘧啶 0.5 g)，照永停滴定法，用亚硝酸钠滴定液(0.1 mol/L)滴定。每 1 mL 亚硝酸钠滴定液(0.1 mol/L)相当于 25.03 mg 的 $C_{10}H_{10}N_4O_2S$。本品含磺胺嘧啶($C_{10}H_{10}N_4O_2S$)应为标示量的 95.0%～105.0%。

[示例 6-7]　高锰酸钾直接滴定硫酸亚铁的含量。

取本品约 0.5 g，精密称定，加稀硫酸与新沸过的冷水各 15 mL 溶解后，立即用高锰酸钾滴定液(0.02 mol/L)滴定至溶液显持续的粉红色。每 1 mL 高锰酸钾滴定液(0.02 mol/L)相当于 27.80 mg 的 $FeSO_4 \cdot 7H_2O$。本品含 $FeSO_4 \cdot 7H_2O$ 应为 98.5%～104.0%。

理论参考

氧化还原法是以氧化还原反应为基础的容量分析方法，是容量分析中应用较广泛的分析方法之一。通常根据所用滴定液的不同分为以下几类：高锰酸钾法(以高锰酸钾为滴定液)、碘量法(以碘或硫代硫酸钠为滴定液)、重铬酸钾法(以重铬酸钾为滴定液)、铈量法(以硫酸铈为滴定液)、溴量法(以溴为滴定液)、溴酸钾法(以溴酸钾-溴化钾为滴定液)、亚硝酸钠滴定法(以亚硝酸钠为滴定液)等。其中碘量法、高锰酸钾法和亚硝酸钠滴定法实际应用较多。

1. 碘量法

碘量法是以碘为氧化剂或以碘化钾为还原剂进行的氧化还原滴定法。

①直接滴定法　用于直接被碘氧化的药物。

②剩余滴定法　凡在过量的碘液中与碘定量反应，剩余的碘用硫代硫酸钠回滴的，可用剩

余滴定法。

③置换滴定法　凡能直接或间接定量地将碘化钾氧化成碘，用硫代硫酸钠滴定生成碘的，则可用置换滴定法。

2. 高锰酸钾法

高锰酸钾法是在强酸性溶液中，以高锰酸钾为滴定液直接或间接地测定还原性或氧化性物质的含量的滴定方法。

①直接滴定法　即利用高锰酸钾作氧化剂的方法；此法可用于直接测定还原性物质。

②剩余滴定法　有些氧化性物质不能用高锰酸钾滴定液直接滴定，可先加入过量草酸钠溶液，加热使其反应完全后，再用高锰酸钾滴定液滴定剩余的草酸钠溶液，从而求出被测物质的含量。

③间接滴定法　有些非氧化还原性物质，不能用高锰酸钾滴定液直接滴定或回滴。可先将一定量的还原性滴定液加入氧化性物质中，待反应完毕后，再用高锰酸钾滴定液滴定剩余的还原性滴定液。

3. 亚硝酸钠法

亚硝酸钠法是以亚硝酸钠为滴定液，在盐酸存在下，测定芳香族伯胺和仲胺类药物（或经过水解等反应可转化成芳伯胺类药物）的氧化还原滴定法。芳香族伯胺在盐酸存在条件下与亚硝酸钠作用发生重氮化反应，定量生成重氮盐，通过消耗的亚硝酸钠滴定液体积和滴定度，计算芳伯胺类药物的含量，又称为重氮化滴定法，可测定磺胺类、盐酸普鲁卡因等多种药物。反应方程式为：

$$ArNH_2+NaNO_2+2HCl \rightarrow [Ar—N^+ \equiv N]Cl^- + NaCl + 2H_2O$$

4. 指示终点的方法

(1)内指示剂法　内指示剂法与酸碱反应方法类似。将指示剂加入到反应液中，根据颜色变化确定终点。该方法最为常用，但在亚硝酸钠法中已很少使用，因终点颜色变化不太灵敏，当重氮盐本身带有颜色时更易影响终点判断。

(2)自身指示剂法　被测物质或溶液本身在反应前后有明显的颜色变化，滴定时不必另加指示剂的称为自身指示剂法。如高锰酸钾滴定液，在溶液中高锰酸钾为紫红色，而其还原产物 MnO_2 则几乎无色。

(3)电位滴定法　选用 2 支不同的电极。一支为指示电极，其电极电势随溶液中被分析成分的离子浓度的变化而变化；另一支为参比电极，其电极电势固定不变。在到达滴定终点时，因被分析成分的离子浓度急剧变化而引起指示电极的电势突减或突增，此转折点称为突跃点。

(4)永停滴定法　适用于容量分析中多种分析方法的终点指示。本法采用 2 支相同的铂电极插入待滴定的溶液中。当在电极间加一低电压（10～100 mV）时，若电极在溶液中极化，则在未到达滴定终点时，仅有很小或无电流通过；但当到达终点时，滴定液略有过剩，使电极去极化，溶液中即有电流通过，电流计指针突然偏转，不再回复。反之，若电极由去极化变为极化，则电流计指针从有偏转回到零点，也不再变动。该法仪器简单，操作方便，准确可靠，所以应用非常广泛。

技能链接

使用试剂时领用人要核对领用的试剂名称、规格、数量，检查外包装有无泄漏和损坏，试剂一定要保证标签完整，外包装清洁。

保持试剂存放场所卫生、通风，并定期查看试剂标签是否完整，如标签腐蚀，应及时更换。

质量标准示例

磺胺嘧啶钠注射液

本品为磺胺嘧啶钠的灭菌水溶液。含磺胺嘧啶钠（$C_{10}H_9N_4NaO_2S$）应为表示量的90.5%～150.0%。本品中可加适宜的稳定剂。

【性状】本品为无色至微黄色的澄明液体；遇光易变质。

【鉴别】取本品5 mL，加水20 mL稀释后，加醋酸2 mL，即析出磺胺嘧啶白色沉淀；滤过，沉淀用水洗净，在105℃干燥1 h，照磺胺嘧啶项下的鉴别(1)项实验，显相同的反应。

【检查】pH　应为9.5～11.0。

颜色　取本品，如显色，与黄色3号标准比色液比较，不得更深。

重金属　量取本品4.0 mL，依法检查，含重金属不得过5%。

砷盐　量取本品2.0 mL，加水与盐酸5 mL，依法检查，应符合规定(0.000 1%)。

细菌内毒素　取本品，依法检查，每1 mg磺胺嘧啶钠中含内毒素的量应小于0.10 EU。

其他　应符合注射剂项下有关的各项规定。

【含量测定】精密量取本品适量（约相当于磺胺嘧啶钠0.6 g），照永停滴定法，用亚硝酸钠滴定液（0.1 mol/L）滴定。每1 mL亚硝酸钠滴定液（0.1 mol/L）相当于27.23 mg的（$C_{10}H_9N_4NaO_2S$）。

【类别】磺胺类药。

【规格】①2 mL∶0.4 g；②5 mL∶1 g；③10 mL∶1 g；④50 mL∶5 g。

【贮藏】遮光，密封保存。

拓展训练项目一

复方氯化钠注射液中氯化钙的含量测定。

训练内容

1. 仪器用具

分析天平（感量0.1 mg）、酸式滴定管（25 mL或50 mL）、锥形瓶、量筒。

2. 试剂

硫酸镁试液、氨-氯化铵缓冲液、铬黑T指示剂均按兽药典方法配制；乙二胺四醋酸二钠滴定液（0.05 mol/L）按兽药典方法配制与标定。

3. 操作方法

精密量取本品100 mL，置200 mL锥形瓶中。另取硫酸镁试液数滴，加氨-氯化铵缓冲液（pH 10.0）15 mL，与铬黑T指示剂少许，用乙二胺四醋酸二钠滴定液（0.05 mol/L）滴定至溶液显蓝色。然后将此溶液倾入上述锥形瓶中，再用乙二胺四醋酸二钠滴定液（0.05 mol/L）滴定至溶液显蓝色。每1 mL乙二胺四醋酸二钠滴定液（0.05 mol/L）的相当于的7.351 mg的$CaCl_2 \cdot 2H_2O$。本品含氯化钙（$CaCl_2 \cdot 2H_2O$）应为0.031%～0.035%(g/mL)。本品规格为1 000 mL∶氯化钙0.33 g。

4. 注意事项

(1)乙二胺四醋酸二钠滴定液应保存于玻璃塞瓶中,避免与橡皮塞、橡皮管等接触。金属离子指示液应比较稳定,便于贮藏和使用。指示液不宜存放过久,最好临用新配。

(2)由于EDTA和金属离子在络合过程中有H^+不断产生使溶液酸度不断提高,所以在滴定前应调节好溶液的酸度并在溶液中加入一定量的缓冲溶液,使溶液在滴定过程中的pH保持在一定范围之内。当pH在3.4～5.5时,常用醋酸－醋酸盐缓冲液;pH在8～11时,常用氨-氯化铵缓冲液。

(3)由于在加入的试剂中可能含有其他金属离子杂质,从而消耗一定量的滴定液,因此,通常需将滴定的结果用空白试验校正。

5. 应用示例

[示例6-8]　直接滴定法测氯化钙注射液的含量。

精密量取本品适量(约相当于氯化钙0.15 g),加水使成100 mL、加氢氧化钠试液15 mL与钙紫红素指示剂约0.1 g,用乙二胺四醋酸二钠滴定液(0.05 mol/L)滴定至溶液自紫红色转变为纯蓝色。每1 mL乙二胺四醋酸二钠滴定液(0.05 mol/L)的相当于的7.351 mg的$CaCl_2 \cdot 2H_2O$。本品含氯化钙($CaCl_2 \cdot 2H_2O$)应为标示量的95.0%～105.0%。本品的规格为10 mL:0.3 g、20 mL:0.6 g或20 mL:1 g。

[示例6-9]　回滴定法测氢氧化铝的含量。

取本品约0.6 g,精密称定,加盐酸与水各10 mL,加热溶解后,放冷,滤过,取滤液置于250 mL量瓶中,滤器用水洗涤,洗液并入量瓶中,用水稀释至刻度,摇匀;精密量取25 mL,加氨试液中和至恰好析出沉淀,再滴加稀盐酸至沉淀恰好溶解为止。加入醋酸-醋酸铵(pH 6.0)缓冲液10 mL,再精密加乙二胺四醋酸二钠滴定液(0.05 mol/L)25 mL,煮沸3～5 min,放冷,加二甲酚橙指示液1 mL,用锌滴定液(0.05 mol/L)滴至溶液自黄色转变为红色,并将滴定的结果用空白试验校正。每1 mL乙二胺四醋酸二钠滴定液(0.05 mol/L)相当于的2.549 mg的Al_2O_3。本品含氢氧化铝按Al_2O_3计算,不得少于48.0%。

6. 理论简介

配位滴定法是以络合反应为基础的滴定分析法,主要用于测定金属离子的含量。

常用络合剂是乙二胺四乙酸二钠盐(通称EDTA)。EDTA能与许多金属离子定量反应形成含多个五圆环的稳定络合物,与二价、三价或四价金属离子络合,它们的摩尔数之比一般都是1∶1,形成的络合物大多数易溶于水。可用已知浓度的EDTA滴定液滴定某些药物,用适宜的指示剂指示终点,根据消耗的EDTA滴定液的浓度和毫升数,可计算出被测药物的含量。

通常利用一种能与金属离子生成有色络合物的有机染料显色剂,来指示滴定过程中金属离子浓度的改变,这种显色剂称为金属指示剂。常用的金属指示剂见表6-4。

表6-4　常用的金属指示剂

金属指示剂	最适宜的pH	指示剂颜色	络合物颜色
铬黑T(EBT)	7～10	显蓝色	红色
二甲酚橙(XO)	pH<6	显黄色	红紫色
钙指示剂(NN,钙红)	10～13	显蓝色	酒红色

拓展训练项目二

葡萄糖氯化钠注射液中氯化钠的含量测定。

训练内容

1. 仪器用具

分析天平(感量 0.1 mg)、酸式滴定管(25 mL)、锥形瓶、量筒。

2. 试剂

硝酸银滴定液、荧光黄指示液及试液等均按兽药典方法配制或标定。

3. 操作方法

精密量取本品 20 mL,加水 30 mL,加 2%糊精溶液 5 mL、2.5%硼砂溶液 2 mL 与荧光黄指示液 5～8 滴,用硝酸银滴定液(0.1 mol/L)滴定。每 1 mL 硝酸银滴定液(0.1 mol/L)相当于 5.844 mg 的 NaCl。本品含氯化钠(NaCl)应为标示量的 95.0%～105.0%。本品的规格为 500 mL∶葡萄糖 25 g 与氯化钠 4.5 g;或 1 000 mL∶葡萄糖 50 g 与氯化钠 9 g。

4. 注意事项

(1)滴定前要先加入淀粉或糊精保护胶体,防止 AgCl 微粒过分凝集而影响终点判断。

(2)溶液的浓度不能太低,否则沉淀太少,终点观察困难。

(3)由于卤化银可遇光分解形成灰黑色影响终点判断,因此在滴定时应避免阳光直射。

(4)吸附指示剂大多是有机弱酸,起指示作用的主要是阴离子。需根据指示剂的种类控制溶液的酸度,以利于吸附指示剂阴离子的形成。荧光黄的 pH 为 7～10(一般为 7～8);曙红的 pH 为 2～9。因硝酸银滴定液偏酸性,影响滴定结果使终点不明显,可加入 $CaCO_3$ 或硼砂使滴定终点时溶液 pH 在 7～8,终点明显,结果准确。

(5)用 $CaCO_3$ 调节酸度时,由于其难溶于水,用量稍有出入,影响不大;用硼砂时以加入 15～30 mg 为宜,即 1%的硼砂溶液 2 mL。

5. 应用示例

[示例 6-10] 电位滴定法测定苯巴比妥的含量。

取本品约 0.2 g,精密称定,加甲醇 40 mL 使溶解,再加新制的 3%无水碳酸钠溶液15 mL,照电位滴定法,用硝酸银滴定液(0.1 mol/L)滴定。每 1 mL 硝酸银滴定液(0.1 mol/L)相当于的 23.22 mg 的 $C_{12}H_{12}N_2O_3$。按干燥品计算,含 $C_{12}H_{12}N_2O_3$ 不得少于 98.5%。

注:

(1)原理　苯巴比妥属于巴比妥类药物,分子结构中含有酰亚胺基团,在碳酸钠溶液中生成钠盐而溶解,再与 $AgNO_3$ 反应,首先生成可溶性一银盐,加入过量 $AgNO_3$,则生成难溶性的二银盐白色沉淀。

(2)仪器装置　可用电位滴定仪(图 6-2)、酸度计或电位差计;以饱和甘汞电极为参比电极,银电极为指示电极。

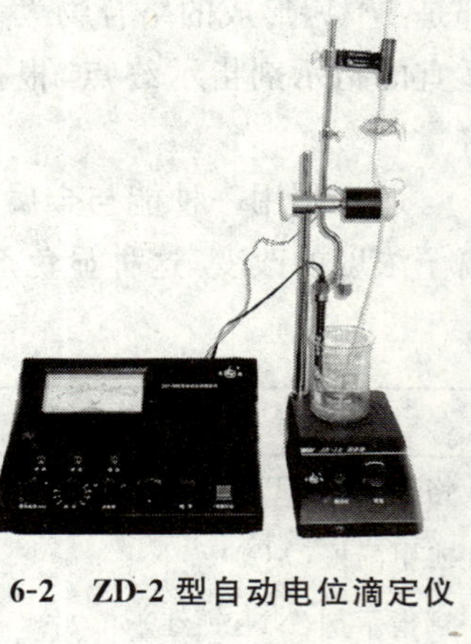

图 6-2　ZD-2 型自动电位滴定仪

(3)自动电位滴定操作步骤

①终点设定　"设置"开关置"终点","pH/mV"开关置"mV","功能"开关置"自动",调节"终点电位"旋钮,使显示屏显示所要设定的终点电位值。终点电位选定后,"终点电位"

旋钮不可再动。

②预控点设定 预控点的作用是当离开终点较远时，滴定速度很快；当到达预控点后，滴定速度很慢。设定预控点就是设定预控点到终点的距离。其步骤为“设置”开关置“预控点”，调节“预控点”旋钮，使显示屏显示所要设定的预控点数值。例如：设定预控点为 100 mV，仪器将在离终点 100 mV 处转为慢滴。预控点选定后，“预控点”调节旋钮不可再动。

③终点电位和预控点电位设定好后，将“设置”开关置“测量”，打开搅拌器电源，调节转速使搅拌从慢逐渐加快至适当转速。

④揿一下“滴定开始”按钮，仪器即开始滴定，滴定灯闪亮，滴液快速滴下，在接近终点时，滴速减慢。到达终点后，滴定灯不再闪亮，过 10 s 左右，终点灯亮，滴定结束。

⑤记录滴定管内滴液的消耗读数。

6. 理论简介

沉淀滴定法是以沉淀反应为基础的一种滴定分析法。常用银量法即利用被测药物与硝酸银滴定液定量反应生成难溶性银盐，通过测定硝酸银滴定液消耗的体积，可计算被测药物的含量。

银量法可以用来测定含 Cl^-、Br^-、I^-、SCN^- 等离子的药物（能和银离子生成难溶性化合物的药物），也可用来测定含 Ag^+ 的药物。含卤素的有机药物如经处理生成卤离子的或虽不含卤素而能定量地与 $AgNO_3$ 反应的（如巴比妥类药物）也可用银量法测定其含量。

银量法可以分为直接滴定法和间接滴定法。若按所用指示剂的不同又可分为铬酸钾指示剂法（Mohr 法）、铁铵矾指示剂法（Volhard 法）和吸附指示剂法（Fajans 法）。

(1)铬酸钾指示剂法 是以铬酸钾为指示剂，硝酸银为滴定液，在中性或弱碱性溶液中直接滴定 Cl^- 和 Br^- 的银量法。

终点前 $Ag^+ + Cl^- \rightarrow AgCl\downarrow$（白色）

终点时 $2Ag^+ + CrO_4^{2-} \rightarrow Ag_2CrO_4\downarrow$（砖红色）

(2)铁铵矾指示剂法 是以铁铵钒作指示剂，在酸性溶液中用 KSCN 或 NH_4SCN 作滴定液测定 Ag^+ 含量的方法。本法又分为直接滴定法和间接滴定法。

①直接滴定法

终点前 $Ag^+ + SCN^- \rightarrow AgSCN\downarrow$（白色）

终点时 $Fe^{3+} + SCN^- \rightarrow FeSCN^{2+}$（红色）

②间接滴定法

终点前 $Ag^+ + X^- \rightarrow AgX\downarrow$（白色）

Ag^+（剩余）$+ SCN^- \rightarrow FeSCN$（白色）

终点时 $SCN^- + Fe^{3+} \rightarrow FeSCN^{2+}$（红色）

(3)吸附指示剂法 是以硝酸银为滴定液，用吸附指示剂确定滴定终点，测定卤化物含量的方法。

吸附指示剂，是一类有机染料，它的阴离子在溶液中容易被吸附在带正电荷的沉淀表面上，并且在吸附后可能分子结构的改变而引起颜色的变化，从而指示滴定终点。如用 $AgNO_3$ 滴定液滴定 Cl^- 时，可采用荧光黄作指示剂。荧光黄是一种有机弱酸，用 HFIn 表示。

终点前 Cl^- 过量 $AgCl \cdot Cl + FIn^-$（黄绿色）

终点时 Ag^+ 过量　　　　$AgCl \cdot Ag^+ + FIn^- \rightarrow AgCl \cdot Ag^+ \cdot FIn^-$（粉红色）

如果用 NaCl 滴定 Ag^+，则颜色的变化恰好相反。

复习测试题

一、填空

1. 滴定度用________符号表示，它是指________。
2. 按药典规定，精密标定的滴定液（如盐酸以及浓度）正确表示为________。
3. 亚硝酸钠法测定样品含量时，需控制滴定速度，在________范围内最宜。
4. 采用亚硝酸钠法（重氮化法）测定磺胺嘧啶时常加入 KBr，其目的是________。
5. 永停滴定法中使用的电极系统是________电极。
6. 药典收载的磺胺嘧啶及其片剂用________法测定含量，________法指示终点。
7. 亚硝酸钠法是以________为滴定液，在________存在下，测定________类药物的氧化还原滴定法。
8. 沉淀滴定法是以沉淀反应为基础的一种滴定分析法，常用________法。
9. 电位滴定法中水溶液氧化还原法采用________电极系统，非水溶液中和法采用________电极系统，永停滴定法应采用________电极系统。
10. 配制亚硝酸钠滴定液（0.1 mol/L）中加入________作为稳定剂。
11. 沉淀滴定法主要用于________的测定。

二、简答题

1. 药典中滴定度是如何表示的？浓度校正因子（F）在含量计算中是如何应用的？
2. 举例说明永停滴定法的具体操作。
3. 配位滴定法的基本原理是什么？
4. 试述滴定分析的常用计算方法。
5. 取磺胺嘧啶 0.501 8 g，照永停滴定法，用亚硝酸钠滴定液（0.1 mol/L）滴定至终点，用去 19.92 mL。每 1 mL 亚硝酸钠滴定液（0.1 mol/L）相当于 25.03 mg 的 $C_{10}H_{10}N_4O_2S$，求磺胺嘧啶的百分含量是多少？

学习子情境 6.3　紫外分光光度法

学习任务

维生素 B_{12} 注射液含量测定。

仪器与用具

760-CRT 型紫外-可见分光光度计。

实验材料

维生素 B_{12}注射液。

操作方法

1. 仪器操作步骤

(1)初始化 包括波长原点检测、狭缝原点检测、能量检测、波长零点查寻和基线校准。

(2)波长扫描参数设置 包括测量方式、纵坐标范围、波长范围、扫描速度、灯切换波长、狭缝宽度、采样间隔、扫描方式、重复次数、显示保存提示、间隔时间、灯状态。

(3)测量波长的选择 主要工作模式分为基线校准、调零、设定波长、开始扫描。

(4)定量分析工作模式 主要包括分析方式、参数设置、曲线类型、图谱处理、数据处理五项,通过标样设定与测试生成标准曲线。

2. 含量测定

精密量取本品适量,加水制成每 1 mL 中含 25 μg 的溶液中,在 361 nm 处测定吸收度,按 $C_{63}H_{88}CoN_{14}O_{14}P$ 的吸收系数($E_{1cm}^{1\%}$)为 207 计算,即得。

注意事项

(1)仪器(图 6-3)在自检过程中,不得打开样品室,并确定样品槽中无样品。

(2)在使用仪器进行液体样品分析前后都应检查是否有溶剂累积在样品室内液体接收器(凹板)中,以避免蒸发的蒸汽充满在样品室的光路中,而引起测量误差。

(3)每周一次检查样品室光路进、出石英窗是否有灰尘,清洗时用干净的纱布浸些无水乙醇擦洗。

(4)每年用波长为 486.0 nm 和 656.1 nm 的氘灯谱线进行一次波长准确度检查。

(5)光源灯的更换应注意不要碰到附近的灯源切换镜,拿灯时应戴手套,以免指纹留在透光面上,而吸收灯辐射能量。

图 6-3 760-CRT 型紫外-可见分光光度计

应用示例

[示例 6-11] 地克珠利溶液含量测定。

1. 紫外吸收光谱

精密称取地克珠利对照品适量,加 10 mL 四氢呋喃溶解后以甲醇制成 15 μg/mL 的溶液,另取不含地克珠利的样品同法制成阴性对照液。在 200～400 nm 波长范围内扫描,其中在 277 nm 波长处吸收最大,而阴性对照在此波长处无吸收,故选 277 nm 为测定波长(图 6-4)。

2. 标准曲线的制备

精密称取地克珠利对照品 10 mg,置于 100 mL 棕色容量瓶中,加 10 mL 四氢呋喃溶解后,以甲醇定容,制成 100 μg/mL 的溶液,精密吸取此液,分别配制成 5、10、15、20、25 μg/mL 的标准液,以相应比例的四氢呋喃-甲醇混合液作为空白对照液,在 277 nm 处测吸收度,制备标准曲线(表 6-5)。

表 6-5　标准曲线($n=5$)

c(μg/mL)	5	10	15	20	25
A	0.190	0.378	0.562	0.752	0.936

其回归方程为：

$$A=0.0038+0.0373c\ (r=0.9999)$$

结果表明，地克珠利在 5～25 μg/mL 浓度范围内，吸收度与浓度呈良好线性关系。

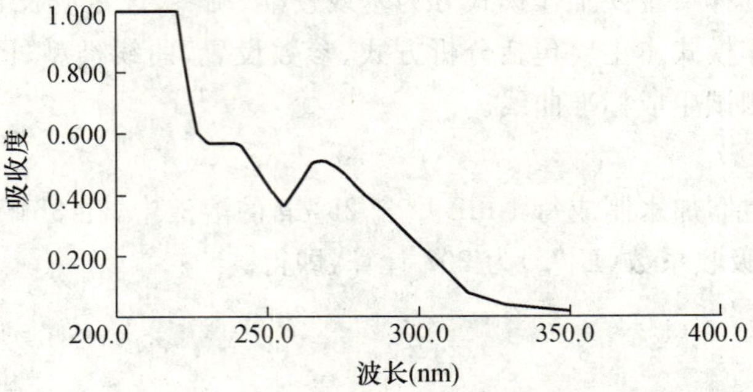

图 6-4　地克珠利紫外光谱图

3. 样品的测定

精密量取样品适量(约相当地克珠利 10 mg)置于 100 mL 棕色容量瓶中，加 10 mL 四氢呋喃溶解后，以甲醇定容到刻度，摇匀。精密吸取 15 mL，置于 100 mL 棕色容量瓶中，以甲醇定容到刻度，摇匀。以四氢呋喃-甲醇(1.5∶98.5)为空白，在 277 nm 处测吸收度；另取地克珠利对照品适量，同法制成 15 μg/mL 的对照品溶液，同法测定，根据两者吸收度比值计算。

$$\text{含地克珠利为标示量的百分数}=\frac{A_{供}\times W_{对}\times \text{对照品纯度}\times \text{供试品稀释倍数}}{A_{对}\times W_{供}\times \text{标示量}\times \text{对照品稀释倍数}}\times 100\%$$

检验记录示例

成品检验记录附页

文件编码：　　　　　　　　　　【含量测定】　　　　　　　　　　第　页　共　页

测定日期		室温(℃)		湿度(%)	
标准规定	照《分光光度法检验操作规程》依法测定，含痢菌净($C_{11}H_{10}N_2O_3$)应为标示量的 93.0%～107.0%。				
天平编号		分光光度计编号		干燥箱编号	
对照品名称	乙酰甲喹	移液管编号		容量瓶编号	
对照品来源		对照品批号		对照品称重	
干燥方式	℃干燥至恒重			$W_{对}$(g)	
对照品纯度(%)				稀释倍数	

续表

测定日期		室温(℃)		湿度(%)	
测定波长(nm)				吸收度 $A_{对}$	
供试品标示量				允许相对偏差	1.0%
实验记录	1　　　　2 纸+供试品重(g) 纸重(g) 供试品重(g) 稀释倍数 测定波长(nm) 吸收度 $A_{供}$				
含量(%)					
报告平均值(%)					
相对偏差(%)					
含量测定计算公式	$\frac{A_{供}\times W_{对}\times 对照品纯度\times 供试品稀释倍数}{A_{对}\times W_{供}\times 供试品标示量\times 对照品稀释倍数}\times 100\%$				
相对偏差计算公式	$\frac{\mid 含量_1-含量_2\mid}{含量_1+含量_2}\times 100\%$				
判定					

检验人：　　　　　　复核人：

理论参考

1. 基本原理

紫外-可见分光光度法是通过被测物质在紫外-可见光区的特定波长或一定波长范围内光的吸收度，对该物质进行定性和定量分析的方法。本法在药品检验中主要用于药品的鉴别、检查和含量测定。

紫外-可见分光光度法定量分析的理论依据为吸收定律，即朗伯-比尔（Lambert-Beer）定律，其数学表达式为：

$$A=\lg\frac{l}{T}=Ecl$$

式中：A 为吸收度；T 为透光率；E 为吸收系数；c 为溶液浓度；l 为光路长度。

如溶液的浓度(c)为 1%(g/mL)，光路长度(l)为 1 cm，相应的吸收系数，以百分吸收系数 $E_{1\,cm}^{1\%}$ 表示。如溶液的浓度(c)为摩尔浓度(mol/L)，光路长度(l)为 1 cm 时，则相应的吸收系数为摩尔吸收系数，以 ε 表示。

同一物质在同一波长时，摩尔系数与百分吸收系数可以按下式进行换算：

$$E_{1\,cm}^{1\%}=\frac{\varepsilon\times 10}{M}$$

式中：M 为吸光物质的摩尔质量。

如果溶液中同时存在两种或两种以上吸光物质时，则总吸收度是各共存物吸收度的和，而各组分的吸收度由各自的浓度与吸收系数所决定。吸收度的这种加合性质是计算分光光度法测定混合组分的依据。

2. 紫外-可见分光光度计

(1)主要部件　紫外-可见分光光度计基本结构由光源、单色器、吸收池、检测器、信号显示系统 5 个部分构成。

①光源

a. 钨灯或碘钨灯　钨灯最适宜的使用波长范围为 320～1 000 nm。其发出光的强度分布随灯丝温度的变化而变化，温度增高，总强度增大，但高温影响灯的寿命。卤钨灯的发光强度比钨灯高，灯泡内含碘或溴的低压蒸气，可延长钨丝的使用寿命。

b. 氢灯或氘灯　氢灯发射 150～400 nm 的连续光谱。由于玻璃吸收紫外光，故灯泡必须具有石英窗或用石英灯管制成，且有固定的发射方向，安装时必须仔细校正，接触灯管时应戴手套以防留下污迹。

氘灯是最常用的紫外光光源，它能发出光的波长范围一般为 190～400 nm，使用波长范围一般为 190～360 nm，它的发光强度和灯的使用寿命比氢灯增加 2～3 倍。

②单色器　单色器由入射狭缝、出射狭缝、色散元件和准直镜等部分组成。单色器质量的优劣，主要决定于色散元件的质量。色散元件常用棱镜和光栅。

a. 棱镜　光束通过入射狭缝，经准直透镜使其成为平行光后通过棱镜，产生折射而色散，从而将复合光按波长顺序分解为单色光，然后通过聚焦透镜及出射狭缝。移动棱镜或出射狭缝的位置，就可使所需波长的光经出射狭缝而照射到试样溶液上(图 6-5)。

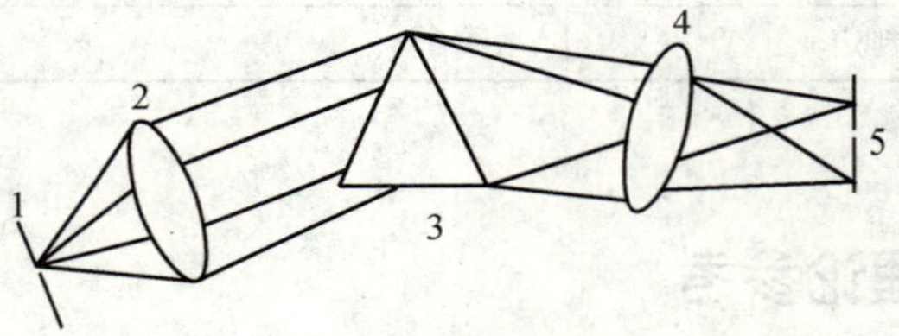

图 6-5　棱镜单色器的原理示意图

1. 入射狭缝　2. 准直透镜　3. 棱镜　4. 聚焦棱镜　5. 出射狭缝

可见光范围常采用玻璃棱镜，石英棱镜在紫外光区有很好的色散作用，而且也适用于可见光区和近红外光区。

b. 光栅　光栅是在高度抛光的表面上刻出大量平行、等距离的槽。它是利用光的衍射与干涉作用制成的。射到每一条槽上的光被衍射或散开成一定的角度，在其中的某些方向产生干涉作用，使不同波长的光有不同方向，出现各级明暗条纹形成光栅的各级衍射光谱。

光栅单色器的分辨率比棱镜单色器的分辨率高，可精确至 0.2 nm，而且可用的波长范围也比棱镜单色器宽。

③吸收池　吸收池又称比色皿或比色杯。可见光区用玻璃吸收池，紫外光区用石英吸收池。形状以长方体最普遍。

技能链接

吸收池的清洗方法：用后立即用水冲洗，然后用擦镜纸擦干。有色物质可采用 3 mol/L 的盐酸和等体积的酒精混合溶液洗涤，再用纯化水冲洗。

对吸收池有如下要求:要求透光面光洁无磨损污染。由几个厚度相同的配成一套,要求透光性一致,厚度一致。透光性一致是指吸收池在不装溶液或装空白溶液时的透光率相同。厚度一致是指各个透光性一致的比色皿盛装同一个吸光溶液,测得的吸收度相同。

④检测器

a. 光电池 它的优点是简单、价格便宜,使用方便,光电池受光照射产生的电流颇大,不需要附加电源,可直接用微电流计量出。它的缺点是它的灵敏度不高,响应时间较长、有疲劳效应(即照射光强度不变而产生的光电流会逐渐下降),因此使用时不宜长期照射,随用随关。严重时须更换新的光电池。光电池的组成种类繁多,最常见的是硒光电池(图 6-6)。

b. 光电管 光电管灵敏度比光电池高,光电管是由一个阳极和一个光敏阴极组成的真空(或充有少量惰性气体)二极管。阴极表面镀有碱金属或碱金属氧化物等光敏材料。由于所采用的阴极材料光敏性能不同,可分为红敏(适用波长范围为 625～1 000 nm)和紫敏(适用波长范围为 200～625 nm)两类。具有灵敏度高、光敏范围广、不易疲劳等优点(图 6-7)。

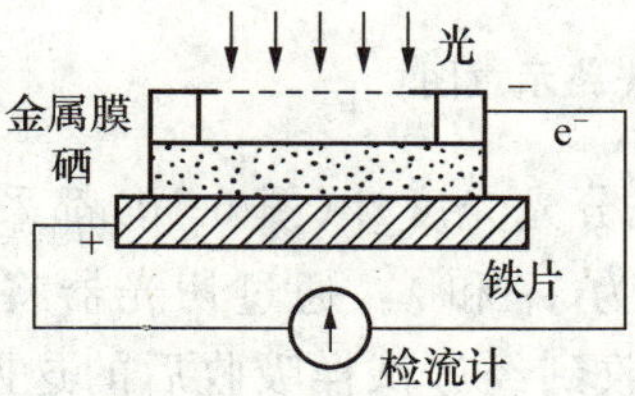

图 6-6 硒光电池示意图

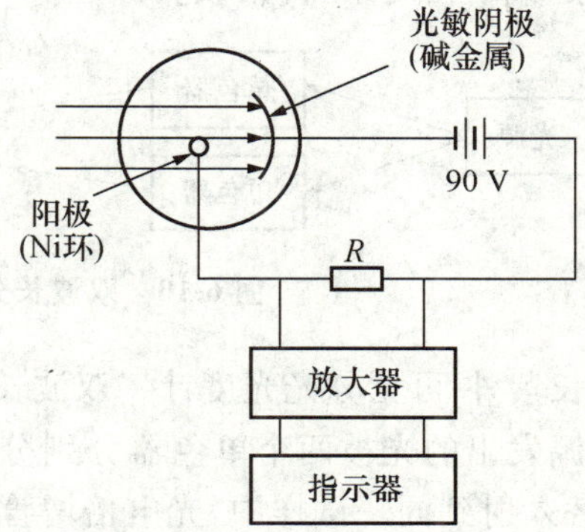

图 6-7 光电管示意图

c. 光电倍增管 光电倍增管的原理和光电管相似,但在涂有光敏金属的阴极和阳极之间还有几个倍增极。不仅灵敏度比普通光电管高,而且响应速度快,是目前高、中档分光光度计中最常用的一种检测器。

d. 光电二极管阵列检测器 是在晶体硅上紧密排列一系列光二极管检测管,例如 HP8452A 型二极管阵列,在 190～820 nm 范围内,由 316 个二极管组成,在极短时间内,就可获得全光光谱。是紫外-可见分光光度计检测的一个重要进展,代表了最新的发展水平。

⑤信号显示系统 信号显示系统就是将检测器输出的信号放大,并显示出来的装置。现代紫外-可见分光光度计的信号显示系统,一般都是在放大器后面接一只 V/D 变换器,把经过放大器放大的电压信号变成数字信号,再送给计算机进行处理,最后再输送到打印机打印出结果。

(2)仪器类型

①单光束紫外-可见分光光度计 单光束紫外-可见分光光度计工作时,一条光路,先通过参比溶液,再通过试样溶液进行光强度的测量(图 6-8)。

②双光束紫外-可见分光光度计 从单色器射出的单色光,用一个切光器将它分成两束交替断续的单色光束,使一路通过参比溶液,另一路通过样品溶液。然后由检测器交替接收参比信号和样品信号。接收的光信号转变成电信号后,由前置放大器放大,并进一步解调、放大、补

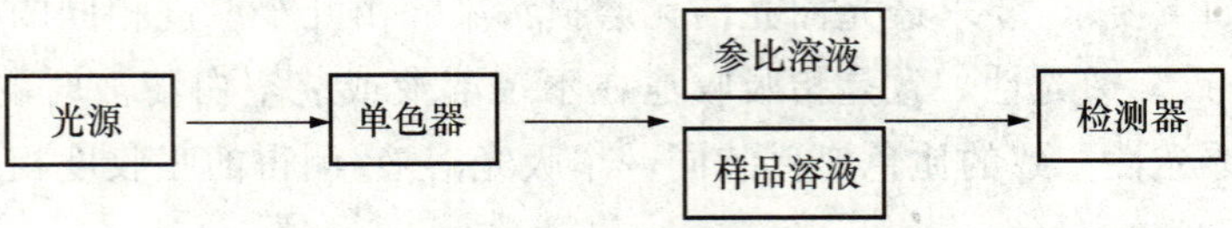

图 6-8　单光束分光光度计光路示意图

偿等，最后由显示系统显示（图 6-9）。

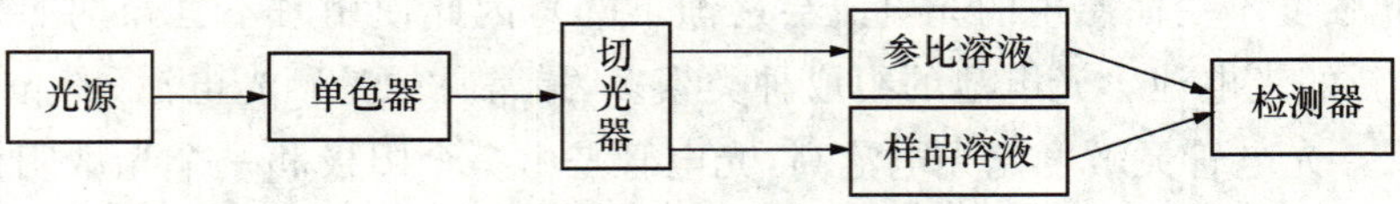

图 6-9　双光束分光光度计光路示意图

由于有两束光，所以对光源波动、杂散光、电子学噪声等影响都能部分抵消，所以灵敏度仍然很好。但是其结构复杂、价格较贵。

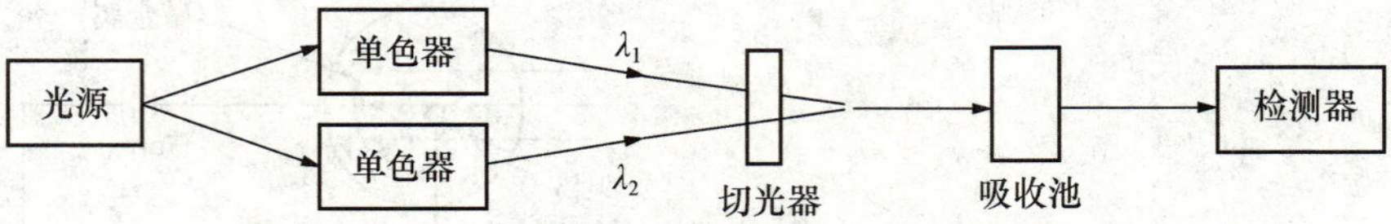

图 6-10　双波长分光光度计光路示意图

③双波长紫外-可见分光光度计　双波长紫外-可见分光光度计（图 6-10）都采用两个并列单色器。光源发出的光被两个单色器分别分离出波长为 λ_1 和 λ_2，通过切光器将两束单色光 λ_1 和 λ_2 交替入射到同一试样中，光电倍增管交替的接收到经过试样吸收后的这两束单色光，并把它们变成电信号。由检测器显示出试液在波长 λ_1 和 λ_2 透射比或吸光度。利用吸光度的差值 ΔA 与浓度的正比关系测定含量。双波长分光光度计主要适用于试样的多组分测量。

拓展训练项目

1. 定性鉴别

(1)对比吸收光谱特征数据　可以对比紫外光谱的 λ_{max}、λ_{min}、ε 或 E 以及吸收峰的数目、形状等，最常用于鉴别的光谱特征数据是 λ_{max}。紫外-可见光谱的专属性不太强，所以常用几个特征数据来鉴别，以提高专属性。无紫外吸收有时也可作为鉴别特征，有的药物可以利用水解等化学变化所得产物的紫外吸收特征来鉴别。

[示例 6-12]　三氮脒。

取本品，加水制成每 1 mL 中约含 10 μg 的溶液，照紫外-可见分光光度法，在 370 nm 的波长处有最大吸收，其吸收度约为 0.65。

[示例 6-13]　盐酸土霉素。

取本品，加氯化钾溶液（取 0.2 mol/L 氯化钾液 250 mL 与 0.2 mol/L 盐酸液 53 mL，加水稀释成 1 000 mL）制成每 1 mL 中约含 20 μg 的溶液，照分光光度法，在 353 nm 的波长处有最大吸收，吸收度为 0.54～0.58。

[示例 6-14]　庆大霉素。

分子中无共轭双键系统，则在紫外区应无吸收。

(2)对比吸收度(或吸收系数)的比值　不止一个吸收峰的化合物可用在不同吸收峰处(或峰与谷)测得吸收度的比值作为鉴别的依据,因为用的是同一浓度的溶液和同一厚度的吸收池,取吸收度比值也就是吸收系数比值,可消去浓度与厚度的影响。有时可将光谱特征数据和吸收度比值相结合以提高可靠性。

[示例 6-15]　维生素 B_{12}。

取含量测定项下的溶液,照紫外-可见分光光度法测定,在 278 nm、361 nm 与 550 nm 的波长处有最大吸收。361 nm 的吸收度与 278 nm 的吸收度之比应为 1.70～1.88;361 nm 的吸收度与 550 nm 的吸收度之比应为 3.15～3.45。

(3)对比吸收光谱的一致性　将试样与已知标准品配制成相同浓度的溶液,在同一条件下分别描绘吸收光谱,核对其一致性。也可利用文献所载的标准图谱进行核对,只有在光谱曲线完全一致的情况下才有可能是同一物质,若光谱曲线有差异,则可认为试样与标准品并非同一物质。

[示例 6-16]　醋酸可的松、醋酸泼尼松与醋酸氢化可的松。

分别精密称定,加无水乙醇溶解并定量稀释制成每 1 mL 含有 10 μg 的溶液,在 238 nm、240 nm、241 nm 的波长处测定吸光度,三者有几乎完全相同的 λ_{max}(240 nm)、$E_{1cm}^{1\%}$值(390)和 ε 值(1.57×10^4),但从吸收光谱曲线上可以看出其中的某些差别,从而对三者加以鉴别,测定结果见表 6-6。

表 6-6　醋酸可的松、醋酸泼尼松与醋酸氢化可的松吸收光谱特点

测定波长(λ)	测定结果($E_{1cm}^{1\%}$)		
	醋酸可的松	醋酸泼尼松	醋酸氢化可的松
238 nm	375～405	373～397	—
241 nm	—	—	383～407
240 nm	最大吸收	最大吸收	最大吸收

2. 杂质检查

(1)杂质检查　可以根据药物与杂质紫外-可见光谱的差异来检查杂质。如果杂质有吸收而药物无吸收,或杂质吸收峰与药物吸收峰互不干扰,可在杂质吸收峰处检出杂质。

若药物有较强的吸收峰,而所含杂质在此波长处无吸收峰或吸收很弱,杂质的存在将使药物的吸收系数值降低;若杂质在此吸收峰处有比药物更强的吸收,则将使吸收系数值增大;有吸收的杂质也可能使药物的吸收光谱变形。这些都可用作检查杂质是否存在的方法。但是,被检查的药物必须已经鉴别确证之后,方能认为光谱数据或形状的改变是由杂质存在所致。

[示例 6-17]　盐酸土霉素。

杂质吸光度　取本品,加 0.1 mol/L 盐酸甲醇溶液(1→100)制成每 1 mL 中含有 2.0 mg 的溶液,照紫外-可见分光光度法测定,1 h 内,在 430 nm 的波长处测定,吸光度不得过 0.50。另取上述盐酸甲醇溶液制成每 1 mL 中含有 10 mg 的溶液,照上法在 490 nm 的波长处测定,吸收度不得过 0.20。

[示例 6-18]　葡萄糖注射液。

5-羟甲基糠醛的检查　精密量取本品适量(约相当于葡萄糖 1.0 g),置 100 mL 量瓶中,加水稀释至刻度，摇匀，照紫外-可见分光光度法，在 284 nm 的波长处测定，吸光度不得大于 0.32。

[示例 6-19] 盐酸四环素。

杂质吸光度 取本品，在 20～25℃时加 0.8%氢氧化钠溶液，制成每 1 mL 中约含 10 mg 的溶液，照紫外-可见分光光度法，置 4 cm 的吸收池中，在 530 nm 的波长处测定，自加 0.8%氢氧化钠液起 5 min 时，其吸光度不得过 0.12(供注射用)。

(2)杂质的限量测定 药物中的杂质，常允许其存在一定的限量。若杂质在某一波长处有最大吸收，而药物在此波长无吸收，可以通过控制供试品溶液杂质特征吸收波长处的吸收度来控制杂质的量。有时用峰谷吸收度的比值控制杂质的限量。

[示例 6-20] 肾上腺素。

在合成过程中可能引入杂质肾上腺酮而影响疗效。因此，肾上腺酮的量必须规定在某一限量之下。在 HCl 溶液中肾上腺素与肾上腺酮的紫外吸收光谱有显著不同，在 310 nm 处，肾上腺酮有吸收峰，而肾上腺素没有吸收。可利用 310 nm 的吸收检测肾上腺酮的混入量。

该法是将肾上腺素用 HCl(9→2 000)制成每 1 mL 含 2.0 mg 的溶液，照紫外-可见分光光度法在 310 nm 处测定吸光度不得超过 0.05。

[示例 6-21] 碘解磷定注射液。

分解产物的检查 有很多杂质，包括顺式异构体、中间体等，在碘解磷定的最大吸收波长 294 nm 处，这些杂质几乎没有吸收，但在碘解磷定的吸收谷 262 nm 处有一些吸收，因此就可利用碘解磷定的峰谷吸收度之比作为杂质的限量检查指标。

取含量测定下的溶液，在 1 h 内，照紫外-可见分光光度法，在 294 nm、262 nm 的波长处分别测定吸光度，其比值应不小于 3.1。

3. 含量测定

(1)对照品比较法 按各品种项下的方法，分别配制供试品溶液和对照品溶液，对照品溶液中所含被测成分的量应为供试品溶液中被测成分规定量的 100%±10%，所用溶剂也应完全一致，在规定的波长处测定供试品溶液和对照品溶液的吸光度后，按下式计算供试品中被测溶液的浓度，再计算含量。

$$A_{样品}/A_{对照}=c_{样品}/c_{对照}$$
$$c_{样品}=A_{样品}\times c_{对照}/A_{对照}$$

式中：A 为吸收度值；c 为测试液浓度(以 mg/mL 计)。

(2)吸收系数法 按各品种项下的方法配制供试品溶液，在规定的波长处测定其吸光度，再以该品种在规定条件下的吸收系数计算含量。用本法测定时，吸收系数通常应大于 100，并注意仪器的校正和检定。

[示例 6-22] 维生素 B_{12} 的水溶液在 361 nm 处的 $E_{1\,cm}^{1\%}$ 值是 207，盛于 1 cm 吸收池中，测得溶液的吸收度为 0.414，则溶液浓度是多少？

$$c=\frac{A}{El}=\frac{0.414}{207\times1}=0.002\ \text{g/100 mL}$$

应注意计算结果是 100 mL 中的质量(g)，这是百分吸收系数的定义所决定的。若用 ε 是每升中所含的摩尔数。

［示例 6-23］ 硝酸士的宁注射液的含量测定。

精密量取本品适量，加水制成每 1 mL 中含 16 μg 的溶液，照分光光度法，在 254 nm 处测定吸收度，按 $C_{21}H_{22}N_2O_2 \cdot HNO_3$ 的吸收系数($E_{1cm}^{1\%}$)为 316 计算，即得。本品规格为 1 mL∶2 mg 或 10 mL∶20 mg。

$$含量计算公式：\frac{A\times 稀释倍数}{取样量\times 标示量\times E_{1cm}^{1\%}\times 100}\times 100\%$$

［示例 6-24］ 马来酸氯苯那敏注射液的含量测定。

精密量取本品适量，加盐酸溶液(稀盐酸 1→100)制成每 1 mL 中约含 20 μg 的溶液，照分光光度法，在 264 nm 的波长处测定吸收度，按 $C_{16}H_{19}ClN_2 \cdot C_4H_4O_4$ 吸收系数($E_{1cm}^{1\%}$)为 217 计算，即得。本品规格为 1 mL∶10 mg 或 2 mL∶20 mg。

(3)计算分光光度法　常采用双波长法(图 6-11)。吸收光谱重叠的 a、b 两组分混合物中，若要消除 b 的干扰以测定 a，可从 b 的吸收光谱上选择两个吸收度相等的波长 λ_1 和 λ_2，测定混合物的吸收度差值，然后根据 ΔA 值来计算 a 的含量。

波长的选择必须符合两个基本条件：①干扰组分 b 在这两个波长应具有相同的吸收度；②待测组分在这两个波长处的吸收度差值应足够大。

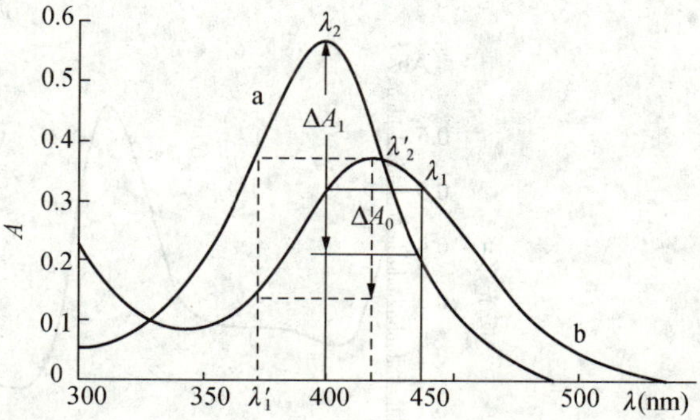

图 6-11　作图法选择 λ_1 和 λ_2

［示例 6-25］ 双波长法测定复方恩诺沙星可溶性粉中恩诺沙星和盐酸多西环素的含量。

制备多西环素对照品溶液(6 μg/mL)、恩诺沙星对照品溶液(6 μg/mL)、混合对照液(含多西环素 6 μg/mL、恩诺沙星 6 μg/mL)，均于 200～400 nm 的波长范围扫描。扫描结果：多西环素于 270.0 nm、373.0 nm 波长处有最大吸收；恩诺沙星于 270.0 nm、322.0 nm、333.6 nm 波长处有最大吸收，在 373.0 nm 波长处无吸收；混合对照液于 270.0 nm、322.0 nm、333.6 nm、373.0 nm 波长处有最大吸收(图 6-12)。

多西环素在 373.0 nm 波长处有吸收峰，而恩诺沙星在此无吸收，可在此波长测定多西环素的含量。在 270.0 nm 波长处两组分吸收重叠，且多西环素在此波长与在 373.0 nm 波长处具有等吸收点，故测定 270.0 nm 处吸收度，减去 373.0 nm 处吸收度，得到恩诺沙星吸收度，可用于计算恩诺沙星含量。

(4)比色法　是通过加入适当的显色剂，在规定的波长处测定对照品和供试品溶液的吸光度，按对照品比较法计算供试品浓度的一种方法。

［示例 6-26］ 安痛定注射液中安替比林的含量测定。

精密量取本品 5 mL，置 250 mL 量瓶中，加水稀释至刻度，摇匀，作为供试品溶液；另取安替比林对照品约 0.1 g，精密称定，至 250 mL 量瓶中，加水溶解并稀释至刻度，摇匀，作为对照品溶液。精密量取对照品溶液与供试品溶液各 5 mL，分别置 25 mL 量瓶中，各加入对二甲氨基苯甲醛试液[取对二甲氨基苯甲醛 0.5 g，溶于硫酸液(1→3)26 mL 中 6 mL，摇匀，在不低于 25℃下放置 1 h 后加水稀释至刻度，摇匀]。用水作空白，照紫外-可见分光光度法，在 512 nm

的波长处测定吸光度，计算，即得。

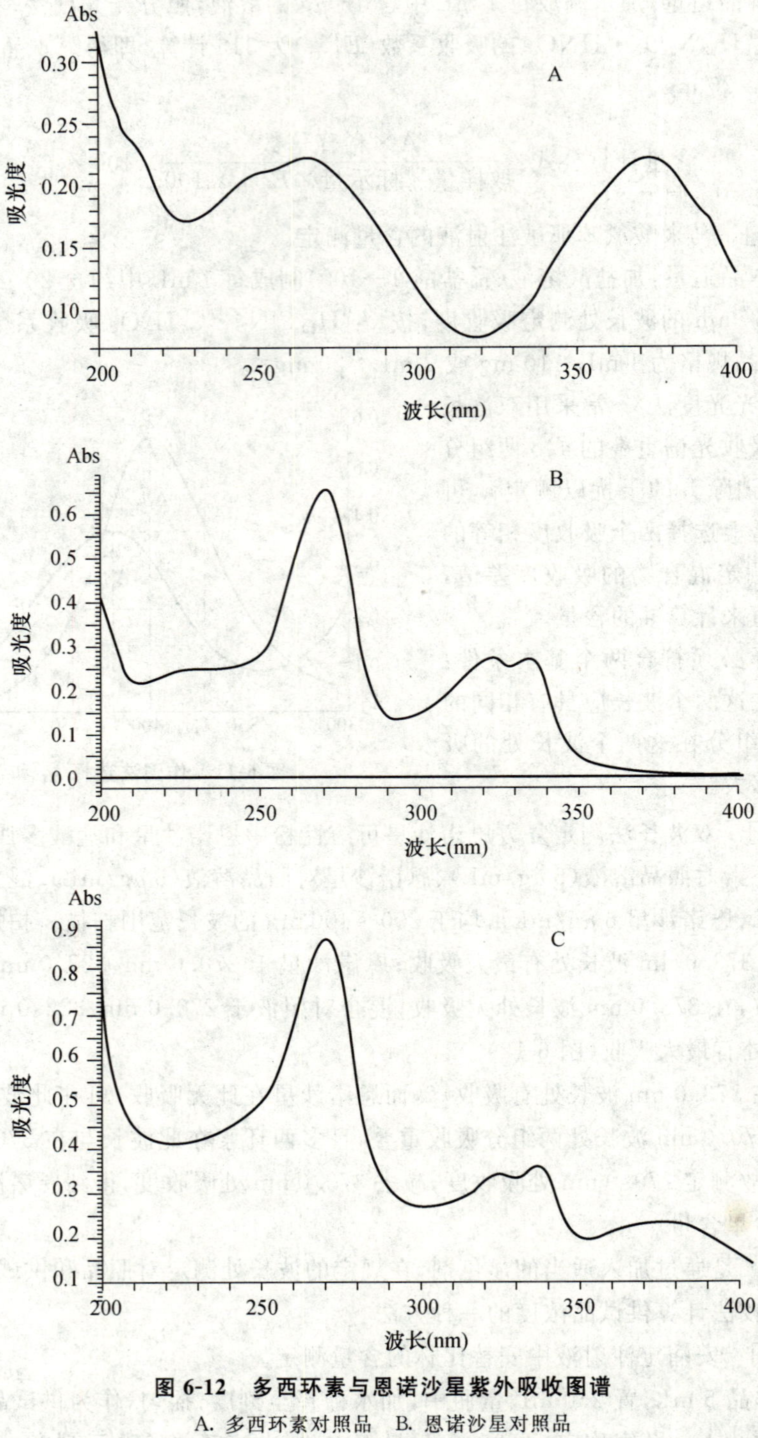

图 6-12 多西环素与恩诺沙星紫外吸收图谱

A. 多西环素对照品 B. 恩诺沙星对照品

C. 多西环素与恩诺沙星混合液

质量标准示例

柴胡注射液

本品为柴胡制成的注射液。每 1 mL 相当于原生药 1 g。

【制法】取柴胡 1 000 g，切断，加水温浸，经水蒸气蒸馏，收集初馏液，再重蒸馏，收集重馏液约 1 000 mL，加 3 g 聚山梨酯 80，搅拌使油完全溶解，再加入 9 g 氯化钠，溶解后，滤过，加注射用水至 1 000 mL，调节 pH，测定吸光度，经滤过，灌封，灭菌，即得。

【性状】本品为无色或微乳白色的澄明液体；气芳香。

【鉴别】(1)取本品各 2 mL，分置甲、乙两试管中，乙管置水浴中蒸干后，残渣加水 2 mL 使溶解。两管各加 0.05%二硝基苯肼的 2 mol/L 盐酸溶液 2 滴，混匀，再分别加入 10%氢氧化钠溶液 4～5 滴，甲管所显葡萄酒红色应比乙管深。

(2)取本品各 2 mL，分置甲乙两试管中，乙管置水浴中蒸干后，残渣加水 2 mL 使溶解。两管各加品红亚硫酸试液 2 滴，混匀，稍放置后，甲管所显玫瑰红色应比乙管深。

【检查】吸光度　精密量取本品 5 mL，置 50 mL 量瓶中，加水至刻度，摇匀，作为供试品溶液。另精密量取本品 5 mL，置蒸发皿中，水浴蒸干，加水使溶解，移入 50 mL 量瓶中，加水至刻度，摇匀，作为空白溶液。照紫外-可见分光光度法测定，在 277 nm 的波长处应有最大吸收，吸光度应不小于 0.45。

pH　应为 4.0～7.0。

其他　应符合注射剂项下有关的各项规定。

【功能】解热。

【主治】感冒发热。

【用法与用量】肌内注射：马、牛 20～40 mL；羊、猪 5～10 mL；犬、猫 1～3 mL。

【贮藏】密封，避光，置阴凉处。

复习测试题

一、填空

1. 紫外-可见分光光度法定量分析的理论依据为________，其表达式为________。

2. 在一定波长下，溶液浓度为________、厚度为 1 cm 时的吸收度，称为百分吸收系数。

3. 常用于可见光区的光源有________，常用于紫外光区的光源有________。

4. 单色器由主要由________、________、________、________部分组成。

5. 色散元件常用________。

6. 可见光区用________吸收池，紫外光区用________吸收池。

7. 在双波长分光光度法中确定测定波长与参比波长的原则是：在待测组分的________选择测定波长 λ_2，在干扰组分的吸收曲线上找到________（参比波长）λ_1，同时待测组分在这两个波长处的 ΔA ________，以能准确定量。

8. 药典用________法测定维生素 B_1 原料的含量，其制剂则采用________法。

9. 紫外-可见分光光度计的工作波长范围通常为________，紫外光区的波长范围是________。

10. 紫外分光光度法检测时，供试品溶液的吸光度以在________之间为宜，因在此范围吸光度读数误差较小。

二、简答题

1. 紫外-可见分光光度法的基本原理是什么？
2. 紫外-可见分光光度计的主要部件有哪些？
3. 紫外-可见分光光度计的类型有哪些？
4. 紫外-可见分光光度法的主要应用有哪些？
5. 何为物质的百分吸收系数？写出其正确的表示符号和计算公式，并说明如何用于药物的定性和定量分析。
6. 举例说明紫外-可见分光光度法的具体操作步骤。

学习子情境 6.4　原子吸收分光光度法

学习任务

维生素 C 中铁的测定。

仪器与用具

原子吸收分光光度计。

实验材料

铁的标准溶液、0.1 mol/L 硝酸溶液。

操作方法

取本品 5.0 g 两份，分别置 25 mL 量瓶中，一份中加 0.1 mol/L 硝酸溶液溶解并稀释至刻度，摇匀，作为供试品溶液(B)；另一份中加标准铁溶液(精密称取硫酸铁铵 863 mg，置 1 000 mL 量瓶中，加 1 mol/L 硫酸溶液 25 mL，加水稀释至刻度，摇匀，精密量取 10 mL，置 100 mL 量瓶中，加水稀释至刻度，摇匀)1.0 mL，加 0.1 mol/L 硝酸溶液溶解并稀释至刻度，摇匀，作为对照溶液(A)。照原子吸收分光光度法，在 248.3 nm 的波长处分别测定，应符合规定。

注意事项

(1)元素灯要轻拿轻放。保持石英窗口洁净，测量中灯室盖不能打开；测量后要使灯完全冷却后才能从灯架上取下存放，灯未完全冷却下不能进行移动；长期不用要每 2～3 个月在工作电流下点燃 1 h，以保障灯的寿命。

(2)乙炔钢瓶在使用时应直立，严禁剧烈振动和撞击；钢瓶应放在工作室外，温度不超过 30～40℃，防止日晒雨淋。

(3)乙炔钢瓶中气体一般0.5～1.5 Mpa，低于0.5 Mpa应灌气，否则会使丙酮挥发对火焰产生干扰；开启钢瓶时，阀门旋开不超过1.5转，防止丙酮逸出；乙炔管道不能用铜，不可有明火。

(4)仪器点火时，先开助燃气，再开燃气；熄火时，先关燃气，再关助燃气。

(5)废液管道的水封要保持良好，不漏气，避免回火。定期检查气路接头和封口是否存在漏气现象，及时解决。

(6)要保持燃烧头的清洁，日常工作后要用蒸馏水冲洗5～10 min；燃烧头有盐类结晶，火焰呈齿形，可用滤纸轻轻刮去，必要时，卸下燃烧头，用1∶1乙醇-丙酮清洗，严禁用酸浸泡。

(7)吸液用的聚乙烯管应保持清洁，无油污，防止弯曲；发现堵塞可用软钢丝清除。

应用示例

1. 工作曲线法

在仪器推荐的浓度范围内，制备含待测元素的对照品溶液至少3份，浓度依次递增，并分别加入各品种项下制备供试品溶液的相应试剂，同时以相应试剂制备空白对照溶液。将仪器按规定启动后，依次测定空白对照溶液和各浓度对照品溶液的吸光度 A，记录读数。以每一浓度3次吸光度读数的平均值为纵坐标、相应浓度 c 为横坐标，绘制标准曲线。按各种项下的规定制备供试品溶液，使待测元素的估计浓度在标准曲线浓度范围内，测定吸光度，取3次平均值，从标准曲线上查得相应的浓度，计算元素的含量(图6-13)。

2. 标准加入法

取同体积按各品种项下规定制备的供试品溶液4份，分别置4个同体积的量瓶中，除(1)号量瓶外，其他量瓶分别精密加入不同浓度的待测元素对照品溶液，分别用去离子水稀释至刻度，制成从零开始递增的一系列溶液。按上述标准曲线法自“将仪器按规定启动后”操作，测定吸光度，记录读数；将吸光度读数与相应的待测元素加入量作图，延长此直线至与含量轴的延长线相交，此交点与原点间的距离即相当于供试品溶液取用量中待测元素的含量。再以此计算供试品中待测元素的含量。此法仅适用于第一法曲线呈线性并通过原点的情况(图6-14)。

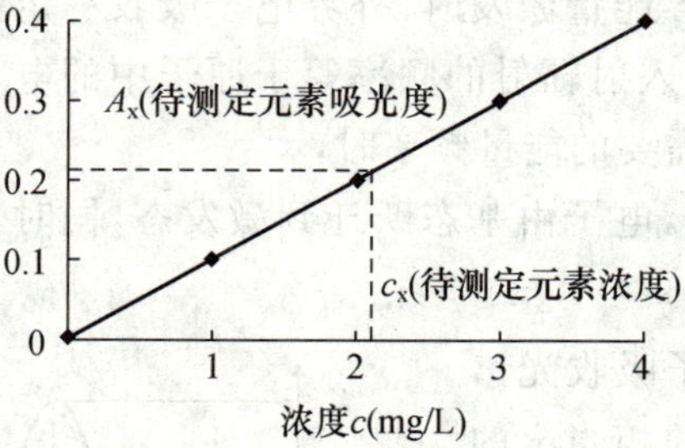

图6-13 标准曲线

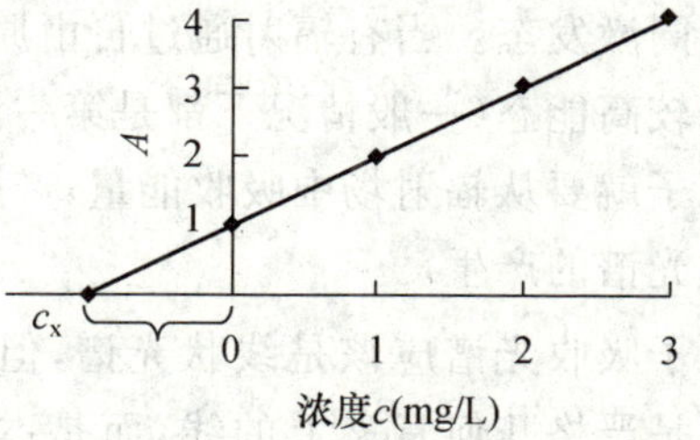

图6-14 标准加入法

当用于杂质限度检查时，取供试品，按各品种项下的规定，制备供试品溶液；另取等量的供试品，加入限度量的待测元素溶液，制成对照品溶液。照上述标准曲线法操作，设对照品溶液的读数为 a，供试品溶液的读数为 b，b 值应小于($a-b$)。

[示例6-27] 维生素C中铜的测定。

取本品2.0 g两份，分别置25 mL量瓶中，一份中加0.1 mol/L硝酸溶液溶解并稀释至刻度，摇匀，作为供试品溶液(B)；另一份中加标准铜溶液(精密称取硫酸铜393 mg，置1 000 mL

量瓶中，用水稀释至刻度，摇匀，精密量取 10 mL，置 100 mL 量瓶中，用水稀释至刻度，摇匀）1.0 mL，用 0.1 mol/L 硝酸溶液溶解并稀释至刻度，摇匀，作为对照溶液（A），照原子吸收分光光度法，在 324.8 nm 的波长处分别测定，应符合规定。

理论参考

原子吸收分光光度法也称原子吸收光谱法（AAS），是基于蒸气相中待测元素的基态原子对其共振辐射的吸收强度来测定试样中该元素含量的一种仪器分析方法，广泛应用于痕量和超痕量元素的测定（表 6-7）。

表 6-7　原子吸收分光光度法的特点

主要特点	火焰原子吸收分光光度法	石墨炉原子吸收分光光度法
检出限低、灵敏度高	检出限约为 10^{-9} g/mL	检出限可达 $10^{-14} \sim 10^{-13}$ g/mL
精密度高	相对误差小于 1%	准确度一般为 3%～5%
用样量少	进样量为 3～6 mL/min，采用微量进样时，进样量可以小至 10～50 μL/min	液体的进样量为 5～20 μL，固体进样量为 0.05～10 mg
选择性好	通常共存元素对待测元素干扰小，若实验条件合适一般在不分离共存元素的条件下直接测定	
抗干扰能力强	一般不存在共存元素的光谱干扰现象	
应用范围广	它可以直接测定 70 多种金属元素，也可以用间接方法测定一些非金属和有机化合物	
快速简便、易于自动化	一般几分钟即可完成一种元素的测定，利用自动原子吸收光谱仪可在 35 min 内连续测定 50 个试样中的 6 种元素	

1. 基本原理

原子核外电子按照能量的高低分层分布，具有不同的能级，因此一个原子有多种能级状态。正常状态下，原子处于最稳定的基态，受到外界能量激发时，外界电子吸收一定能量而跃迁到不同激发态。当有辐射通过自由原子蒸气，且入射辐射的频率等于原子中的电子由基态跃迁到较高能态（一般情况下都是第一激发态）所需要的能量频率时，

原子就要从辐射场中吸收能量，产生共振吸收，电子由基态跃迁到激发态，同时伴随着原子吸收光谱的产生。

原子吸收光谱应该是线状光谱，但实际上原子吸收光谱线并不是严格几何意义上的线，而是占据着有限的相当窄的频率或波长范围，即有一定的宽度。若在各种频率 ν 下，测定吸收系数 K_ν，以 K_ν 为纵坐标，ν 为横坐标的曲线称为吸收曲线（图 6-15）。

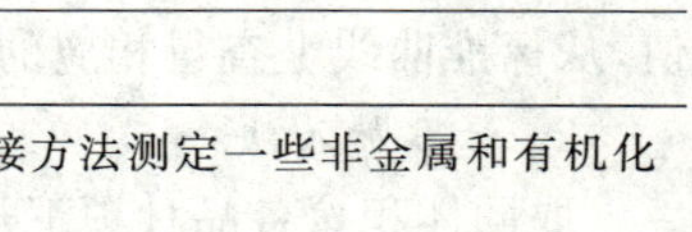

图 6-15　吸收线轮廓

原子吸收光谱的轮廓以原子吸收谱线的中心频率 ν_0 或波长和半宽度 $\Delta\nu$ 来表征。中心频率或波长由原子能级决定。半宽度是指在中心频率或波长的地方，极大吸收系数一半处（$K_0/2$），吸收光谱线轮廓上两点之间的频率差或波长差。

2. 原子吸收分光光度计

原子吸收分光光度计主要由光源、原子化器、单色器、检测系统等四个部分组成。

(1)光源　光源的功能是发射被测元素的特征共振辐射。对光源的基本要求是发射的共振辐射的半宽度要明显小于吸收线的半宽度;辐射强度大、背景低,低于特征共振辐射强度的1%;稳定性好,30 min之内漂移不超过1%;噪声小于0.1%;使用寿命长于5 A·h。空心阴极放电灯是能满足上述各项要求的理想的锐线光源,应用最广。

①空心阴极灯　由被测元素材料制成的空心阴极和一个由钛、锆、钽或其他材料制作的阳极组成(图6-16)。阴极和阳极封闭在带有光学窗口的硬质玻璃管内,管内充有压强为2～10 mm Hg的惰性气体氖或氩,其作用是产生离子撞击阴极,使阴极材料发光。

当在两极之间施加几百伏电压时,便产生辉光放电。在电场作用下,发射出相应元素的特征的共振辐射。

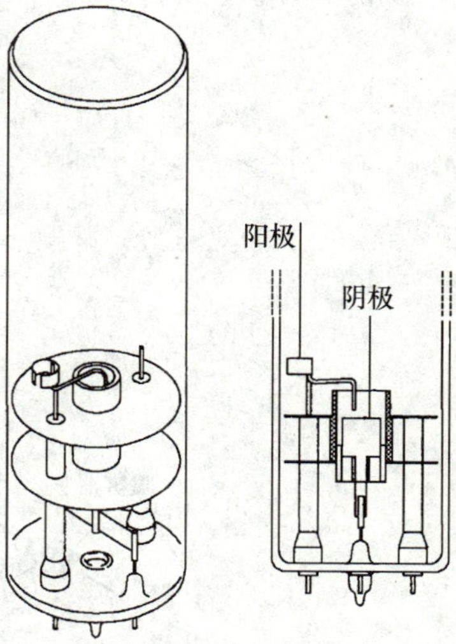

图6-16　空心阴极灯结构示意图

由于原子吸收分析中每测一种元素需换一个灯,很不方便,现亦制成多元素空心阴极灯,但发射强度低于单元素灯,且如果金属组合不当,易产生光谱干扰。

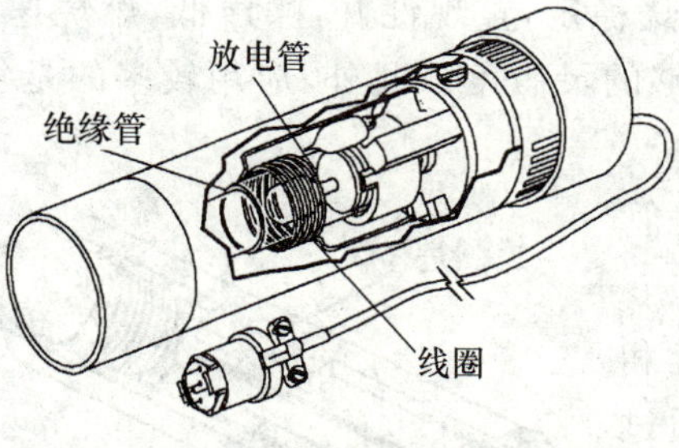

图6-17　无级放电灯结构示意图

②无极放电灯　对于汞、砷、锑等元素的分析,为提高灵敏度,亦常用无极放电灯(图6-17)做光源。无极放电灯是由一个数厘米长、直径5～12 cm的石英玻璃圆管制成。管内装入数毫克待测元素或挥发性盐类,如金属、金属氯化物或碘化物等,抽成真空并充入压力为67～200 Pa的惰性气体氩或氖,制成放电管,将此管装在一个高频发生器的线圈内,并装在一个绝缘的外套里,然后放在一个微波发生器的同步空腔谐振器中。这种灯的强度比空心阴极灯大几个数量级,没有自吸,谱线更纯。

空心阴极灯常采用脉冲供电方式,以改善放电特性,同时便于使有用的原子吸收信号与原子化池的直流发射信号区分开,称为光源调制。在实际工作中,应选择合适的工作电流。使用灯电流过小,放电不稳定;灯电流过大,溅射作用增加,原子蒸气密度增大,谱线变宽,甚至引起自吸,导致测定灵敏度降低,灯寿命缩短。

(2)原子化器　将试样中的待测元素变成气态的基态原子的过程为试样的原子化,完成试样原子化所用的仪器为原子化器。

①火焰原子化器　火焰原子化法中,常用的预混合型原子化器(图6-18)。

由雾化器、混合室和燃烧器组成。雾化器是关键部件,其作用是将试液雾化,使之形成直径为微米级的气溶胶。混合室的作用是使较大的气溶胶在室内凝聚为大的溶珠沿室壁流入泄液管排走,使进入火焰的气溶胶在混合室内充分混合均匀以减少它们进入火焰时对火焰的扰

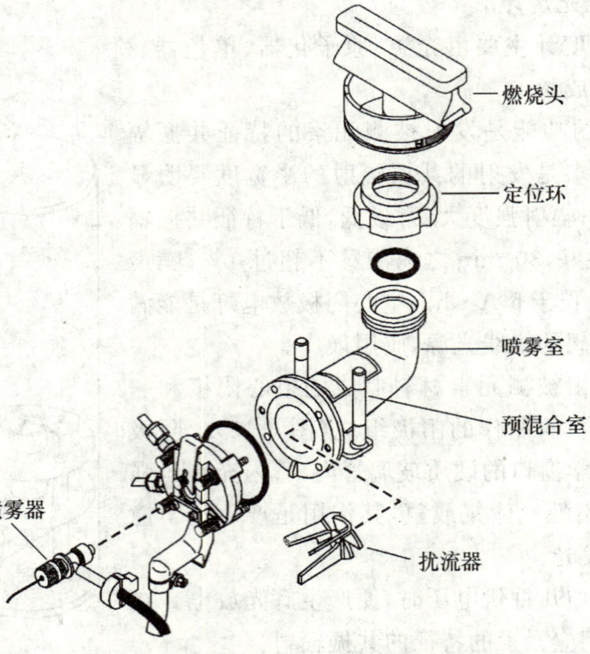

图 6-18　PE-700 AA 火焰原子化器结构示意图

动，并让气溶胶在室内部分蒸发脱溶。燃烧器最常用的是单缝燃烧器，其作用是产生火焰，使进入火焰的气溶胶蒸发和原子化。

原子吸收测定中最常用的火焰是乙炔-空气火焰，燃烧稳定，重现性好，噪声低，燃烧速度不是很大，温度足够高(约 2 300℃)，对大多数元素有足够的灵敏度。此外，应用较多的是氢-空气火焰和乙炔-氧化亚氮高温火焰。

②非火焰原子化器　非火焰原子化法中，常用的是管式石墨炉原子化器(图 6-19)。

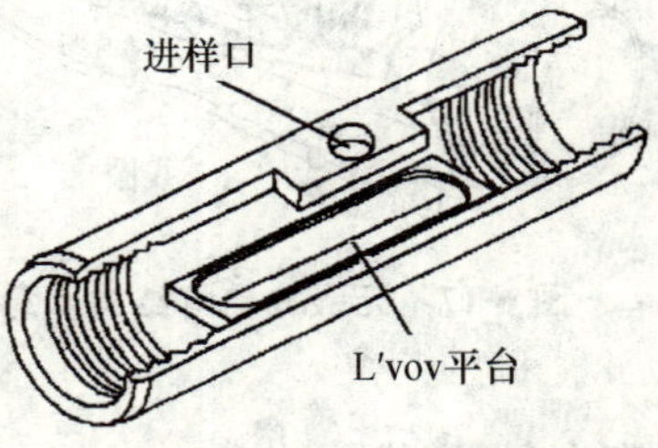

图 6-19　PE-700 AA 石墨管结构图

管式石墨炉原子化器由加热电源、保护气控制系统和石墨管状炉组成。加热电源供给原子化器能量，电流通过石墨管产生高热高温，最高温度可达到 3 000℃。保护气控制系统是控制保护气的，以保护石墨管不被烧蚀，同时保护已原子化的原子不再被氧化，在原子化阶段，停止通气，避免对原子蒸气的稀释。

石墨炉原子化器的操作分为干燥、灰化、原子化和净化四步，由微机控制实行程序升温。

(3)单色器　单色器由入射和出射狭缝、反射镜和色散元件组成，其作用是将所需要的共振吸收线分离出来。分光器的关键部件是色散元件，现在商品仪器都是使用光栅。光栅放置在原子化器之后，以阻止来自原子化器内的所有不需要的辐射进入检测器。

(4)检测系统　原子吸收光谱仪中广泛使用的检测器是光电倍增管，一些仪器也采用电荷耦合检测器(CCD)作为检测器。

(5)原子吸收分光光度计类型　主要有单光束原子吸收分光光度计、双光束原子吸收分光光度计和多波道原子吸收分光光度计 3 种类型。多波道原子吸收分光光度计安装多个“独立”的单色器和检测系统，可对多元素进行同时测定。

①单光束原子吸收分光光度计　单光束仪器光路系统结构简单，共振线在传播过程中辐射能量损失较少，单色器能获得较大的能量，故灵敏度较高、价格低廉、操作简便，易于维护（图6-20）。

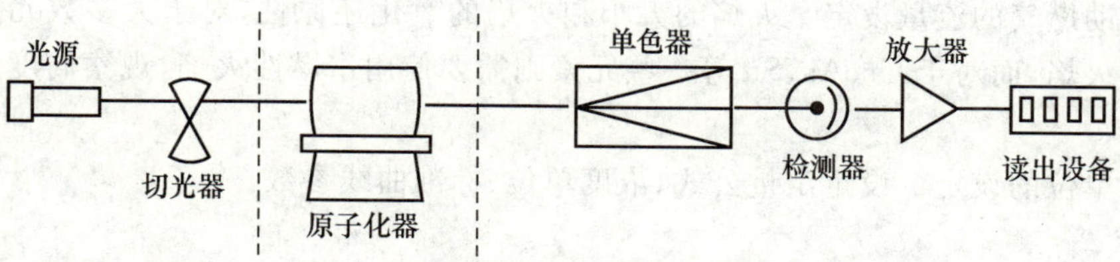

图 6-20　单光束原子吸收分光光度计结构示意图

②双光束原子吸收分光光度计　双光束原子吸收分光光度计由空心阴极灯发射的辐射线，经切光器分为两束光，一束通过火焰，实现原子吸收，为样品光束；另一束不通过火焰，为参比光束。由于两束光由同一光源发出，因此光源的任何波动，检测器灵敏度的任何变动，都由于参比光束的作用得到校正。故双光束仪器具有高信噪比、低检测限，精密度也优于单光束仪器；由于光源无需长时间预热，提高了分析速度，并延长了光源的使用寿命（图 6-21）。

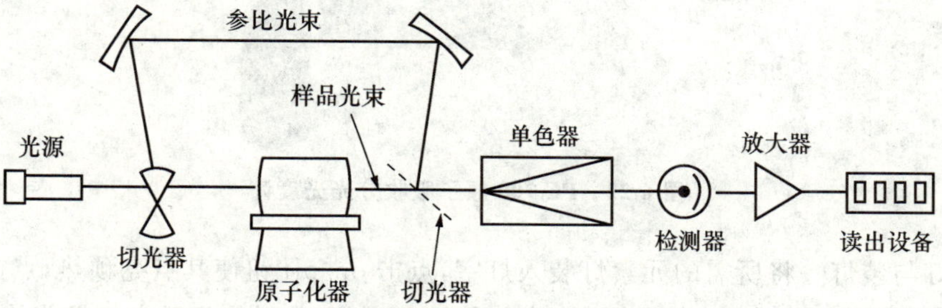

图 6-21　双光束原子吸收分光光度计结构示意图

拓展训练项目

原子吸收分光光度计测定重金属元素铅。

训练内容

1. 仪器用具与试液

PE-700 原子吸收分光光度计（图 6-22）、容量瓶、烧杯等。铅的标准溶液。

2. 操作方法

第一部分　仪器操作

［火焰部分］

(1)开机　开空气压缩机、打开氩气钢瓶阀门，使其次级压力在 350 kPa；进入 WINDOWS 2000 或 WINDOWS XP 界面；待空气压缩机压力达到 500 kPa 后，即可打开原子吸收分光光度计主机开关，此时仪器对石墨炉自动进样器等进行自检；自检完毕后，听到两声清晰的“嘀”声后，开操作软件（点击快捷方式或 Start→Program→Winlab32→Winlab32 Analyst），这是光谱仪对光栅马达等机械部件进行自检，仪器通过自检，可以进入正常的使用状态。

(2)建立方法　File→new→method 按照界面提示选择测定元素、设定元素参数、检测信号、测定类型(火焰为 AA)、测定方式(火焰为时间的平均值 time average),测量时间和灯电流等的参数。

燃气和助燃气的流量设定　火焰的大小和火焰的氧化还原性,对于大多数元素来说建议使用氧化性火焰,而对于 Cr、As、Sn 等一些元素则需要使用富燃性火焰,观察高度选用建议值即可。

公式和单位的设定　设定定量公式、浓度单位、标准曲线参数。

图 6-22　PE-700 原子吸收分光光度计

(3)点灯与装灯　将所需的元素灯装入灯室,点击 on/off 钮使其点亮预热,点击 Set-up 按钮,按照设定好的参数将灯的波长、狭缝、电流等调节到位,此时将显示出灯目前的能量值。一般要求 30～70 之间即可,过大或过小都不适合测定,可以通过调节灯电流的大小重新设定。

(4)点火　空气-乙炔火焰系统通常开启,空压机正常工作,打开乙炔阀门并将次级压力调节为 0.09～0.1 Mpa 之间,然后按点火开关,火焰会自动点燃。

(5)优化仪器条件　对燃烧头的位置,雾化器、燃气流量等进行优化。

(6)样品测定　做校准曲线,调出设定好的方法,依次测定标准曲线的浓度,仪器自动绘制标准曲线。测定样品,将待测样品依次导入原子吸收,测定浓度读数。

(7)熄火与关机　熄火:在样品测定完成后,火焰处于点燃状态同时吸空白 10～15 min,按点火开关熄火,关乙炔钢瓶,放掉仪器管道中残留的乙炔气体。

然后依次关灯→关软件界面→关主机开关→关排风扇→如有必要关计算机。

(8)打印报告　将测定的数据以报告的形式输出。

[石墨炉部分]

(1)开机　确认仪器主机和计算机已经接入到合适的电源,按照下列步骤开机:

开空气压缩机(将空气压缩机电源插入 220 V 电源插座上);

打开氩气钢瓶阀门,使其次级压力在 350～400 kPa 之间;

开计算机显示屏和计算机主机开关,使其进入 WINDOWS 2000 或 WINDOWS XP 界面;

开冷水循环机；

开原子吸收分光光度计主机开关，此时仪器对石墨炉自动进样器等进行自检；

待上述自检完毕后，听到两声清晰的“嘀”声后，开操作软件（点击快捷方式或 Start-Program-Winlab32-Winlab32 Analyst），这是光谱仪对光栅马达等机械部件进行自检，仪器通过自检，可以进入正常的使用状态。

(2)建立方法

①元素设定：选择元素、设定波长、狭缝、信号测定类型（石墨炉为 AA-BG）、测定方式（石墨炉为峰面积 Peak Area），测量时间和灯电流等的参数；

②石墨炉程序设定：设定干燥、灰化、原子化和清除的温度、升温时间和保持时间；

③公式和单位的设定：设定定量公式、浓度单位、标准曲线名称、浓度、自动进样器位置等参数。

(3)点灯与装灯　将所需的元素灯装入灯室，点击 on/off 钮使其点亮预热，点击 Set-up 按钮，按照设定好的参数将灯的波长、狭缝、电流等调节到位，此时将显示出灯目前的能量值（要求元素灯能量和背景氘灯能量值一致）。一般要求 30～70 即可，过大或过小都不适合测定，可以通过调节灯电流的大小重新设定。

(4)老化石墨管　首次使用的石墨管在进样前要先进行老化处理。点击老化按钮，仪器自动启动老化程序。

(5)优化仪器条件　对燃烧头的位置，雾化器、燃气流量等进行优化。

(6)调节自动进样针的位置　调节进样针，使其在样品杯和石墨管中的位置适当。

(7)样品测定　将欲测定的样品溶液和标准溶液放在自动进样器上各自设定好的位置，并建立相应的样品信息文件，调出工作界面，按下自动分析按钮，仪器将按顺序进行曲线校准和样品的自动测定。

(8)关机　关氩气钢瓶、关灯，关软件界面，关主机开关，关排风扇，如有必要关计算机。

(9)打印报告

第二部分　铅的测定

(1)样品处理

常用的消化液：HCl；$HCl+HNO_3$；$HF+HNO_3$；HNO_3；$HCl+HF+HClO_4$。

(2)分析条件

分析线（波长）：283.3 nm；狭缝 0.4 nm；空心阴极灯电流 1.0 mA。

(3)标准溶液制备

1 000 μg/mL 储备液：溶解 1.000 0 g 金属铅(99.9%)于 20 mL(1∶1)硝酸中或 1.598 5 g 硝酸铅于 2%硝酸中，然后用水稀释至 1 L。

分析液：在每次分析前用硝酸酸化水稀释储备液。

(4)火焰标准条件

火焰类型：空气-乙炔，氧化焰（贫燃，蓝色）；燃气压力 0.09 MPa，流量 1.5 L/min；助燃气压力 0.3 MPa，流量 6.5 L/min；火焰高度(mm)5；长度(mm)100；特征浓度(μg/mL)0.068；线性范围(μg/mL)0～5。

(5)石墨炉标准条件　见表 6-8。

表 6-8 原子化程序

步骤	温度(℃)	升温时间(s)	保留时间(s)	内部流量(mL/min)	气体类型
蒸发1	100	5	10	250	氩气
蒸发2	140	10	10	250	氩气
灰化	400	10	10	250	氩气
原子化	1 800	0	5	0	氩气
热除	2 600	1	3	250	氩气

特征质量(pg):10;线性范围(pg):5 000;进样体积(μL):20。

复习测试题

一、填空

1. 原子吸收光谱法是基于蒸气相中待测元素的________对其共振辐射的吸收强度来测定试样中该元素含量的一种仪器分析方法。
2. 原子吸收分光光度计由________、________、________、________等部分组成。
3. 原子吸收测定中最常用的火焰是________火焰。
4. 选用灯电流的一般原则是,在保证________条件下,尽量使用较低的工作电流。
5. 石墨炉原子化器的操作分为________、________、________和________四步。
6. 原子吸收分光光度法的测量对象是呈原子状态的________元素和________元素。
7. 原子吸收分光光度法中常用的原子化器:________、________、________和________。

二、简答题

1. 什么是原子吸收分光光度法?
2. 原子吸收分光光度计的主要部件有哪些?原子吸收分光光度计的类型有几种?
3. 光源的功能是什么?对光源的基本要求有哪些?
4. 何谓试样原子化?试样原子化的方法有哪几种?
5. 试述原子吸收分光光度法常用的定量分析方法。
6. 举例说明原子吸收分光光度计的具体操作步骤。

学习子情境 6.5 液相色谱法

学习任务

阿莫西林的含量测定。

仪器与用具

Agilent 1100LC 液相色谱议，G1311A（四元泵），G1313A（自动进样器），G1316A（柱温箱），G1315A/B(DAD 检测器)。

实验材料

乙腈为色谱纯（ACN），水为双重蒸馏水。阿莫西林对照品、原料。

操作方法

色谱条件与系统适用性试验　用十八烷基硅烷键合硅胶为填充剂；以 0.05 mol/L 磷酸二氢钾溶液（用 2 mol/L 氢氧化钾溶液调节 pH 至 5.0）-乙腈（97.5：2.5）为流动相；检测波长为 254 nm。理论板数按阿莫西林峰计算不低于 2 000。

测定法　取本品约 25 mg，精密称定，置 50 mL 量瓶中，加流动相溶解并定量稀释至刻度，摇匀，精密量取 20 μL，注入液相色谱仪，记录色谱图；另取阿莫西林对照品适量，同法测定。按外标法以峰面积计算出供试品中 $C_{16}H_{19}N_3O_5S$ 的含量。含量计算公式如下：

$$含量=\frac{A_{供}\times W_{对}\times 对照品纯度\times 供试品稀释倍数}{A_{供}\times W_{供}\times 对照品稀释倍数}\times 100\%$$

注意事项

(1)流动相和样品的过滤非常重要，它会对色谱柱、仪器起到保护作用，消除由于污染对分析结果的影响。使用前必须过滤，不要使用多日存放的蒸馏水（易长菌）。

(2)流动相使用前必须进行脱气处理，以除去其中溶解的气体（如 O_2），以防止在洗脱过程中当流动相由色谱柱流至检测器时，因压力降低而产生气泡。气泡会增加基线的噪声，造成灵敏度下降，甚至无法分析。溶解的氧气还会导致样品中某些组分被氧化，柱中固定相发生降解而改变柱的分离性能。若用 FLD，可能会造成荧光猝灭。常用的脱气方法：氦气脱气法、加热回流法、抽真空脱气法、超声脱气法、在线真空脱气法。Agilent 1100LC 真空脱气机利用膜渗透技术，在线脱气，智能控制，无需额外操作，成本低，并适用于多元溶剂体系。

(3)对于手动进样器，当使用缓冲溶液时，要用水冲洗进样口，同时搬动进样阀数次，每次数毫升。安装时六通阀的 5、6 出口要与注射器在同一水平线上，以防止虹吸现象的发生，导致进样量的重复性变异。

(4)带 seal-wash 的 Agilent 1100，要配制 90%水+10%异丙醇，以每分 2～3 滴的速度虹吸排出，溶剂不能干涸。

(5)色谱柱长时间不用，存放时，柱内应充满溶剂，两端封死（如乙腈适于反相色谱柱，正相色谱柱用相应的有机相）。

(6)色谱柱外各种因素主要指从进样到检测器之间的死体积，样品分子的扩散和滞留导致色谱峰的扩展称为柱外展宽。通过采用合适的进样技术如将样品直接注入色谱柱顶端的中心部位；尽可能减少进样器、柱接头、连接管、检测器的体积等以减小柱外效应。更换色谱柱时注意接头处理，一般柱子入口接头为不锈钢卡套接头，柱子出口为不锈钢卡套接头或 PEEK 管线手拧接头，当完成第一次安装后，不锈钢卡套已固定死，当接不同的柱子时，要注意柱子接头处的形状和长度，否则会产生一个非常大的死体积。

应用示例

1. 定性鉴别

(1)利用已知物定性　利用文献报道的保留值数据作为参考，用已知的标准物与未知物在同一色谱条件下直接进行对比；或将已知标准物质加到样品中，若使某一峰增高，并且在改变色谱条件如色谱柱或流动相时，仍能使这个峰增高，则可基本认定这个峰所代表的组分与已知标准物质为同一物质。有一些仪器配有二极管阵列检测器，可利用三维图谱来鉴别，如果未知组分与标准物质的保留时间一样，两者的紫外光谱图也完全一样，则可基本认定是同一物质；如两者保留时间一样，但是紫外光谱图有较大的差别，则两者不是同一物质。

如中国兽药典(2005 年版)中盐酸林可霉素及其注射液、盐酸氨丙啉-乙氧酰胺苯甲酯预混剂、地克珠利预混剂、地塞米松磷酸钠及其注射液、苄星青霉素、红霉素等药物，规定在含量测定项下所得的色谱图中，供试品与对照品主峰的保留时间一致。

(2)与其他方法联合定性　利用专属性化学反应对分离后收集的组分进行官能团定性；或者分别收集各组分的洗脱液，除去流动相，用红外光谱、质谱或核磁共振谱等手段鉴定，目前发展起来的联用技术为复杂体系样品中未知组分的在线解析提供了可能。

2. 含量测定

(1)内标法加校正因子测定供试品中某个杂质或主成分含量　选择适宜的内标物定量加入到样品中，根据待测组分与内标物在检测器上的响应值(峰面积或峰高)之比进行定量分析的方法称为内标法。要求内标物为样品中不存在的物质、不与被测组分起反应、性质尽可能与被测组分相近、内标物的峰与被测组分峰接近、加入量与被测组分相近。

按各品种项下的规定，精密量取一定量内标溶液和对照品溶液，配成校正因子测定用的对照品溶液，取一定量注入仪器，记录色谱图，测量对照品和内标物质的峰面积或峰高，按下式计算出校正因子：

$$\text{校正因子}(f)=\frac{A_s/c_s}{A_R/c_R}$$

式中：A_s 为内标物质的峰面积或峰高；A_R 为对照品的峰面积或峰高；c_s 为内标物质的浓度；c_R 为对照品的浓度。

再将含有内标物质的供试品溶液注入色谱仪，记录色谱图，测量供试品中待测成分(或其杂质)和内标物质的峰面积或峰高，按下式计算含量：

$$c_x=f\cdot\frac{A_x}{A'_s/c'_s}$$

式中：A_x 为供试品(或其杂质)峰面积或峰高；c_x 为供试品(或其杂质)的浓度；A'_s为内标物质的峰面积或峰高；c'_s 为内标物质的浓度；f 为校正因子。

[示例 6-28]　采用内标法测定醋酸地塞米松的含量。

色谱条件与系统适用性试验　用十八烷基硅烷键合硅胶为填充剂；甲醇-水(70：30)为流动相；检测波长为 240 nm。理论板数按醋酸地塞米松峰计算应不低于 1 500，醋酸地塞米松峰和内标物质峰的分离度应符合要求。

内标溶液的制备 取甲睾酮，加流动相制成每 1 mL 中含 0.20 mg 的溶液，即得。

测定法 取醋酸地塞米松对照品约 13 mg，精密称定，置 50 mL 量瓶中，加甲醇 35 mL 溶解，加水稀释至刻度，摇匀；精密量取该溶液与内标溶液各 5 mL，置 25 mL 量瓶中，加流动相稀释至刻度，摇匀；取 20 μL，注入液相色谱仪，记录色谱图。另取本品适量，同法测定，按内标法以峰面积计算，即得。

[示例 6-29] 采用内标法测定吡喹酮的含量。

色谱条件与系统适用性试验 用十八烷基硅烷键合硅胶为填充剂；甲醇-水(100：40)为流动相；检测波长为 263 nm。吡喹酮峰和内标物质峰的分离度应符合要求。

内标溶液的制备 取 α-细辛醚适量，加甲醇溶解并稀释制成每 1 mL 中约含 0.4 mg 的溶液，摇匀，即得。

测定法 取本品约 100 mg，精密称定，置 10 mL 量瓶中，精密加内标溶液 5 mL，振摇使溶解，加甲醇稀释至刻度，摇匀；取 10 μL 注入液相色谱仪，记录色谱图；另取吡喹酮对照品，同法测定。按内标法以峰面积计算，即得。含量计算公式如下：

$$\text{含量}=\frac{R_2\times W_{\text{对}}\times\text{对照品纯度}\times\text{供试品稀释倍数}}{R_1\times W_{\text{供}}\times\text{供试品稀释倍数}}\times100\%\quad\left(R_2=\frac{A_{\text{供}}}{A_{\text{供内}}};R_1=\frac{A_{\text{对}}}{A_{\text{对内}}}\right)$$

式中：$A_{\text{供}}$ 为供试品峰面积；$A_{\text{对}}$ 为对照品峰面积；$A_{\text{供内}}$ 为供试品溶液中内标物的峰面积；$A_{\text{对内}}$ 为对照品溶液中内标物的峰面积。

(2)外标法测定供试品中某个杂质或主成分含量 也称为标准曲线法，具体做法为用标准品配制成不同浓度的系列溶液，等体积准确量进样，测量峰面积或峰高，以峰面积或峰高对浓度绘制标准曲线，应为通过原点的一条直线。

按各品种项下的规定，精密量取对照品和供试品溶液，分别取一定量注入色谱仪，测定对照品和供试品中待测组分的峰面积或峰高，根据峰面积与组分的量成正比，按下式计算含量：

$$c_{\mathrm{x}}=c_{\mathrm{R}}\frac{A_{\mathrm{x}}}{A_{\mathrm{R}}}$$

由于微量注射器不易精确控制进样量，采用此法时，以定量环或自动进样器进样为好。

[示例 6-30] 采用外标法测定盐酸林可霉素含量。

色谱条件与系统适用性试验 用十八烷基硅烷键合硅胶为填充剂；0.05 mol/L 硼砂溶液(用 85%磷酸溶液调节 pH 至 6.0)-甲醇(4：6)为流动相；检测波长为 214 nm。理论板数按林可霉素峰计算应不低于 1 500，林可霉素峰与林可霉素 B 峰的分离度应不小于 2.6。林可霉素 B 峰为林可霉素峰相对保留时间的 0.5～0.7。

测定法 取本品约 50 mg，精密称定，置 25 mL 量瓶中，加流动相溶解并稀释至刻度，摇匀，精密量取 10 μL 注入液相色谱仪，记录色谱图；另取盐酸林可霉素对照品适量，同法测定。按外标法以峰面积计算供试品中 $C_{18}H_{34}N_2O_6S$ 的含量。

[示例 6-31] HPLC 法测定甲砜霉素原料的含量。

色谱条件 色谱柱为 Zorbax eclipse XDB C_{18}，150 mm×4.6 mm；流动相为水-乙腈(4：1)；检测波长 225 nm；流速 1.2 mL/min；柱温为室温；进样量 10 μL。

系统适用性试验 取甲砜霉素原料 25 mg，置 25 mL 量瓶中，加 1 mol/L 氢氧化钠溶液 2 mL，使溶解，室温放置 10 min，加 1 mol/L 盐酸溶液 2 mL，加流动相稀释至刻度，摇匀，量取

5 mL，置于 50 mL 量瓶中，加入甲砜霉素对照品 5 mg，用流动相溶解并稀释至刻度，摇匀。取 10 μL 注入液相色谱仪，记录色谱图（图 6-23）。甲砜霉素碱性降解物峰与甲砜霉素峰间的分离度应符合要求。

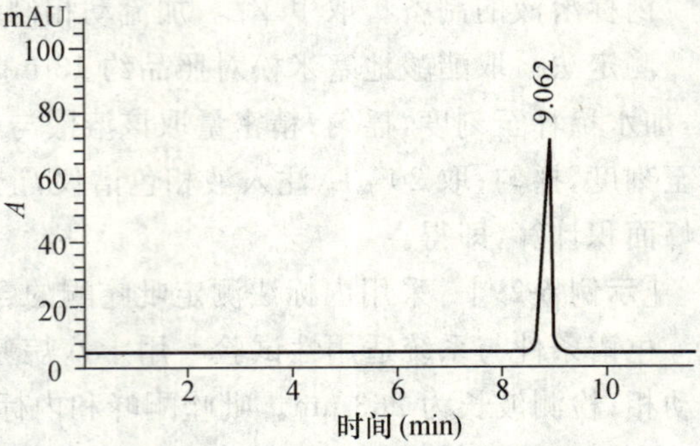

图 6-23　甲砜霉素色谱图

测定法　取甲砜霉素原料 0.1 g，精密称定，置 100 mL 量瓶中，加流动相溶解稀释至刻度，摇匀；精密量取 5 mL，置 50 mL 量瓶中，用流动相稀释至刻度，摇匀。精密量取 10 μL注入液相色谱仪，记录色谱图；另取甲砜霉素对照品适量，同法测定。按外标法以峰面积计算出供试品中 $C_{12}H_{15}Cl_2NO_5S$ 的含量。

计算公式　按干燥品计算：

$$含量=\frac{A_{供}\times W_{对}\times 对照品纯度\times 供试品稀释倍数}{A_{对}\times W_{供}\times(1-干燥失重)\times 对照品稀释倍数}\times 100\%$$

式中：$A_{供}$ 为供试品峰面积；$A_{对}$ 为对照品峰面积；$W_{供}$ 为供试品取量，g；$W_{对}$ 为对照品取量，g。

(3)加校正因子的主成分自身对照法　有杂质对照品时，可以先寻找出杂质峰面积与药物峰面积之间的关系，即测出校正因子，用杂质的校正因子校正杂质的实测峰面积，再与药物峰面积比较，计算杂质含量。

在测定校正因子时，按各品种项下的规定，精密称（量）取杂质对照品和药物对照品各适量，配制测定杂质校正因子的溶液，进样，记录色谱图。这些需作校正计算的杂质，通常以主成分为参照，采用相对保留时间定位，其数值一并载入各品种项下。

测定杂质含量时，按各品种项下规定的杂质限度，将供试品溶液稀释成与杂质限度相当的溶液作为对照溶液，进样，调节仪器灵敏度或进样量，使对照溶液的主成分的色谱峰的峰高达满量程的 10%～25%或其峰面积能准确积分。然后取供试品溶液和对照溶液适量，分别进样，供试品溶液的记录时间除另有规定外，应为主成分色谱峰保留时间的 2 倍，测量供试品溶液色谱图上各杂质的峰面积，分别乘以相应的校正因子后与对照溶液主成分的峰面积比较，依法计算各杂质含量。

[示例 6-32]　盐酸四环素中有关物质的检查。

四环素在生产和储藏过程中易引入杂质：脱水四环素（ATC）、差向脱水四环素（EATC）、4-差向四环素（ETC）和金霉素（CTC）等。中国兽药典（2005 年版）规定用高效液相色谱法控制 ATC、ETC、EATC 及 CTC 的量，采用加校正因子的主成分自身对照法。检查方法如下：

取本品适量，加 0.01 mol/L 盐酸溶液溶解并稀释成每 1 mL 中含 2.0 mg 的溶液，作为供试品溶液；精密量取 2 mL，置 100 mL 量瓶中，加 0.01 mol/L 盐酸溶液稀释至刻度，摇匀，作为对照溶液。照含量测定项下方法试验，取对照溶液 20 μL 注入液相色谱仪，调节检测灵敏度使主成分色谱峰的峰高约为记录仪满量程的 20%；精密量取供试品溶液和对照溶液各 20 μL，分别注入液相色谱仪，记录色谱图至主峰保留时间的 4 倍，供试品溶液如显杂质峰，按校正后的峰面积计算（盐酸四环素、4-差向四环素、盐酸金霉素、脱水四环素、差向脱水四环素的校正因子分别为1.00、1.15、1.16、0.45和0.50)，4-差向四环素、盐酸金霉素、脱水四环素、差向脱水四环素的峰面积分别不得大于对照溶液主峰面积的2倍(4.0%)、1/2(1.0%)、1/4(0.5%)、1/4(0.5%)。

(4)不加校正因子的主成分自身对照法　当没有杂质对照品时，可采用不加校正因子的主成分自身对照法。同上述(3)法配制对照溶液，并调节仪器灵敏度后，取供试品溶液和对照溶液适量，分别进样，供试品溶液的记录时间除另有规定外，应为主成分保留时间的2倍，测量供试品溶液色谱图上各杂质的峰面积，并与对照品溶液主成分的峰面积比较，计算杂质含量。

若供试品所含的部分杂质未与溶剂峰完全分离，则按规定先记录供试品溶液的色谱图Ⅰ，再记录等体积纯溶剂的色谱图Ⅱ。色谱图Ⅰ上杂质峰的总面积(包括溶剂峰)减去色谱图Ⅱ上的溶剂峰面积，即为总杂质峰的校正面积，然后依法计算。

[示例6-33]　地西泮注射液中有关物质的检查。

取本品，加甲醇分别制成每1 mL中含1 mg的供试品溶液和每1 mL中含5 μg的对照溶液。照含量测定项下的色谱条件进行试验，取对照溶液10 μL注入液相色谱仪，调节检测灵敏度，使主成分色谱峰的峰高约为记录仪满量程的10%；再精密量取上述两种溶液各10 μL分别注入液相色谱仪，记录色谱图至主成分峰保留时间的4倍，供试品溶液的色谱图中主成分峰之后如显示杂质峰，量取各杂质峰面积的和，不得大于对照溶液主成分峰的峰面积。本品的规格为2 mL：10 mg。

(5)峰面积归一化法　本法只能用于粗略考察供试品中的杂质含量。取一定量供试品溶液进样，经高效液相色谱仪分离后，测定各杂质及药物的峰面积，计算各杂质峰面积及其总和占总峰面积的百分率，不能超过限量。使用本法时不需要杂质的对照品，简便易行。但应注意，溶剂峰不应计算在总峰面积内，色谱图记录的时间应根据各杂质的保留时间来定，一般应为主峰保留时间的倍数。

[示例6-34]　泰乐菌素组分的检查。

按照高效液相色谱法试验。用十八烷基硅烷键合硅胶为填充剂；以2 mol/L高氯酸钠溶液，(用1 mol/L盐酸溶液调节pH至2.5±0.1)-乙腈(60：40)为流动相；检测波长为280 nm。理论板数按泰乐菌素A组分峰计算应不低于2 000，泰乐菌素D峰和泰乐菌素A峰的分离度不得小于2.0，拖尾因子不得过1.5。

测定法：取本品与泰乐菌素标准品各30 mg，精密称定，分别置100 mL量瓶中，加甲醇10 mL溶解，用水稀释至刻度。分别精密量取20 μL，注入高效液相色谱仪，记录色谱图至泰乐菌素A保留时间的1.5倍。泰乐菌素有关组分的相对保留时间依次约为：泰乐菌素C为0.5，泰乐菌素B为0.7，泰乐菌素D为0.9，泰乐菌素A为1。按峰面积归一化法计算，含泰乐菌素A应不低于80%，泰乐菌素A、B、C、D之和应不低于95%。

技能链接

流动相的制备要求

流动相的制备用高纯度的试剂配制流动相，必要时照紫外分光光度法进行溶剂检查，应符合要求水应为新鲜制备的高纯水，可用超级纯水器制得或用重蒸馏水。凡规定pH的流动相，应使用精密pH计进行调节。配好的流动相，应通过适宜的0.45 μm滤膜滤过，用前脱气。应配制足量的流动相及时待用。

理论参考

高效液相色谱法(HPLC)是在样品进入色谱柱后，液体流动相在高压作用下携带样品通过色谱柱，由于样品在固定相和流动相之间的分配系数不同而使混合物分离的一种方法。具有分析速度快、检测灵敏度高、适用范围广、操作自动化等特点。

1. 常用术语

(1)色谱图(chromatogram) 进样后经过色谱柱到达检测器所产生的响应信号对时间的曲线，称为色谱流出曲线，也叫色谱图。

(2)峰高(peak height)和峰面积(peak area) 从峰高最大值到峰底的距离称为峰高 h，峰与峰底之间的面积称为峰面积 A。

(3)保留时间(retention time) 待测组分从进样开始到柱后出现浓度极大值所需要的时间称为保留时间 t_R。

(4)吸附色谱(Adsorption Chromatography) 用固体吸附剂作固定相，以不同极性溶剂作流动相，依据样品中各组分在吸附剂上吸附性能的差别来实现分离。

(5)分配色谱(Partition Chromatography) 以化学键合相为固定相，以不同极性溶剂作流动相，依据样品中各组分在固定液上分配性能的差别来实现分离。

(6)正相色谱法(normal phase chromatography，NPC) 流动相的极性小于固定相的极性，称为正相色谱法。极性小的组分先流出色谱柱，极性大的组分后流出色谱柱。适用于分析氨基酸类、胺类、酚类及羟基类组分。

(7)反相色谱法(reversed phase chromatography，RPC) 流动相的极性大于固定相的极性，称为反相色谱法。极性大的组分先流出色谱柱，极性小的组分后流出色谱柱。应用范围广泛，大部分的分离问题都可以用该法解决。

(8)梯度洗脱(gradient elution) 是使流动相中含有两种或两种以上不同极性的溶剂，洗脱过程中连续或间断改变流动相的组成，使样品中的所有组分获得圆满的选择性分离。

(9)分离度(resolution) 表示相邻两个色谱峰的分离程度，一般分离度 R 应大于 1.5。

(10)柱效能(column efficiency) 指色谱柱的分离效能，常用理论塔板数(n)和理论塔板高度(H)来表示。

(11)基线(baseline) 在操作条件下，没有样品通过仅有流动相通过检测器所产生的响应信号。

(12)基线噪声(baseline noise) 由各种偶然因素引起的基线起伏，表现为基线呈无规则毛刺状。

(13)基线漂移(baseline drift) 基线随时间向一个方向有规律的缓慢移动。

2. 仪器组成

高效液相色谱仪一般由输液泵、进样器、色谱柱、检测器及色谱工作站等组成(图 6-24)。分析流程为：高压输液泵将流动相泵入装有固定相的色谱柱，待分析样品由进样器注入进样阀，并由流动相带入柱中进行分离后，各组分依次进入检测器，由记录仪记录色谱信号。

(1)高压输液泵 用于输送流动相，要求流量恒定且可以自由调节；流量范围宽，一般在 0.1～10 mL/min；能在高压下连续工作 8～24 h；输出压力平稳，脉动小，有利于降低检测器的

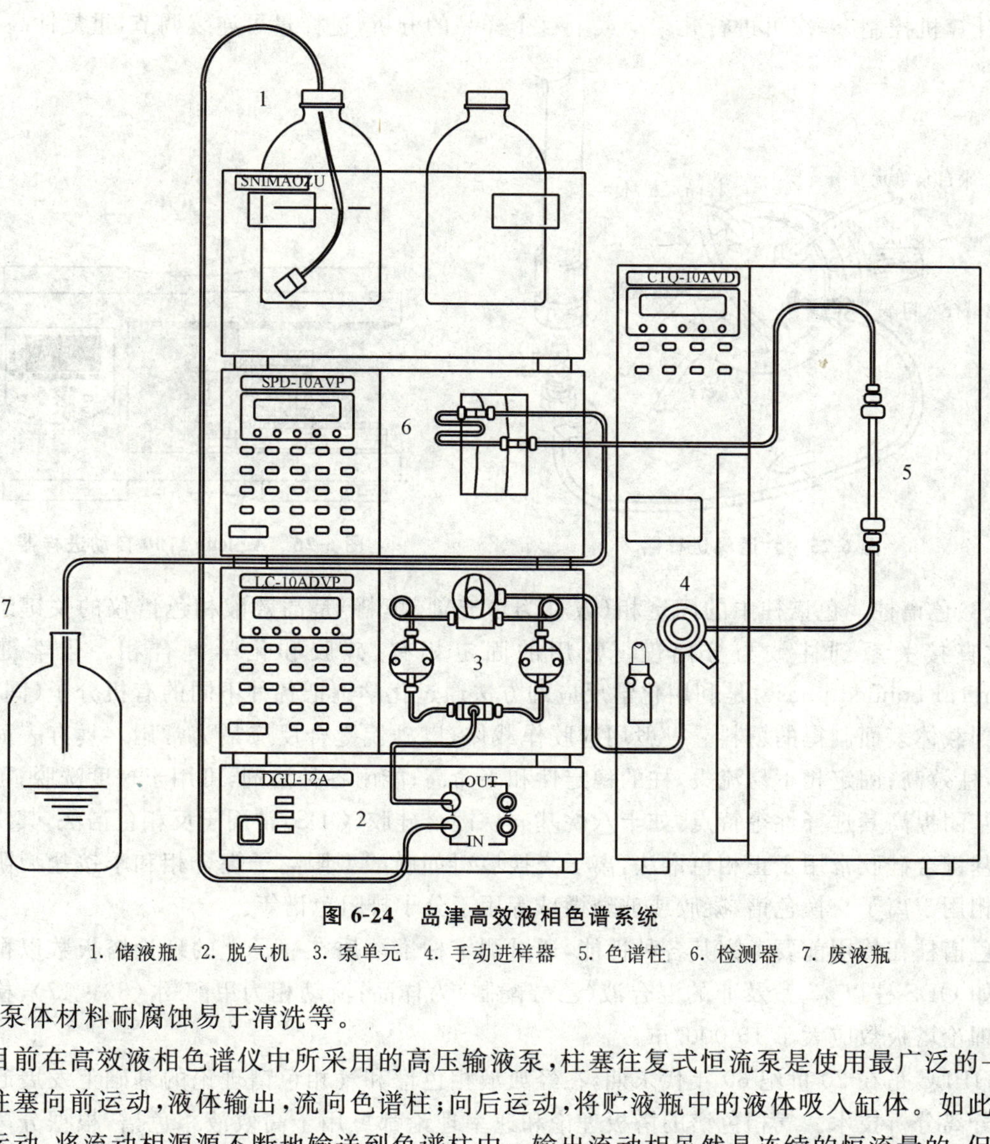

图 6-24　岛津高效液相色谱系统

1. 储液瓶　2. 脱气机　3. 泵单元　4. 手动进样器　5. 色谱柱　6. 检测器　7. 废液瓶

噪声;泵体材料耐腐蚀易于清洗等。

目前在高效液相色谱仪中所采用的高压输液泵,柱塞往复式恒流泵是使用最广泛的一种:泵的柱塞向前运动,液体输出,流向色谱柱;向后运动,将贮液瓶中的液体吸入缸体。如此前后往复运动,将流动相源源不断地输送到色谱柱中。输出流动相虽然是连续的恒流量的,但存在脉动而产生基线的波动,可采用具有两个泵头的往复式泵及在泵和进样器之间安装脉冲缓冲器或阻尼限制器,从而减少流动相输出时的脉动现象。

有的高效液相色谱仪配有梯度洗脱装置,分为高压与低压梯度两种。高压梯度洗脱是由两个输液泵分别各吸一种溶剂,加压后再混合,混合比由两个泵的速率决定;低压梯度洗脱是用比例阀将多种溶剂按比例混合后,再加压输至色谱柱。由于液相色谱中洗脱液的极性变化直接影响样品组分的保留值,因此梯度洗脱可改善复杂样品的分离度,缩短分析周期,改善峰形和提高样品的检测限,但梯度洗脱有时会引起基线漂移,重复性不如恒组成洗脱。

(2)进样器　常用带有定量环的六通阀进样器(图 6-25)。定量环的容积准确,且可按需要更换。进样阀的进样量准确、重复性好。贮样管的体积固定,可按需更换。用六通进样阀进样,具有进样量准确、重复性好、可带压进样等优点。

有的仪器配有自动进样器(图 6-26),取样、进样、复位、样品管路清洗和样品盘的转动,全部由计算机控制，一次可进行几十个或上百个样品的分析，进样量可连续调节，重复性高。

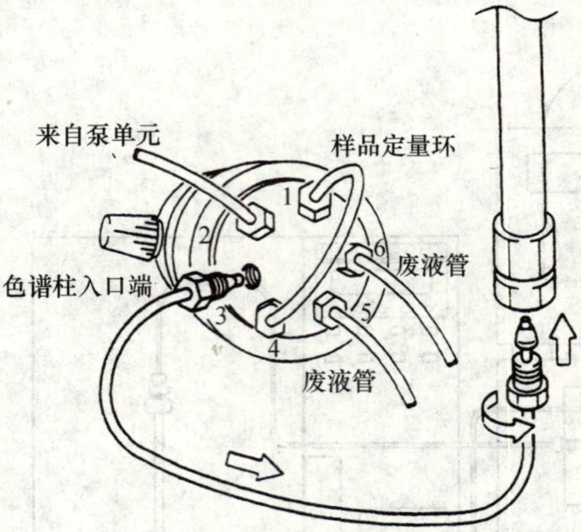

图 6-25　六通阀进样器

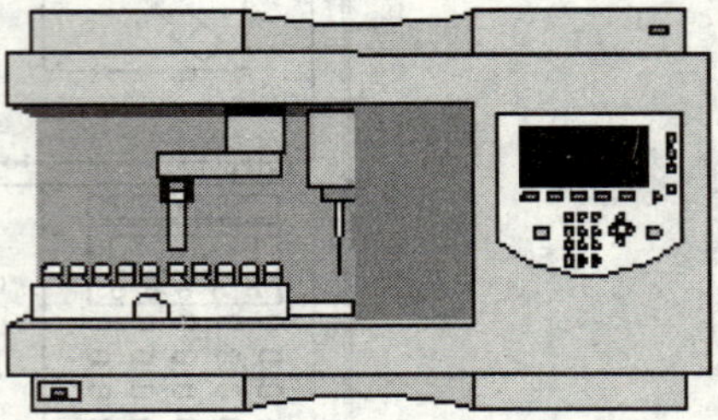

图 6-26　Agilent 1100 自动进样器

(3)色谱柱　色谱柱中的固定相(或称为填充剂、填料)是高效液相色谱仪的关键组成部分，它直接关系到柱效与分离度。常用的固定相有：硅胶和化学键合相。化学键合相(chemical bonded phase)是利用化学反应的方法通过化学键把各种不同的有机分子(固定液)键合到载体表面制得的填料。一般用硅胶作载体，以硅烷键合反应最为常用。具有表面较为均一，柱效高；固定相不易流失，柱的稳定性和寿命高；能耐各种溶剂，可用于梯度洗脱；可键合不同基团提高其选择性等特点，如十八烷基硅烷键合硅胶(ODS)常用于反相色谱法，其次氰基或氨基键合硅胶常用于正相色谱法，离子交换填料如磺酸型阳离子键合相和季铵盐型阴离子键合相用于离子交换色谱，凝胶或玻璃微球等用于分子排阻色谱等。

色谱柱在使用前要考察其各种性能，通过测定标准溶质在柱子上的理论塔板数以衡量柱效。如 ODS 柱以苯、萘及菲的混合液(乙醇配制)为样品；流动相为甲醇-水(83：17)，检查柱效。理论塔板数应大于 15 000/m。

HPLC 是在 20 世纪 60 年代末期，在经典液相色谱和气相色谱理论的基础上发展起来的新型分离分析技术。气相色谱的塔板理论和速率理论都可用于高效液相色谱，根据分离机制的不同可分为液液分配色谱(LLPC)、液固吸附色谱(LSAC)、离子交换色谱(IEC)、离子色谱(IC)、空间排阻色谱(SEC)、亲和色谱(AC)等。

只要分析对象在流动相中可以溶解且适用于检测器，就可以直接进样分析。因此在药物的分离、定性、定量方面的应用日益广泛，已成为复杂混合物、体内药物、生物大分子物质、中草药有效成分及手性药物等众多研究领域的重要分析手段。

色谱柱是液相色谱进行分离的核心部位，按分离规模分为分析型和制备型两种：常量分析型柱内径 2～5 mm，柱长 10～30 cm；半微量分析型柱内径 1.0～1.5 mm，柱长 10～20 cm。实验室制备型柱内径 20～40 mm，柱长 10～30 cm。

色谱柱一般为直形管状，由柱管和固定相组成，柱管多用不锈钢制成，管内壁要求具有很高的光洁度。柱的入口处加有筛板或过滤网，由特定粒度的不锈钢粉末或镍粉烧结而成，阻挡填料从柱中流失。近年来，PEEK(即聚醚醚酮)和聚四氟乙烯管常用于管路的密封连接，使柱子保持了良好的密封性能。使用过程中为有效的阻留样品中的沉淀和色谱体系中的污染，在进样器和柱子之间加一支长约几厘米的保护柱。

根据固定相粒度大小，如大于 20 μm 常采用干法装柱，如小于 10 μm 常采用高压匀浆法装柱，即将填料悬浮在适宜的匀浆液中制成匀浆，通过高压泵以很高的流速压进柱中。固定相颗粒的大小、形状、均匀性、表面积、孔径等均影响色谱柱的效率。固定相粒度小，颗粒均匀，球形规则，有利于提高柱效。

课堂互动

HLPC 常用的检测器有几种？不同的检测器对流动相有哪些要求？

(4)检测器　高效液相色谱仪的检测器是将流动相中组分浓度的变化转变成电信号的变化，应具有灵敏度高、噪声低、线性范围宽、适用范围广等特征(表 6-9)。常用的有紫外检测器(UVD)、荧光检测器(FD)、示差折光检测器(RID)、电导检测器(ECD)、蒸发激光散射检测器(ELSD)。

表 6-9　不同类型检测器的特点

检测器	特　点
UVD	固定波长检测器：光源为低压汞灯，检测波长通常为 254 nm，灵敏度高，适用于许多有紫外吸收的化合物 可变波长检测器：光源为氘灯，检测波长通常为 190～600 nm，能按需要任意选择波长 二极管阵列检测器(DAD)：光源为氘灯和钨灯组合，检测波长通常为 200～700 nm(图 6-27)，可绘制不同时间组分的吸光度随波长变化的三维光谱-色谱图(图 6-28)，进行定性和定量
FD	适用于能产生荧光或与荧光试剂反应生成衍生物能发荧光的物质，如氨基酸、胺类、维生素、甾体化合物和蛋白质中荧光物质的测定
RID	通过连续测定流出液的折光率的变化而测定试样浓度，可用于高分子化合物、糖类、脂肪烷烃等
ECD	可测定流出物的电导变化，从而计算物质的含量，是离子色谱中使用最广泛的检测器
ELSD	利用散射光的强度取决于溶质的浓度，可用于挥发性低于流动相的任何样品的测定

(5)色谱工作站　高效液相色谱仪配备色谱工作站对分析的数据进行记录和处理，具有方法编辑、数据采集、谱图显示、峰检测和基线校正、定量计算、图谱后处理、任意数目的多谱图比较、打印报告等功能。

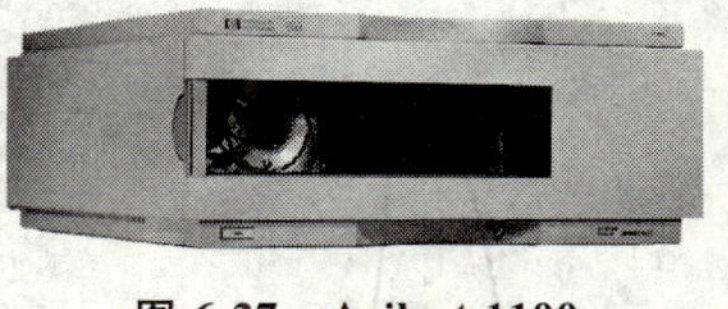

图 6-27　Agilent 1100 二极管阵列检测器

3. 系统适用性试验

中国兽药典(2005 年版)规定，按各品种项下要求对色谱系统进行适用性试验，即用规定的对照品对色谱系统进行试验，应符合要求。如达不到要求，可对色谱分离条件作适当的调整。色谱系统的适用性试验通常包括理论板数、分离度、重复性和拖尾因子等四个指标。

(1)色谱柱的理论板数(n)　在选定的条件下，注入供试品溶液或各品种项下规定的内标物质溶液，记录色谱图，量出供试品主成分峰或内标物质的保留时间 t_R 和半峰宽($W_{h/2}$)，按 $n=5.54(t_R/W_{h/2})^2$ 计算色谱柱的理论板数。

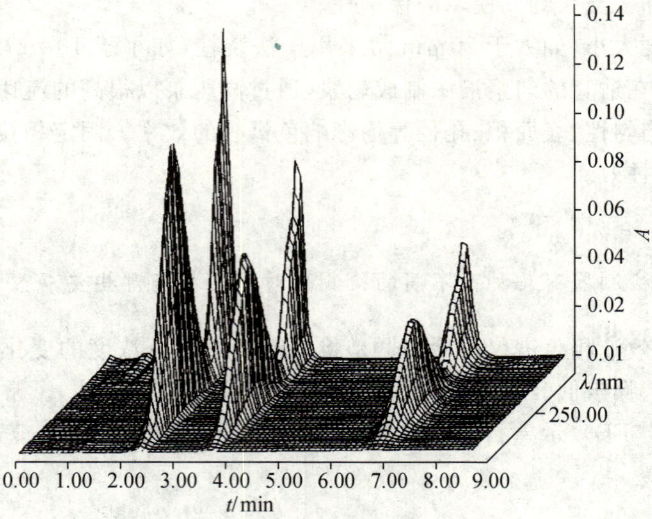

图 6-28 三维立体影像

(2)分离度(R) 无论是定性鉴别还是定量分析,均要求待测峰与其他峰、内标峰或特定的杂质对照峰之间有较好的分离度(图 6-29)。计算公式为:

$$R=\frac{2(t_{R2}-t_{R1})}{W_1+W_2}$$

式中:t_{R2} 为相邻两峰中后一峰的保留时间;t_{R1} 为相邻两峰中前一峰的保留时间;W_1 及 W_2 为此相邻两峰的峰宽。

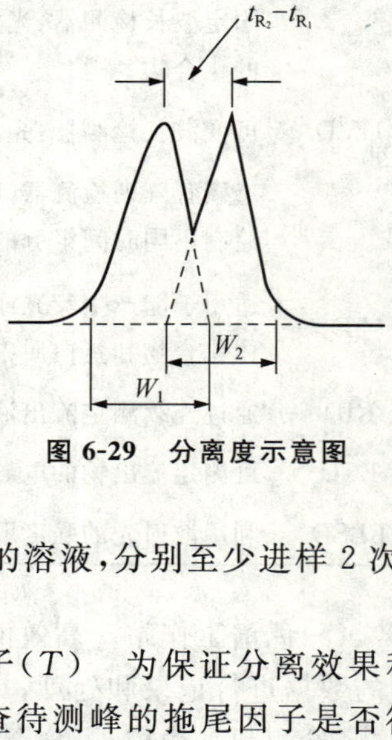

图 6-29 分离度示意图

(3)重复性 取各品种项下的对照溶液,连续进样 5 次,除另有规定外,其峰面积测量值的相对标准偏差应不大于 2.0%。也可按各品种校正因子测定项下,配制相当于 80%、100%和 120%的对照品溶液,加入规定量的内标溶液,配成 3 种不同浓度的溶液,分别至少进样 2 次,计算平均校正因子,其相对标准偏差应不大于 2.0%。

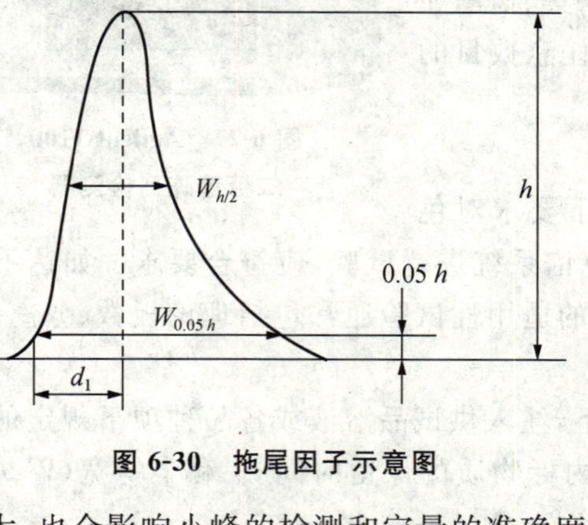

图 6-30 拖尾因子示意图

(4)拖尾因子(T) 为保证分离效果和测量精度,应检查待测峰的拖尾因子是否符合各品种项下的规定(图 6-30)。拖尾因子计算公式为:

$$T=\frac{W_{0.05h}}{2d_1}$$

式中:$W_{0.05h}$ 为 5%峰高处的峰宽;d_1 为峰顶点至峰前沿之间的距离。

除另有规定外,峰高法定量时 T 应在 0.95~1.05 之间。峰面积法测定时,T 值偏离过大,也会影响小峰的检测和定量的准确度。

质量标准示例

双黄连口服液

【处方】金银花 375 g　黄芩 375 g　连翘 750 g。

【性状】本品为棕红色的澄清液体;微苦。

【检查】相对密度　应不低于 1.02。

pH　应为 5.0～7.0。

其他　应符合合剂项下的各项规定。

【含量测定】黄芩　照高效液相色谱法测定。

色谱条件与系统适应性试验　用十八烷基硅烷键合硅胶为填充剂;以甲醇-水-冰醋酸(50∶50∶1)为流动相;检测波长 274 nm。理论板数按黄芩苷峰计算应不低于 1 500。

对照品溶液的制备　取黄芩苷对照品适量,精密称定,加 50%甲醇制成每 1 mL 含0.1 mg 的溶液,即得。

供试品溶液的制备　精密量取本品 1 mL,置 50 mL 量瓶中,加 50%甲醇适量,超声处理 20 min,放置至室温,加 50%甲醇稀释至刻度,摇匀,即得。

测定法　分别精密吸取对照品溶液与供试品溶液各 5 μL,注入液相色谱仪,测定,即得。

本品每 1 mL 含黄芩以黄芩苷($C_{21}H_{18}O_{11}$)计,不得少于 10.0 mg。

金银花　按照高效液相色谱法测定。

色谱条件与系统适用性试验　用十八烷基硅烷键合硅胶为填充剂;以甲醇-水-冰醋酸(20∶80∶1)为流动相;检测波长为 324 nm。理论板数按绿原酸峰计算应不低于 6 000。

对照品溶液的制备　取绿原酸对照品适量,精密称定,置棕色量瓶中,加水制成每 1 mL 含 40 μg 的溶液,即得。

供试品溶液的制备　精密量取本品 2 mL,置 50 mL 棕色量瓶中,加水稀释至刻度,摇匀,即得。

测定法　分别精密吸取对照品溶液 10 μL 与供试品溶液 10～20 μL,注入液相色谱仪,测定,即得。

本品为 1 mL 含金银花以绿原酸($C_{16}H_{18}O_{9}$)计,不得少于 0.60 mg。

连翘　按照高效液相色谱法测定。

色谱条件与系统适用性试验　以十八烷基硅烷键合硅胶为填充剂;乙腈-水(25∶75)为流动相;检测波长为 278 nm。理论板数按连翘苷峰计算应不低于 6 000。

对照品溶液的制备　取连翘苷对照品适量,精密称定,加 50%甲醇制成每 1 mL 含 60 μg 的溶液,即得。

供试品溶液的制备　精密量取本品 1 mL,加在中性氧化铝柱(100～120 目,6 g,内径为 1 cm)上,用 70%乙醇 40 mL 洗脱,收集洗脱液,浓缩至干,残渣加 50%甲醇适量,温热使溶解,转移至 5 mL 量瓶中,并稀释至刻度,摇匀,即得。

测定法　分别精密吸取对照品溶液与供试品溶液各 10 μL,注入液相色谱仪,测定,即得。

本品每 1 mL 含连翘以连翘苷($C_{27}H_{34}O_{11}$)计,不得少于 0.30 mg。

【功能】辛凉解表,清热解毒。

【主治】感冒发热。

【用法与用量】犬、猫 1～5 mL；鸡 0.5～1 mL。

【贮藏】密封，避光，置阴凉处。

拓展训练项目

维生素 E 含量的测定。

训练内容

1. 仪器用具与试液

气相色谱系统(带 FID)、色谱柱、皂膜流量计、扳手、各种密封垫等。泡沫水、维生素 E(待测样品)、正三十二烷(内标物)。

2. 仪器操作

①气路连接　连接钢瓶与减压阀；连接减压阀与净化器；连接净化器与仪器上载气接口；连接色谱柱(柱一端接气化室，一端接检测器)。

注意：所有的连接都是螺纹连接，但螺母有公制和英制之分，使用时，如果觉得不入扣，可能是螺母没有选对。连接时，先用手把螺母拧紧，再用扳手拧紧。

②气路系统气密性检查　一种方法是泡沫法，即用肥皂水(或其他起沫剂)涂在各接头外，如有气泡不断涌出，表明这些接口处漏气。另一种方法是用压力表检漏，即先把气路上某一出口用垫有橡胶垫的螺帽堵死，再打开载气，调节减压阀使输出压力为 0.2 MPa，然后关闭气瓶总阀。0.5 h 后，减压阀输出压力表的值下降应小于 0.005 MPa，否则，就有某处漏气。找到漏气处后，通常更换密封垫即可以止漏。

③常用载气流速测定　皂膜流量计是目前用于测量气体流速的标准方法。当气体自流量计底部进入时，就顶着皂膜沿着管壁由下而上移动。用秒表测定皂膜移动一定体积所需时间就可以算出气体流速(mL/min)，测量精度达 1%。

转子流量计可根据转子的位置确定气体流速的大小。但气体的流速和转子的高度并不成直线关系，转子流量计上的刻度只是等距离的标记而不是流量数值。因此实际使用时必须先用皂膜流量计来标定，绘出气体的体积流速与转子高度的关系曲线图(不同压力、不同气体时流速与转子位置关系不一样)。

做出色谱仪所带的转子流量计 $F_{转}$-$F_{皂}$ 校正曲线，并注明载气种类、室温及大气压力等参数。

④密封组件观察及画出气路图　观察进样垫、O 形圈、石墨压环、铜压环等密封组件，并熟记适用部位。画出当前连接好的气相色谱系统的气路图。

⑤把色谱柱连接到气相色谱仪主机、检测气路不漏气、测定载气及氢气、空气流速后，利用色谱工作站把柱温的升温程序、气化室温度和检测器温度、检测器的参数设置到需要的条件。

待基线平稳后，首先对 FID 点火，点火成功时，基线会有显著的变化，或者用干净的玻璃放在 FID 出口，玻璃上有水汽。再次等到基线平稳后，把待测样品送入色谱仪中(注射器进样、六通阀或全自动进样都可以)，要求进样速度快、进样时间短。根据色谱图中色谱峰的分离情况适当调整色谱条件。最后，利用工作站对得到的色谱图进行分析，确定样品的含量。注意做回收实验，确定结果的准确性。

⑥结束实验　待检测器中没有待测样品(检测器输出的电信号值近零，基线平稳)时，关氢

气瓶和空气瓶，再降低柱温到 25℃，然后降低检测器温度到 50℃，最后关气瓶，等减压阀上两个压力表的指针都回零后，再旋松减压阀上的旋柄（逆时针转动），最后放松主机上各气体调节阀（顺时针转动）。

填写仪器使用记录，整理实验室，进行安全检查（特别注意，一定要防止 H_2 漏气）后，才能离开实验室。

3. 内标法测定维生素 E 的含量

①色谱条件　色谱柱：以硅酮（OV-17）为固定相，涂布浓度为 2%，或以 HP-1 毛细管柱（100%二甲基聚硅氧烷）为分析柱；柱温：265℃；检测器：FID，其中，氢气 50 mL/min，空气 500 mL/min；载气：氮气 50 mL/min；气化室（或进样口）和检测器温度都是 300℃。

②校正因子测定　取正三十二烷适量，加正己烷溶解并稀释成每 1 mL 中含 1.0 mg 的溶液，摇匀，作为内标溶液。另取维生素 E 对照品约 20 mg，精密称定，置棕色具塞锥形瓶中，精密加入内标溶液 10 mL，密塞，振摇使溶解；取 1～3 μL 注入气相色谱仪，计算校正因子。

③测定法　取本品约 20 mg，精密称定，置棕色具塞锥形瓶中，精密加入内标溶液 10 mL，密塞，振摇使溶解；取 1～3 μL 注入气相色谱仪测定，计算即得。

4. 注意事项

①首先通载气，载气流速根据需要调节。未通载气切勿接通 TCD 的桥电流。气体调节阀响应速度较慢，调节后等几分钟后再测气体流速。根据组分分离情况逐渐调节各项条件。

②使用毛细管色谱柱时一般都装有进样分流器，根据样品的种类判断采用分流进样还是无分流进样。目前分流进样法占主导地位。

③进样口的温度应保持在试样很快气化的温度，一般比色谱柱温度高 50℃左右。如气化不迅速，则分析结果不好。检测器应保持在不使高沸点成分凝集的温度，一般高于柱温。

④不要使柱箱的温度升到色谱柱的最高使用温度以上。有并列的色谱柱时应更加注意。反复进行升温分析时，需等柱温回复到初始温度再进行下一次升温。

⑤填充柱的进样量：气体样品为 0.1～1 mL，液体样品为 0.1～1 μL，最大不超过 4 μL。

毛细管色谱柱的进样量：液体 0.1～1 μL（一般采用分流器，进入毛细管柱内的载气流量和排入外界空气中的载气流量之比称为分流比，分流比 1/100 左右）。

⑥为防止试样损失，注射器及进样口处应采用性能较好的隔垫。应注意注射器的针尖和柱塞不要弯曲损伤，进样速度要快，进样时间要短。用后将注射器洗净保管。

⑦应完全驱净高沸点的成分后再停通载气。检测器中仍留有分析成分时，绝不可停通载气。

⑧色谱分析时应详细记录操作条件和注意事项。得到的定性与定量结果，应标明所用的分析方法。

⑨使用的钢瓶应装压力表，每减小 10～20 kg/cm^2 压力（即 1～2 MPa）后，记录日期、时间和压力，确认有无泄漏等情况。特别是动了气路中某些连接部位后，应更加注意气路的检漏。

5. 应用示例

(1)定性分析　可通过利用纯物质在系统的色谱条件下的保留时间与未知物的保留时间进行比较定性；利用加入纯物质增加峰高定性；利用相对保留值即组分与基准物调整保留值的比值，将实验测得的待测组分对标准物质的相对保留值与文献记载的相对保留值进行对照定性。并对样品的来源、性质和分析目的有所了解，对样品组成作初步判断，再结合其他的化学分析及仪器方法确定色谱峰所代表的组分。

［示例 6-35］ 维生素 E 注射液的鉴别。

在含量测定项下记录的色谱图中，供试品溶液主峰的保留时间应与对照品溶液主峰的保留时间一致。

(2)定量分析

①内标法加校正因子测定供试品中某个杂质或主成分含量。

②外标法测定供试品中某个杂质或主成分含量。

③面积归一化法。上述方法的具体内容均同高效液相色谱法项下相应的规定。

④标准溶液加入法测定供试品中某个杂质或主成分含量：精密称(量)取某个杂质或待测成分对照品适量，配制成适当浓度的对照品溶液，取一定量，精密加入到供试品溶液中，根据外标法或内标法测定杂质或主成分含量，再扣除加入的对照品溶液含量，即得供试液溶液中某个杂质和主成分含量。

［示例 6-36］ 双甲脒溶液的含量测定。

色谱条件与系统适用性试验　以甲基硅橡胶(SE-30)为固定相，涂布浓度为 3%，柱温为 230℃。理论板数按双甲脒峰计算应不低于 1 400，双甲脒峰与内标物质峰的分离度应大于 3.0。

校正因子测定　取角鲨烷适量，加乙酸乙酯溶解并稀释制成每 1 mL 中含 15 mg 的溶液，作为内标溶液。另取双甲脒对照品约 50 mg，精密称定，置 10 mL 量瓶中，精密加入内标溶液 5 mL 使溶解，加乙酸乙酯至刻度，摇匀，取 1～3 μL 注入气相色谱仪，计算校正因子。

取本品适量(约相当于双甲脒 50 mg)，精密称定，置 10 mL 量瓶中，精密加入内标溶液 5 mL，加乙酸乙酯至刻度，摇匀；取 1～3 μL 注入气相色谱仪；并依法测定校正因子；另取本品，同时测其相对密度，将供试品量换算成 mL 数；计算，即得。本品的规格为 12.5%(g/mL)。含量计算公式如下：

$$含量=\frac{R_2\times W_{对}\times 对照品纯度\times 供试品稀释倍数}{R_1\times W_{供}/\rho\times 标示量\times 对照品稀释倍数}\times 100\% \quad \left(R_2=\frac{A_{供}}{A_{内供}};\ R_1=\frac{A_{对}}{A_{内对}}\right)$$

式中：$A_{供}$ 为供试品峰面积；$A_{对}$ 为对照品峰面积；$A_{内供}$ 为供试品溶液中内标物的峰面积；$A_{内对}$ 为对照品溶液中内标物的峰面积；ρ 为供试品相对密度 g/mL；$W_{对}$ 为对照品取量，g ；$W_{供}$ 为供试品取量，g。

(3)残留溶剂的测定　除另有规定外，第一、第二、第三类溶剂的残留限量应符合兽药典的规定，对其他溶剂，应根据生产工艺的特点，制定相应的限度，使其符合产品规范、兽药 GMP 或其他基本的质量要求。

［示例 6-37］ 地塞米松磷酸钠中残留甲醇和丙酮的检查。

取本品约 0.16 g，精密称定，置 10 mL 量瓶中，精密加 0.1%(mL/mL)正丙醇(内标物质)溶液 2 mL，加水溶解并稀释至刻度，摇匀，作为供试品溶液；另取甲醇约 7.9 mg 与丙酮约 79 mg，精密称定，置 10 mL 量瓶中，加水稀释至刻度，精密量取 1 mL，置 10 mL 量瓶中，精密加入上述内标溶液 2 mL，加水稀释至刻度，摇匀，作为对照品试液。取供试品溶液与对照品溶液，按照残留溶剂测定法，用高分子多孔小球色谱柱(按正丙醇计算的理论板数大于 700)，在柱温 150℃测定，应符合规定。

理论简介

气相色谱法(GC)是以气体为流动相的色谱分离技术，主要用于分离测定可汽化的混合物中的组分，可用于分离、鉴别和定量测定挥发性的化合物。

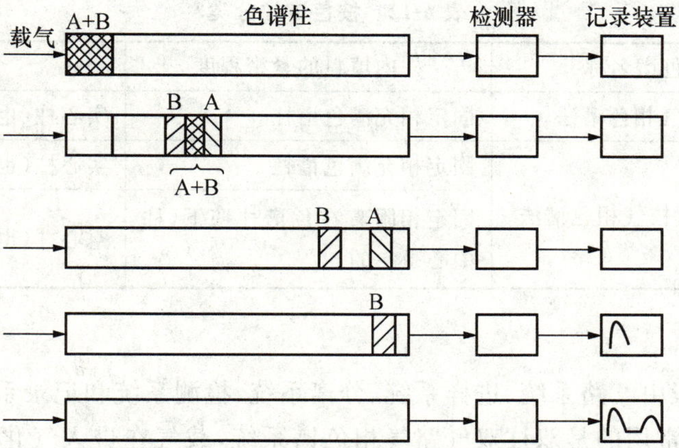

图 6-31　气相色谱分离过程示意图

1. 基本原理

(1)分离过程　待分析的混合物(样品)在载气的带动下，在色谱柱中“行走”，由于组分 A 和 B 与色谱柱中填料的吸附力不同，吸附力小的 A 组分“走”的快些，吸附力大的 B 组分“走”的慢些，样品中的 A 和 B 组分逐渐分开，A 组分先流出色谱柱，而 B 组分后从色谱柱中流出来，进入检测器中被识别(图 6-31)。色谱柱越长，各组分先后从色谱柱中流出的时间也就相差越大，组分之间的分离也就越彻底。

(2)气相色谱法的分类

①按固定相的物理状态分类(表 6-10)。

表 6-10　按固定相的物理状态分类

流动相	总称	固定相	色谱名称
气体	气相色谱(GC)	固体	气-固色谱(GSC)
		液体	气-液色谱(GLC)

②按分离原理分类(表 6-11)。

表 6-11　按分离原理分类

色谱名称	固定相	分离原理
吸附色谱	固体	利用组分与固体吸附剂之间吸附力的差异进行分离，吸附力小的组分先流出色谱柱，吸附力大的组分后流出色谱柱
分配色谱	液体	利用组分在固定液中溶解度的差异进行分离，溶解度小的组分先流出色谱柱，溶解度大的组分后流出色谱柱

③根据柱的粗细和色谱柱内填料的紧密程度(图 6-32),对气相色谱法分类(表 6-12)。

图 6-32 实心色谱柱与空心色谱柱示意图

表 6-12 按色谱柱分类

色谱柱内径	色谱名称	柱内填料的紧密程度	色谱柱名称
2～4 mm	填充柱气相色谱法	固定相充满色谱柱	实心柱(也称填充柱)
<1 mm	毛细管柱气相色谱法	固定相充满色谱柱	实心柱(也称填充毛细管柱)
		固定相附着在色谱柱壁下,柱中心是空的	空心柱(也称开管毛细管柱)

2. 仪器组成

气相色谱仪一般由气路系统、进样系统、分离系统、检测系统和记录系统等几部分组成。

(1)气路系统　常用的是双柱双气路气相色谱系统,载气在进入气化室时分成二路,分别进入不同的色谱柱和检测器,这类气相色谱仪主机上有两个进样口、两个气化室、两个检测器(图 6-33)。这种仪器适用于程序升温,可补偿由于温度变化和高温下固定相流失而产生的噪声,提高仪器稳定性。

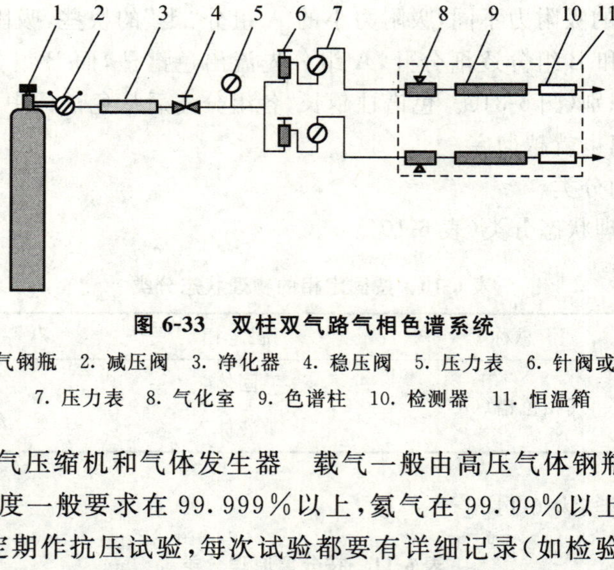

图 6-33 双柱双气路气相色谱系统

1. 载气钢瓶　2. 减压阀　3. 净化器　4. 稳压阀　5. 压力表　6. 针阀或稳流阀　7. 压力表　8. 气化室　9. 色谱柱　10. 检测器　11. 恒温箱

①载气钢瓶、空气压缩机和气体发生器　载气一般由高压气体钢瓶或气体发生器供给。钢瓶内氮气、氢气纯度一般要求在 99.999%以上,氦气在 99.99%以上。为了保证安全,各类气体钢瓶都必须定期作抗压试验,每次试验都要有详细记录(如检验日期、检验结论等),并载入气瓶档案。经检验,需降压后使用或报废的气体钢瓶,检验单位还会在瓶上打上钢印说明。

近年来,空气压缩机和各种气体发生器(图 6-34)的应用越来越多。在使用 FID 时,空气压缩机有取代气体钢瓶的趋势。常见的气体发生器有 N_2 发生器、H_2 发生器,当检测器对载气纯度要求不高时可用。

②高压气瓶总阀和减压阀　气瓶总阀用来控制瓶中气体的流出。减压阀俗称压力表,装在高压气瓶的出口,用来将高压气体调节到较小的压力(通常是 0.1～0.5 MPa)。减压阀上有

两个压力表，其中大表，即输入压力表，一般满瓶气压力在 13～15 MPa，当压力低于 1.5 MPa 时，应更换气瓶。另一个压力表，也称输出压力表，色谱分析过程中一般用 0.2～0.4 MPa。减压阀上还有一些安全装置，当低压的输出气体压力大于最大工作压力（2.5 MPa）的 1.1～1.5 倍时，安全装置就全部打开放气，以确保安全（图 6-35）。

图 6-34　气体发生器

图 6-35　高压气瓶总阀和减压阀

氢气减压阀与钢瓶连接处的螺纹与其他的不同，俗称“反扣”，即连接的拧动方向与其他阀与钢瓶的连接相反。另外，减压阀上通常有一个旋柄，可用来调节输出气体的压力，一般顺时针转动旋柄是增加输出气体压力，从而增大流速，反之则是减小。

③气管　常用气管的材料有塑料、不锈钢、铜等。为防止气体吸附及泄漏，最好用不锈钢管和铜管。

④净化器　净化器是用来提高载气纯度的，它是一根用金属或高强度的塑料制成的管子，串联在气路中，管里常用的净化剂包括 5A 分子筛、变色硅胶、活性炭等。出口用少量纱布或脱脂棉轻轻塞上，严防净化剂粉末流出净化管进入色谱仪。净化器使用一段时间后就注意更换。特别注意，当使用 ECD 检测器时，气路中除使用以上净化器外，一定要再串联一个专用的脱氧净化器。

⑤气流的稳定　载气流速范围一般在 20～50 mL/min 之间，流速稳定性要求小于 1%。减压阀可粗调载气流速，其他阀可进行精细调节。此外，气流调节阀通常还兼有稳定气体压力或稳定气体流速的作用。

⑥载气流量的测定　气相色谱中，一般采用转子流量计或皂膜流量计测量（图 6-36）。

⑦保持气路密闭性的各种密封垫　各种密封垫的材质一般是硅橡胶、石墨、不锈钢、黄铜等。由于硅橡胶不耐热，因此这类密封垫一般用于温度不高的接头部位，如气管与减压阀的接口、气管与气流调节阀的接口、气管与净化器的接口等。色谱柱的两端与进样口和检测器的接口处只能用石墨或黄铜、不锈钢等制成的耐高温密封垫。

(2)进样系统

①六通阀　六通阀及其进样过程（图 6-37）。取样时，气样进入定量管，而载气不经过定量管，直接进入色谱柱中（图中直接由 A 到 B）。然后，六通阀转动 60°，载气经过定量管后再进入色谱柱，即把定量管中的气样带入色谱柱中（图中载气由 A 到定量管再到 B）。定量管有 0.5、1、3、5 mL 等规格，实际工作时根据需要选用。

②注射器　一种是常规注射器，用于气体样品，常用规格是 0.25～5 mL；另外一种是微量注射器，用于液体样品和固体样品溶解得到的液态样品，常用规格有 1、5、10、50、100 μL 等。

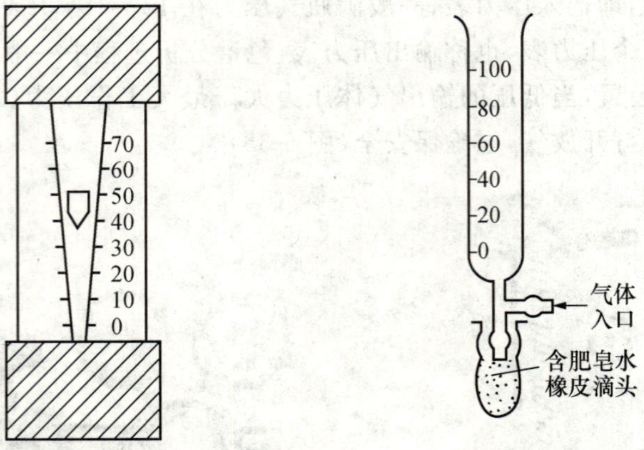

转子流量计　　　　皂膜流量计

图 6-36　载气流量测定装置

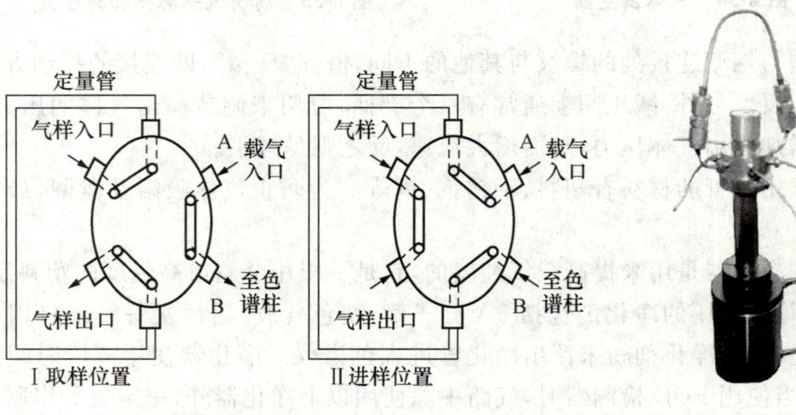

a 进样过程示意图　　　　b 实物图

图 6-37　六通阀

近年来，全自动进样器也开始应用，就是用一只机械手来模拟人用进样器进样的过程，其主要装置是一只机械手，一个可转动的用来盛放样品的转盘。

③其他进样方式　固体样品一般用适当溶剂溶解为液态后进样，但现在也有特殊的固体进样装置，称 PTI（顶空进样）。PTI 和 TCT（热脱附冷阱注样器）并用，不管样品是液态、固态、气态，都可直接进样，而不再需要进样器、六通阀和普通全自动进样装置。对于高分子物质，可在 500℃的高温下使物质瞬间分解，分解产物直接进入色谱柱分离。

使用毛细管柱时，样品进样量较填充柱少得多。一般在汽化室和色谱柱之间设置分流器，一小部分样品进入毛细管柱分离，另外大部分样品被排放到外界空气中。这种进样方式称为分流进样。此外，还有冷柱进样、大体积进样、程序升温汽化进样等多种进样方式。

④汽化室　汽化室的作用是将液态待测样品瞬间汽化为蒸气，然后由载气迅速带入色谱柱内。在检测器灵敏度允许范围内，样品用量尽量少。汽化室温度最好保持在瞬间使全部样品汽化且样品不发生分解的最高温度，通常比样品组分的最高沸点高 30～60℃。一般仪器的最高汽化温度为 350～420℃，有的可达 450℃，但大部分仪器的汽化温度在 400℃以下。有些

仪器的汽化室有程序升温功能，即汽化室温度可按照一定程序不断升高。

当样品与汽化室内壁可能发生反应时，可在汽化室内插入石英玻璃衬管，或把色谱柱一端放入汽化室内，样品直接注入色谱柱。衬管可保护汽化室不受污染，实际工作中应保持衬管干净，及时清洗。汽化室与外界环境之间有隔垫，一般是硅橡胶制成的，其作用是防止漏气。硅橡胶在使用多次后会失去作用，应经常更换。根据色谱峰的变化判断是否更换硅橡胶垫。此外，硅橡胶中含有的残留难挥发成分及本身受热分解产生的降解产物，严重影响样品分析，采取隔垫吹扫装置、加玻璃衬管和柱内进样可减少硅橡胶的这种不利影响。

(3)分离系统

①柱箱　相当于一个精密的恒温箱。柱箱的控温范围一般在室温(25℃)至450℃，且均带有程序升温装置。实质上，柱箱温度就是色谱柱的温度，温度对色谱柱分离效果有决定性影响。部分气相色谱仪柱箱内还带有低温装置，低温一般用液氮或液态 CO_2 来实现的，用于特殊情况下的进样如冷柱进样。

②色谱柱　气相色谱柱的形状有U形、螺旋形，U形的柱效较高。柱材料多为不锈钢、玻璃和聚四氟乙烯(表6-13)。

表6-13　GC常用色谱柱的特性

色谱柱种类		填料	特征
填充柱	内径2～4 mm	可用固体吸附剂，用固定液时载体表面液膜厚度10 μm	进样量大，一般为10～10^6 ng，但分离能力及对极性化合物的适用性比毛细管柱差很多，分析时间较长
	长度0.5～5 m		
大内径毛细管柱	内径0.53～0.75 mm	固定液直接涂渍在柱内壁，常用液膜厚度1.0～5.0 μm，厚液膜为5～8 μm	分离能力比常规毛细管柱低，但进样量比普通型毛细管柱大，一般为0.5～3 μg，且不需要分流进样。厚液膜的大内径毛细管柱可代替填充柱分析样品
	长度10～30 m		
常规(薄膜)毛细管柱	内径0.25～0.32 mm	固定液直接涂渍在柱内壁，常用液膜厚度0.15～0.5 μm	分离能力高于填充柱与大内径毛细管柱，从中沸点到高沸点的化合物都可分析。但进样量很小，一般为70～130 ng，需要分流进样
	长度25～50 m		
常规(厚膜)毛细管柱	内径0.25～0.32 mm	固定液直接涂渍在柱内壁，常用液膜厚度1.5 μm	进样量高于薄膜柱，一般为300 ng，适用于从低沸点到中沸点范围且要求分离能力高的化合物分析
	长度25～50 m		
小内径毛细管柱	内径≤0.1 mm	固定液直接涂渍在柱内壁，常用液膜厚度0.15～1.5 μm	色谱柱负荷量小，适用于高速分离分析
	长度10～15 m		

③固定相　常用的固定相有固体固定相、液体固定相和化学键合固定相。

固体固定相指固体吸附剂，如活性炭、硅胶、氧化铝、分子筛、碳多孔小球(TDX)、高分子多孔小球等，主要用于气体及一些低沸点物质的分离。

实际应用时，固定液要以液态附着在具有较大表面积的惰性特定载体表面，形成一层薄而均匀的液膜才能发挥分离的作用。常见载体类型有:硅藻土型载体、玻璃微球载体、氟载体及各种聚合物载体。

化学键合固定相通常是以表面孔径度可人为控制的球形多孔硅胶为载体,利用化学反应把某种化学基团键合在这种载体上形成的。化学键合固定相耐热性更好,固定液流失少,柱寿命大幅度提高。

(4)检测系统　检测器是产生色谱图的主要装置。热导检测器(TCD)、氢火焰离子化检测器(FID)、电子捕获检测器(ECD)和火焰光度检测器(FPD)是应用最广泛的检测器,此外还有氮磷检测器(NPD)、微型 ECD(μ-ECD)、脉冲 FPD(PFPD)、脉冲放电 ECD(PDECD)、原子发射检测器(AED)、光电离检测器(PID)、氦(氩)电离检测器(HID)、质谱检测器(MS)和红外检测器(FTIR)等(表 6-14)。

(5)记录系统　包括放大器、记录器等。

表 6-14　常用气相色谱检测器的应用特点

检测器	应用特点	检测对象
TCD	结构简单,稳定性好,灵敏度适宜,线性范围宽,对无机物和有机物都能进行分析,而且不破坏样品,适宜与其他检测器联用	理论上只要待测物质与载气的导热系数不同就能检测。常用于气体混合物的分离,特别是 FID 不能分离的气体
FID	死体积小,灵敏度高(比 TCD 高 100～1 000 倍),稳定性好,响应快,线性范围宽,但样品被破坏,无法进行收集。是当前应用范围最广的检测器	可检测能在火焰中燃烧电离的碳氢化合物,不能检测永久性气体、H_2O、CO、CO_2、H_2S、氮的氧化物等
ECD	高选择性、高灵敏度,是当前灵敏度最高的检测器,检测限也最低。样品检测时也被破坏	只对具有电负性的物质如含卤素、S、P、O、N 的物质有响应,而且电负性越强,检测器的灵敏度越高;特别适用于分析多卤化物、多环芳烃、金属离子的有机螯合物、含氮或磷的农药等
FPD	高选择性、高灵敏度,对样品有破坏	适宜分析含硫、磷的化合物,如农药、环境监测中微量硫、磷有机污染物等

注:尾吹气是从色谱柱出口处直接进入检测器的一路气体,也叫补充气或辅助气。其作用一是保证检测器在最佳载气流速条件下工作,二是消除检测器死体积对色谱峰的不良影响。

参考阅读

1. 塔板理论　1941 年由 James 和 Martin 提出,并用数学模型描述了色谱分离过程。他们将色谱柱比作一个分馏塔,柱内由一系列设想的塔板组成,一个塔板的高度称为理论塔板高度,用 H 表示。组分随着流动相进入色谱柱后,在每块理论塔板高度间隔内很快地在两相间达成分配平衡,经过多次分配平衡,分配系数小的组分先离开分馏塔,分配系数大的组分后离开分馏塔。由塔板理论可导出理论塔板数 n 的计算公式为:

$$n_{有效}=5.54(t'_{R}/W_{1/2})^2=16(t'_{R}/W)^2$$

由于不同物质在同一色谱柱上分配系数不同,所以同一色谱柱对不同物质的柱效是不一样的。因此,在用塔板数或塔板高度表示柱效能时,除应注明色谱条件外,还应指出是用什么物质进行测量的。塔板理论以热力学的观点阐述了溶质在色谱柱中移动的速率，解释了流出曲线的形状、色谱峰极大点的位置，提出了计算及评价柱效能高低的理论塔板数的公式。

2. 速率理论　1956 年荷兰学者范第姆特(Van Deemter)等提出。考虑了影响塔板高度的动力学因素，指出理论塔板高度是峰展宽的量度，导出了塔板高度 H 与载气线速度 u 的关系式，简称范氏方程：

$$H=A+\frac{B}{u}+Cu$$

式中：A 为涡流扩散项；B 为分子扩散系数；C 为传质阻力项系数；u 为载气的线速度。由此可见，色谱峰展宽受三个动力学因素控制，即涡流扩散项、分子扩散项和传质阻力项。欲提高柱效能，需降低式中各项的数值。

复习测试题

一、填空

1. 高效液相色谱法英文简写为________，具有________、________、________、________等特点。

2. 高效液相色谱仪一般由________、________、________、________、________五部分组成。

3. 流动相的极性小于固定相的极性，称为________色谱法，流动相的极性大于固定相的极性，称为________色谱法。

4. 在操作条件下，没有________通过，仅有流动相通过检测器所产生的响应信号称为基线。

5. 梯度洗脱分为________和________。

6. 进样器常用带有定量环的________进样器和自动进样器。

7. 气相色谱的基本原理为________理论和________理论。

8. 按色谱柱分类的气相色谱可分为________和________。

9. 双柱双气路气相色谱系统，载气在进入气化室时分成二路，分别进入不同的________和________。

10. 气化室的作用是将液态待测样品________。

11. 气相色谱中常用的固定相有三种：________、________和________。

12. 在药典中，维生素 E 用________法进行含量测定，并且规定维生素 E 中要检查特殊杂质________。

13. 高效液相色谱法的系统适用性试验通常包括________、________、________和________。

14. HPLC 中常用的检测器是________，GC 中常用的检测器是________。

15. HPLC 定量分析时分离度应不小于________；峰高法定量时，拖尾因子应在________之间。

二、简答题

1. 简述高效液相色谱法的分析流程。
2. 什么是化学键合相？具有哪些特点？
3. 高效液相色谱仪常用的检测器有哪些？
4. 色谱系统的适用性试验包括哪些主要内容？
5. 举例说明高效液相色谱仪的主要操作步骤及注意事项。
6. 高效液相色谱法常用的定性及定量方法有哪些？
7. 什么是气相色谱法？气相色谱法的一般流程是什么？
8. 简述色谱柱的种类及特点。
9. 简述气相色谱检测器的分类及特点？
10. 举例说明气相色谱仪的具体操作方法。
11. 气相色谱常用的定性及定量分析方法有哪些？
12. 哪些药物的含量测定常选用 HPLC 法？请列出三种药物。

学习子情境 6.6　热原试验

学习任务

氨苄西林钠的热原检查。

仪器与用具

电热干燥箱、分析天平、台秤、恒温水浴、兔试验固定器、超净工作台、体温计、注射器、注射针头、吸管、称量瓶。

实验材料

75%乙醇、甘油或凡士林、注射用水。

操作方法

1. 试验的准备

(1)家兔的准备　供试家兔应健康合格，体重 1.7～3.0 kg，雌兔应无孕，预测体温前 7 d 应用同一饲料饲养，在此期间，体重应不减轻，精神、食欲排泄等不得有异常现象。

未曾用于热原检查的家兔；或供试品判定的符合规定，但组内升温达 0.6℃的家兔；或 3 周内未曾使用的家兔，均应在检查供试品前 3～7 d 内预测体温，进行挑选。挑选试验的条件与检查供试品时相同，仅不注射药液，每隔半小时测量体温一次，共测 8 次，8 次体温均在 38.0～39.6℃的范围内，且最高与最低体温的差数不超过 0.4℃的家兔，方可供试验用。用于热原检查后的家兔，如供试品判定为符合规定，至少应休息 48 h，方可供第二次检查用。如供试品判定为不符合规定，则组内全部家兔不再使用。每一家兔的使用次数，用于一般药品检查，不应超过10次。

(2)检查前的准备 在做热原检查前1～2日，供试用家兔应尽可能处于同一温度的环境中，实验室和饲养室的温度相差不大于5℃，实验室的温度应在17～25℃，在试验全部过程中，应注意室温变化不大于3℃，防止家兔躁动并避免噪声干扰。家兔在试验前至少1 h开始停止给食并置于适宜的装置中，直至试验完毕。

2. 检查法

取适用的家兔3只，测定其正常体温后15 min内，自耳静脉缓缓注入规定剂量并温热至约38℃的供试品溶液，然后每隔30 min，按前法测量其体温1次，共测6次，以6次体温中最高的一次减去正常体温，即为该兔体温升高温度(℃)。如3只家兔中仅有1只体温升高0.6℃或0.6℃以上，或3只家兔体温升高均低于0.6℃，但升高的总数达1.4℃或1.4℃以上时，应另取5只家兔复试，检查方法同上。

3. 结果判定

在初试3只家兔中，体温升高均在0.6℃以下，并且3只家兔体温升高总和低于1.4℃；或复试的5只家兔中，体温升高0.6℃或0.6℃以上的家兔数不超过1只，并且初试、复试合并8只家兔体温升高总和不超过3.5℃时，均判为供试品的热原检查符合规定。

在初试3只家兔中，体温升高0.6℃或0.6℃以上的兔数超过1只；或在复试的5只家兔中，体温升高0.6℃或0.6℃以上的家兔超过1只；或初复试合并8只家兔的体温升高总和超过3.5℃时，均判为供试品的热原检查不符合规定。

当家兔升温为负值时，均以0℃计。

取本品，加灭菌注射用水制成每1 mL中含25 mg的溶液，依法检查，剂量按家兔每1 kg体重注射1 mL，应符合规定。

注意事项

(1)供试品溶液的制备，应在超净工作台内进行，供试品注射前应预热至38℃。

(2)测温时动作要轻，尽量避免对家兔刺激。温度计插入家兔的肛门前应先用液体石蜡涂抹温度计的水银球。插入的深度各兔应当一致，一般6 cm左右，时间不得少于1.5 min。每隔30 min测量体温1次，一般测量2次，两次体温之差不得超过0.2℃，以此两次体温的平均值作为该兔的正常体温。当日使用的家兔，正常体温应在38.0～39.6℃的范围内且各兔间正常体温之差不得超过1℃。

(3)温度计的精密度为±0.1℃。测温时最好每只家兔用同一肛门温度计，以减少误差。

(4)注射供试品时动作也应快，以免引起家兔挣扎，而使体温波动。注射速度宜缓慢，剂量较大者控制在10～15 min内注射完毕。

(5)将清洗干净的试验用的注射器、针头及一切和供试品溶液接触的容器，应置烘箱内用250℃加热30 min以除去热原，也可用其他适宜的方法除去热原。

应用示例

[示例6-38] 氯化钙葡萄糖注射液的热原检查。

取本品，依法检查，剂量按家兔每1 kg体重注射1 mL，应符合规定。

理论参考

热原是微量即可引起恒温动物体温异常升高的物质的总称。某些微生物的遗体或代谢产物注入体内以后，能引起发热反应，这些能引起发热的物质统称为热原，其化学成分为蛋白质、脂多糖、核蛋白及它们的水解产物。

热原检查一般采用家兔升温法，系将一定剂量的供试品，静脉注入家兔体内，在规定的时间内，观察家兔体温升高的情况，以判定供试品中所含热原的限度是否符合规定的一种方法。

拓展训练项目

异常毒性检查。

训练内容

1. 仪器用具及试剂

压力蒸气灭菌器、天平、小鼠固定架、注射器、吸管、烧杯。75%乙醇、注射用水、氯化钠注射液或其他溶剂。

2. 实验动物

体重 17～20 g 的健康小鼠，其来源、饲养条件、品种、性别均应相同，雌鼠无孕。做过本试验的小鼠不得重复使用。

3. 供试品溶液的配制

除另有规定外，用氯化钠注射液按各品种项下规定的浓度制成供试品溶液。

4. 检查法

除另有规定外，取上述小鼠 5 只，按各药品项下规定的给药途径，每只小鼠分别给予供试品溶液 0.5 mL。给药途径分为以下几种：

静脉注射　将供试品注入小鼠尾静脉，应在 4～5 s 内匀速注射完毕。规定缓慢注射的品种可延长至 30 s。

腹腔注射　将供试品注入小鼠腹腔。

皮下注射　将供试品注入小鼠腹腔或背部两侧皮下。

口服给药　将供试品通过适宜的导管，灌入小鼠胃中。

5. 结果判断

除另有规定外，小鼠在给药后 48 h 内不得有死亡；如有死亡时，应另取 10 只体重 18～19 g的小鼠复试，全部小鼠在 48 h 内不得有死亡。

6. 注意事项

(1)静脉注射时，如注射部位发白且推入药液有阻力时，表示针头未插入静脉内，应重插，如药液有损失，应另换小鼠注射。

(2)腹腔注射时，针头刺入部位不宜太近上腹部或太深，以免刺破内脏。

(3)皮下注射时，注意观察注射部位皮下是否出现白色泡状隆起，以确保药液在皮下。

(4)口服给药时，注射器接上胃管灌注针头，缓缓插入小鼠口腔，进入食道，缓慢注入供试品溶液，避免误入气管。

7. 应用示例

［示例 6-39］　盐酸土霉素的异常毒性检查。

取本品，加氯化钠注射液制成每 1 mL 中含 2 mg 的溶液，依法检查，按静脉注射法给药，应符合规定(供注射用)。

[示例 6-40]　右旋糖酐铁注射液的异常毒性检查。

取体重 18～22 g 的健康小白鼠 10 只，分别自尾静脉注射用氯化钠注射液稀释制成每 1 mL 中含 Fe 10 mg 的供试品溶液 0.5 mL，在 5 d 内小白鼠死亡数不得过 3 只；如超过 3 只，需另取小白鼠 20 只，重复试验，合并两次实验结果，小白鼠死亡数不得超过 10 只。

[示例 6-41]　硫酸链霉素的异常毒性检查。

取本品，加氯化钠注射液制成每 1 mL 中含 2 600 u 的溶液，依法检查，按静脉注射法给药，观察 24 h，应符合规定。

8. 理论简介

本法系将一定剂量的供试品溶液注入小鼠体内或口服给药，在规定时间内观察小鼠死亡情况，以判定供试品是否符合规定的一种方法。

技能链接

质量管理部门根据需要设置的理化检验室、精密仪器室、生物测定以及其他各类实验室应与药品生产区分开。中药检验及标本室、留样观察室和实验动物检室要分室进行。

用于生产和检验的仪器、仪表、量器、衡器等，其适用范围和精密度应符合生产和检验要求，有明显的状态标志并定期校验。

留样观察记录

药品名称				批号			规格		
留样日期				留样人			数量		
观察项目	各月份观察结果								
	第 0 月	第 3 月	第 6 月	第 9 月	第 12 月	第 18 月	第 24 月	第 36 月	留样观察员	复核人

复习测试题

一、填空

1. 热原是微量即可引起恒温动物________的物质的总称。

2. 家兔热原检查测温每隔 30 min 测量体温 1 次，共测________次。

3. 异常毒性检查是将一定剂量的供试品溶液注入小鼠体内或口服给药，在规定时间内观察________，以判定供试品是否符合规定的一种方法。

二、简答题

1. 简述热原检查的实验前准备。
2. 热原检查时如何正确选用家兔？
3. 热原检查过程中的注意事项有哪些？
4. 简述热原检查的具体操作步骤与结果判定方法。
5. 简述异常毒性检查的操作方法。

学习子情境 6.7　无菌检查

学习任务

伊维菌素注射液的无菌检查。

仪器与用具

无菌室或超净工作台、薄膜过滤器(图 6-38)、恒温培养箱、高压蒸汽灭菌锅、生物学显微镜等。

图 6-38　薄膜过滤器

实验材料

0.9%无菌氯化钠溶液、pH 7.0 氯化钠-蛋白胨缓冲溶液。蛋白胨、牛肉膏、酵母膏、葡萄糖、磷酸氢二钾、磷酸二氢钾、氯化钠、硫酸镁、*L*-胱氨酸、硫乙醇酸钠、胰酶水解酪胨、刃天青(或亚甲蓝)、琼脂、2 mol/L 盐酸溶液、2 mol/L 氢氧化钠等。

操作方法

1. 培养基的制备

常用培养基有硫乙醇酸盐流体培养基(用于培养好氧菌、厌氧菌)、改良马丁培养基(用于培养真菌)、选择性培养基、营养肉汤培养基、营养琼脂培养基、0.5%葡萄糖肉汤培养基(用于硫酸链霉素等抗生素的无菌检查)、改良马丁琼脂培养基。

2. 供试品处理及接种培养基

(1)薄膜过滤法见表 6-15。

(2)直接接种法见表 6-16。直接接种法即每支(或瓶)供试品按规定量分别接种至各含硫乙醇酸盐流体培养基及改良马丁培养基的容器中。

3. 培养及观察

上述含培养基的容器按规定的温度培养 14 日，培养期间应逐日观察并记录是否有菌生长。如在加入供试品后，或在培养过程中，培养基出现浑浊，培养 14 日后，从外观上判断有无微生物生长，可取该培养液适量转种的同种新鲜培养基中或划线接种于斜面培养基上，细菌培养 2 日，真菌培养 3 日，观察接种的同种新鲜培养基是否再出现浑浊或斜面是否有菌生长；或取培养液涂片,染色,镜检,判断是否有菌。

表 6-15 薄膜过滤法供试品处理及接种方法

供试品	处理方法	接种方法
水溶液	取规定量,直接过滤,或混合至含适量稀释液的无菌容器内,混匀,立即过滤。如供试品具有抑菌作用或含防腐剂,须用适量的冲洗液冲洗滤膜,冲洗次数不得少于 3 次	冲洗后,如用封闭式薄膜过滤器,应分别将 100 mL 硫乙醇酸盐流体培养基及改良马丁培养基加入相应的滤筒内。如采用一般薄膜过滤器,应取出滤膜,将其剪成 3 等份,分别置于含 50 mL 硫乙醇酸盐流体培养基及改良马丁培养基的容器中,其中一份作阳性对照用
可溶于水的固体制剂	取规定量,加适宜的稀释液溶解或按标签说明复溶	按照水溶液供试品项下的方法操作
β-内酰胺类抗生素	取规定量,按水溶液或固体制剂供试品的处理法处理,立即过滤,用适宜的冲洗液冲洗滤膜	再用含适量 β-内酰胺酶的冲洗液清除残留在滤筒、滤膜上的抗生素后接种培养基,必要时培养基中可加少量的 β-内酰胺酶;或将滤膜直接接种至含适量 β-内酰胺酶的培养基中。接种培养基的方法按照水溶液供试品项下方法操作
非水溶性制剂	取规定量,直接过滤;或混合溶于含聚山梨酯 80 或其他适宜乳化剂的稀释液中,充分混合,立即过滤。用含 0.1%～1%聚山梨酯 80 的冲洗液冲洗滤膜至少 3 次	滤膜于含或不含聚山梨酯 80 的培养基中培养。培养基接种按照水溶液供试品项下的方法操作

表 6-16 直接接种法供试品处理及接种方法

供试品	处理及接种方法
混悬液等非澄清水溶液	取规定量接种至各管培养基中
固体制剂	取规定量直接接种至各管培养基中,或加入适宜的稀释液溶解,或按标签说明复溶后,取规定量接种至各管培养基中
β-内酰胺类或磺胺类	取规定量,混合,加入适量的无菌 β-内酰胺酶溶液或对氨基苯甲酸溶液使中和,接种至各管培养基中,或直接接入含 β-内酰胺酶或对氨基苯甲酸的各管培养基中
非水溶性制剂	取规定量,混合,加入适量的聚山梨酯 80 或其他适宜的乳化剂及稀释剂使其乳化,接种至各管培养基中,或直接接种至含聚山梨酯 80 或其他适宜乳化剂的各管培养基中

4. 结果判断

若供试品管均澄清,或虽显浑浊但经确证无菌生长,判供试品符合规定;若供试品管中任何一管显浑浊并确证有菌生长,判供试品不符合规定,除非能充分证明试验结果无效,即生长的微生物非供试品所含。

取本品,依法检查(薄膜过滤法,非水溶性制剂供试品),应符合规定。

注意事项

(1)供试品无菌检查前或与供试品的无菌检查同时，应进行培养基的适用性检查，无菌检查用的培养基应符合无菌性检查及灵敏度检查的要求。

(2)当建立兽药的无菌检查法时，应进行方法的验证，以证明所采用的方法适合于该兽药的无菌检查。

(3)供试品的检验数量与检验量参见中国兽药典附录。

(4)应根据供试品特性选择阳性对照菌，阳性对照管培养 48～72 h 应生长良好。取相应溶剂和稀释剂作为阴性对照，阴性对照不得有菌生长。

(5)操作时用适宜的消毒液对供试品容器表面进行彻底消毒。

(6)供试液经薄膜过滤后，若需要用冲洗液冲洗滤膜，每张滤膜每次冲洗量为 100 mL，且总冲洗量不宜过大，以避免滤膜上的微生物受损伤。

技能链接

培养基配制与使用记录

名　称		配制批号	
分装容器		分 装 量	

配制方法：

称取市售培养基　　g 加入　　mL 新鲜纯化水，加热搅拌溶解，分装于试管中。

配制过程：

原料来源、批号：

配制量：　　　　分装数量：

配制人：　　　　复核人：　　　　配制时间：

灭菌：

灭菌温度：________℃；压力：________ Pa，时间________ min

灭菌操作时间：　　时　　分至　　时　　分

操作人：　　　　复核人：

观察培养：

置________℃培养箱中培养观察________小时。

培养结果：

长菌________管，完好________管，干净完好的培养基置冰箱保存。

使用有效期至：　　　　年　　月　　日

培养时间：　　日　　时至　　日　　时

操作人：　　　　　复核人：

	日 期	数 量	使 用 人	日 期	数 量	使 用 人
使用记录	月　日			月　日		
	月　日			月　日		
	月　日			月　日		
	月　日			月　日		
	月　日			月　日		

应用示例

［示例 6-42］ 硫酸卡那霉素的无菌检查。

取本品 1 g，用适宜溶剂溶解后，转移至不少于 500 mL 的 0.9%无菌氯化钠溶液中，用薄膜过滤法处理后，依法检查，应符合规定。另取装量 10 mL 的 0.5%葡萄糖肉汤培养基 6 管，分别加每 1 mL 中含本品 30 mg 的溶液 0.25～0.5 mL，3 管在 30～35℃培养，另 3 管在 20～25℃培养，应符合规定(供注射用)。

理论参考

无菌检查法是指适用于检查兽药典要求无菌的兽药制剂、原料、辅料、兽医医疗器具及其他品种是否无菌的一种方法。无菌检查应在环境洁净度 10 000 级下的局部洁净度 100 级的单向流空气区域内或隔离系统中进行，其全过程必须遵守无菌操作，防止微生物污染。

拓展训练项目

微生物限度检查。

训练内容

1. 仪器及用具

无菌室、超净工作台、恒温培养箱(室)、匀浆仪、恒温水浴箱、高压蒸汽灭菌器。菌落计数器(图 6-39)、显微镜(1 500×)、天平(感量 0.1 g)等。

图 6-39 菌落计数器

2. 稀释液、试药、试液、指示液及培养基的制备

参见中国兽药典附录。

3. 供试液的制备

按供试品的理化特性与生物学特性可采取适宜的方法制成供试液。常用的供试品有液体供试品，固体、半固体或黏稠性供试品，及用特殊供试液制备方法的供试品(主要有非水溶性供试品，肠溶及结肠溶制剂供试品，气雾剂、喷雾剂供试品，具抑菌活性的供试品)。制备方法详见中国兽药典附录有关项。

4. 细菌、霉菌及酵母菌计数

(1)平皿法

①注平皿 取均匀供试液，进一步稀释成 1∶10、1∶10^2、1∶10^3 等适宜的稀释级。分别取连续三级 10 倍稀释的供试液各 1 mL，置直径约 90 mm 的无菌平皿中，注入温度不超过 45℃的培养基 15～20 mL，混匀，待凝固后，倒置培养，每稀释度应制备 2～3 个平板。同时做阴性对照试验，取试验用的稀释液 1 mL，置无菌平皿中，注入培养基，凝固，倒置培养基。每种计数用的培养基各制备 2 个平板，均不得有菌生长。

问题研讨

查阅资料了解细菌、霉菌及酵母菌计数方法的验证。

②培养与计数 细菌计数用营养琼脂培养基，霉菌及酵母菌计数用玫瑰红钠琼脂培养基，酵母菌计数用酵母浸出粉胨葡萄糖琼脂培养基。

细菌培养时间为 48 h，逐日点计菌落数，一般以 48 h 菌落数报告。霉菌、酵母菌培养时间为 72 h，逐日点计菌落数，一般以 72 h 的菌落数报告。

③菌数报告规则　宜选取细菌、酵母菌平均菌落数在 30～300 之间，霉菌平均菌落数在 30～100 之间的稀释级，作为菌数报告（取两位有效数字）的依据。

参考阅读

如有 1 个稀释级在 30～300（30～100）之间时，将该稀释级的菌落数乘以稀释倍数报告；如同时有 2 个稀释级在 30～300（30～100）之间时，视两者比值（比值为高稀释级的平均菌落数乘以稀释倍数的值除以低稀释级的平均菌落数乘以稀释倍数的值）而定。

若比值不大于 2，以两稀释级的菌落数乘以稀释倍数的均值报告菌数；若比值大于 2 但不超过 5 时，以低稀释级菌落数乘以稀释倍数的值报告菌数；当出现比值大于 5，或高稀释级菌落数大于或等于低稀释级的菌落数等异常情况时，应查明原因再行检查，必要时，应进行方法的重新验证。

当各稀释级的平板均小于 30，以最低稀释级平均菌落数乘以稀释倍数的值报告菌数。

当各稀释级的平板均无菌落生长，或仅最低稀释级的平板有菌落数生长，但平均菌落数小于 1 时，以＜1 乘以最低稀释倍数的值报告菌数。

（2）薄膜过滤法　取相当于每张滤膜含 1 g 或 1 mL 供试品的供试液，加至适量的稀释剂中，混匀，过滤。若供试品中每 1 g 或 1 mL 所含的菌数较多时，可取适宜稀释级的供试液 1 mL，过滤。用 pH7.0 氯化钠—蛋白胨缓冲溶液或其他适宜的冲洗液冲洗滤膜，取出滤膜，菌面朝上贴于营养琼脂或玫瑰红钠琼脂培养基或酵母浸出粉胨葡萄糖琼脂培养基平板上培养。

培养条件和计数方法同平皿法，每片滤膜上的菌落数应不超过 100 个。

以相当于 1 g 或 1 mL 供试品的菌落数报告菌数；若滤膜上无菌落生长，以＜1 报告菌数（每张滤膜过滤 1 g 或 1 mL 供试品），或＜1 乘以稀释倍数的值报告菌数。

问题研讨

查阅资料了解控制菌检查方法的验证。

5. 控制菌检查

主要检查大肠杆菌、大肠菌群、沙门氏菌、铜绿假单胞菌、金黄色葡萄球菌、梭菌，具体检查方法参见中国兽药典附录。

6. 结果判断

供试品检出控制菌或其他致病菌时，按一次检出结果为准，不再复试。

供试品的细菌数、霉菌和酵母菌数，其中任何一项不符合该品种项下规定，应从同一批号样品中随机抽样，复试 2 次，以 3 次结果平均值报告菌数。

眼用制剂检出霉菌和酵母菌数时，须以 2 次复试结果均不得长菌，方可判供试品的霉菌和酵母菌数符合该品种项下的规定。

若供试品细菌数、霉菌和酵母菌数及控制菌三项检验结果均符合该品种项下的规定，判供试品符合规定；若其中任何一项不符合该品种项下的规定，判供试品不符合规定。

7. 注意事项

(1)供试品检查时,如果使用了表面活性剂、中和剂或灭活剂,应证明其有效性及对微生物的生长和存活无影响。

(2)当建立兽药的微生物限度检查法时,应进行细菌、霉菌及酵母菌计数方法、控制菌检查方法的验证,以确认所采用的方法适合于该兽药的细菌、霉菌及酵母菌数的测定及控制菌的检查。

8. 理论简介

微生物限度检查法系指非规定灭菌制剂及其原、辅料受微生物污染程度的一种方法。检查项目包括细菌数、霉菌数、酵母菌数及控制菌检查。

微生物限度检查应在环境洁净度 10 000 级下的局部洁净度 100 级的单向流空气区域内进行,检验全过程必须严格遵守无菌操作,防止再污染。

除另有规定外,本法检查中细菌培养温度为 30～35℃;霉菌、酵母菌培养温度为 23～28℃;控制菌培养温度为 35～37℃。

非无菌兽药的微生物限度标准是基于兽药的给药途径及对患畜健康潜在的危害而制定的。兽药的生产、贮存、销售过程中的检验,原料及辅料的检验,新兽药标准制定,进口兽药标准复核,考察兽药质量及仲裁等,除另有规定外,其微生物限度均以本标准为依据(表 6-17)。

表 6-17　微生物限度标准

序号	制剂类别		限度标准
1	制剂通则、品种项下要求无菌的制剂及标示无菌的制剂		应符合无菌检查法规定
2	内服给药制剂		细菌数　每 1 g 不得超过 1 000 个。每 1 mL 不得超过 100 个。 霉菌数和酵母菌数　每 1 g 或 1 mL 不得超过 100 个。 大肠杆菌　每 1 g 或 1 mL 不得检出
3	局部给药制剂	用于手术、烧伤及严重创伤的局部给药制剂	应符合无菌检查法规定
		眼部给药制剂	细菌数　每 1 g 或 1 mL 不得超过 100 个。 霉菌数和酵母菌数　每 1 g 或 1 mL 不得检出。 金黄色葡萄球菌、铜绿假单胞菌、大肠杆菌　每 1 g 或 1 mL 不得检出
		耳、鼻及呼吸道吸入给药制剂	细菌数　每 1 g、1 mL 或 10 cm^2 不得超过 100 个。 霉菌数和酵母菌数　每 1 g、1 mL 或 10 cm^2 不得超过 10 个。 金黄色葡萄球菌、铜绿假单胞菌　每 1 g、1 mL 或 10 cm^2 不得检出。 大肠杆菌　鼻及呼吸道给药的制剂,每 1 g、1 mL 或 10 cm^2 不得检出
		阴道、尿道给药制剂	细菌数　每 1 g 或 1 mL 不得超过 100 个。 霉菌数和酵母菌数　每 1 g 或 1 mL 应小于 10 个。 金黄色葡萄球菌、铜绿假单胞菌　每 1 g 或 1 mL 不得检出

续表 6-17

序号	制剂类别		限度标准
3	局部给药制剂	直肠给药制剂	细菌数　每 1 g 不得超过 1 000 个，每 1 mL 不得超过 100 个。 霉菌数和酵母菌数 每 1 g 或 1 mL 不得超过 100 个 金黄色葡萄球菌、铜绿假单胞菌、大肠杆菌　每 1 g 或 1 mL 不得检出
		其他局部给药制剂	细菌数　每 1 g、1 mL 或 10 cm^2 不得超过 100 个。 霉菌数和酵母菌数　每 1 g、1 mL 或 10 cm^2 不得超过 100 个。 金黄色葡萄球菌、铜绿假单胞菌　每 1 g、1 mL 或 10 cm^2 不得检出
4	含动物组织（包括提取物）的内服给药制剂		每 10 g 或 10 mL 不得检出沙门氏菌
5	有兼用途径的制剂		应符合各给药途径的标准
6	霉变、长螨者		以不合格论
7	原料及辅料		参照相应制剂的微生物限度标准执行

复习测试题

一、填空

1. 无菌检查法包括________和________两种方法。

2. 无菌检查应在环境洁净度________的单向流空气区域内或隔离系统中进行。

3. 微生物限度检查项目包括________、________、________及________。

4. 微生物限度检查中细菌培养温度为____℃；霉菌、酵母菌培养温度为____℃；控制菌培养温度为____℃。

5. 无菌检查应在环境洁净度________级下的局部洁净度________级的单向流空气区域或隔离系统中进行，其全过程必须严格遵守无菌操作，防止微生物污染。

6. 药品进行无菌检查时所用的冲洗液有________和________。

二、简答题

1. 举例说明薄膜过滤法的具体操作方法。

2. 举例说明直接接种法的具体操作方法。

3. 简述细菌、霉菌及酵母菌的计数方法。

4. 举例说明微生物限度检查的具体操作方法。

学习子情境 6.8 抗生素效价的测定

学习任务

土霉素效价的测定。

仪器与用具

1. 效价室

图 6-40 牛津杯

用于制备双碟和滴加抗生素溶液。应为独立的半无菌室，操作台面铺设厚度 5 mm 以上的钢化玻璃板，玻璃板用水平仪从上、下、左、右及两条对角线共 6 个方向校正，使之保持水平。紫外消毒灯与操作台面的距离应小于 1.5 m，操作室放置试验菌时，不得开启紫外消毒灯。室内应保持合适的温度，温度过低，培养基凝固过快，不易铺平，如果高于培养温度，会影响试验菌的生长，干扰检测结果。禁止在操作室内溶解、稀释抗生素，以防抗生素固体粉末或其高浓度溶液污染环境。进入效价室时，应更换专用的试验服。

2. 双碟(平皿)

玻璃双碟内底应平，薄厚均匀，用手触摸没有凸凹感。将双碟放在水平台上，下面垫白纸，加入 2～3 mL 用水稀释成 50%的蓝墨水，观察颜色的深浅，判断碟底的平坦程度。

3. 钢管(牛津杯)

不锈钢制成的小管(图 6-40)，测量每批供试品效价时，尽量使用同一牌号和型号的钢管，钢管之间重量差异不超过 0.05 g。

4. 陶瓦圆盖

用黏土烧制而成，内底平坦，无凸凹。

5. 灭菌刻度吸管

用于量取菌悬液和培养基。使用后立即浸入 5%石炭酸或 1∶1 000 新洁尔灭溶液中消毒，再按照玻璃仪器常规方法洗涤。在管口处疏松地塞入少许脱脂棉，用报纸或牛皮纸包好，也可放在专用的盒子内，盖好盒盖。在 120℃ 以上干热灭菌 2 h，也可在 121℃ 蒸汽灭菌 30 min，烘干后备用。

6. 游标卡尺或抑菌圈测量仪

镀铬游标卡尺用于测量抑菌圈直径，用后，用 75%酒精擦拭，晾干后收藏。抑菌圈测量仪因仪器配有光敏元件，安放时避免阳光直射。

课堂互动

效价检测时双碟平度如何检查?

7. 恒温培养箱

最好采用隔水式的，使箱内的温度均匀。隔层上放置一玻璃板，玻璃板用水平仪校正，保持水平，均匀钻出若干个孔用于热空气的上下流通。

实验材料

1. 培养基

根据使用目的分为菌种传代培养基、制备菌悬液用培养基和检测培养基。菌种传代培养基大多为营养琼脂培养基；制备菌悬液用培养基是液体培养基，如制备藤黄微球菌悬液的培养基Ⅲ；检测培养基由于测定的对象和使用的试验菌不同，常用Ⅰ、Ⅱ、Ⅳ、Ⅴ等不同配方。无论何种培养基，选材、配制的要求是相同的。

2. 缓冲液

配制缓冲液的试剂不得低于分析纯试剂规格，配制过程中，要严格按照要求配制，必要时可用磷酸或 10 mol/L 氢氧化钾溶液调节 pH 到规定值的±0.05 范围内。分装、灭菌操作与培养基相同。

3. 试验菌

抗生素生物效价检定只能使用规定编号的试验菌，严格禁止使用不同菌或同一种菌但不同编号的菌作为试验菌。购买的试验菌多为冷冻干燥菌种，要经过复壮、传代、扩大培养才能制备成菌悬液用于检验。在此过程中使用的培养基均为营养琼脂斜面培养基，容器一般为试管，制备菌悬液进行扩大培养时，可用茄子瓶。

操作方法

主要操作流程如下：

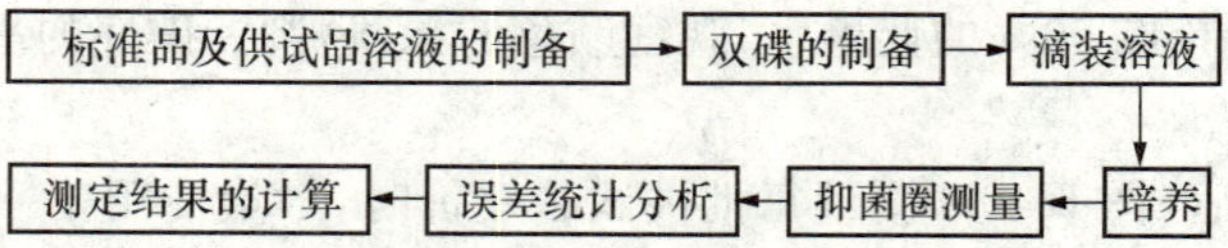

1. 标准品溶液与供试品溶液的制备

(1)准备　称量前，从冷藏箱中取出标准品，放置在天平室直至与室温平衡。供试品须在临称量前打开，称量后立即封口，放在干燥器内保存。估计供试品的效价，第一次测定时可按照标示量估计。根据溶解所用量瓶的规格，计算需要称量的标准品与供试品的量，二者的效价数量尽可能相同。

(2)称量　供试品与标准品应使用同一分析天平称量。

称量时最好一次取样称取，不得将已取出的标准品或供试品倒回原容器。称样量不得少于 20 mg。称样量的计算：

$$W=\frac{V\times c}{p}$$

式中：W 为标准品或供试品的称量(mg)；V 为溶解标准品或供试品成浓溶液所用量瓶的容量(mL)；c 为标准品或供试品浓溶液的浓度(u/mL 或 μg/mL)；P 为标准品的效价或供试品的估计效价。

(3)稀释　用灭菌水或规定的其他溶剂溶解，通常第一步溶解稀释到 1 000 u/mL，使成浓溶液。按照抗生素微生物检定设计要求，用缓冲液稀释到规定浓度，使成最终的滴装溶液。

一剂量法按照 1∶0.8 的比例稀释标准品溶液成等比梯度浓度，梯度溶液一般不少于5个。供试品最终浓度与标准品中心浓度相同。二剂量法标准品及供试品高、低浓度的剂距为2∶1或4∶1；三剂量法标准品及供试品高、中、低浓度的剂距为1∶0.8。要在抗生素微生物检定设计要求规定的浓度范围内选择浓度。

溶解、稀释标准品与供试品使用的量瓶、移液管等规格应一致，保持同步稀释。标准品的浓溶液，一般在4～8℃保存，能使用7 d。最终浓度的滴装溶液只能临用现配，当天使用。

2. 双碟的制备

(1)应在效价室进行，融化培养基用微波炉或沸水浴加热，避免直火加热。

(2)底层　用灭菌大口吸管量取20 mL融化的培养基注入双碟中，使在底部均匀摊布，放置水平台上使凝固，作为底层。用陶瓦圆盖覆盖。

(3)菌层　另取已经融化的培养基，放冷到48～50℃(芽孢可至60℃)，加入规定的试验菌悬液适量(经过预试验，能得清晰的抑菌圈。一剂量法标准品溶液的中心浓度所致的抑菌圈直径在16～17.5 mm，二剂量法标准品溶液的高浓度所致的抑菌圈直径在18～22 mm，三剂量法标准品溶液的中心浓度所致的抑菌圈直径在15～18 mm)，摇匀，制成菌层培养基。用灭菌的10 mL大口吸管量取5 mL到双碟中，使在底层上均匀摊布，作为菌层。用陶瓦圆盖覆盖，放置在水平台上冷却20～30 min，待完全凝固，备用。

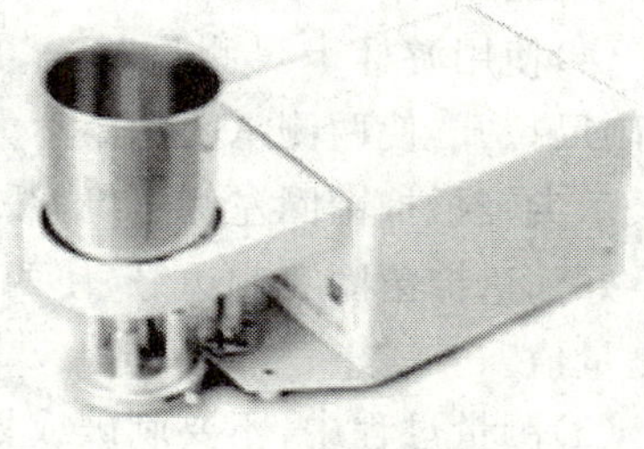

图 6-41　钢管放置器

3. 滴装溶液

(1)放置钢管　在每1个双碟中以等角距均匀安置钢管4个(二剂量法)或6个(一三剂量法)。捏住灭菌镊子，将镊尖置灭菌钢管内，松手，使镊尖从里向外撑住钢管内壁，将钢管移到双碟上方合适的位置，再缓缓捏住镊子，使钢管轻轻落在培养基上，用陶瓦圆盖覆盖。注意每个钢管下落的高度应一致，以保持各钢管下落的重量相近。放置5～10 min，使钢管在培养基上稍下沉稳定后，再开始滴装抗生素溶液。也可使用钢管放置器放置(图6-41)。

(2)滴装溶液用灭菌毛细滴管或移液器，每一种溶液使用一支毛细滴管或移液尖嘴，滴装前用溶液冲洗2～3次。

二剂量法　取制备好的双碟不得少于4个，在每1双碟中对角的2个钢管中分别滴装高浓度及低浓度的标准品溶液，其余2个钢管分别滴装高浓度及低浓度的供试品溶液。

(3)滴装溶液至钢管口平满，使用毛细滴管滴装溶液时，注意各钢管的平满程度应一致，使管内溶液向培养基扩散的压力相同。使用移液器，加入量一般为300 μL。

(4)每一个双碟内各溶液的滴装时间间隔不可过长，防止因溶液的扩散时间不同影响测定结果。同一溶液连续滴装不超过5个钢管，如数量较多，可分批滴装。

(5)滴装完毕，用陶瓦圆盖覆盖双碟，平稳移入培养箱。必要时可叠放，但不超过3个，避免受热不均，影响抑菌圈大小。在规定温度下培养至所需时间。

4. 抑菌圈测量

(1)双碟中菌层生长应丰满、均匀、连接成片，抑菌圈边缘清晰，没有虚圈。否则可根据情况适当增加培养时间，提高菌层的丰满程度。对于抑菌圈边缘清晰度稍差的，可将双碟连同钢管、陶瓦圆盖一并从培养箱中取出，在室温下放置1～2 h，能使清晰程度提高。

(2)对于边缘不规整、不呈正圆形或边缘有破损的抑菌圈,连同整个双碟一并废弃,不予测量、计算。被杂菌污染的双碟,由于杂菌的抗菌能力与试验菌不同,不能用于测量和计算,发现染菌即废弃不用。

注意切不可凭人为的主观意识废弃双碟,对于确有明显异常的抑菌圈,必须按照兽药典中"特异反应剔除和缺项补足"的要求,经过计算,才能剔除特异数据并进行缺项补充。

(3)去掉双碟上的陶瓦圆盖,倒出钢管。如果一次测量的双碟较多,可盖上玻璃盖。一次测定多个批号的样品时,要按批号排列好,防止拿错。

临测量前,去掉玻璃盖。用抑菌圈测量仪(图 6-42)测量时,注意残留的抗生素溶液在光线透过时,会产生放大效应,导致测量误差,可用滤纸小心吸去。还要注意双碟的摆放位置与方向是否符合仪器的规定。

图 6-42　微生物自动测量分析仪

(4)使用游标卡尺测量时,采用外径量测方法。先将主、副尺拉开,使两测爪间的距离大于被测抑菌圈的直径,主尺爪尖轻抵抑菌圈左侧边缘,缓缓推动副尺直至副尺爪尖恰好到达抑菌圈右侧边缘,使两爪尖的间距与抑菌圈直径保持一致。眼睛平视卡尺刻度,读取测量值。

(5)测量过程中,不要刺破或划破抑菌圈表面和边缘。

(6)测量时注意避免主观误差,同一抑菌圈的两次测量值应不超过 0.2 mm。

5. 误差统计分析

二剂量法,按照"生物检定统计法"(2.2)法的公式计算。由于计算量很大,费时费力,对于用游标卡尺手工测量的数据,建议使用市售的专用软件进行计算。

(1)可靠性测验　抗生素微生物检定法的原理是量反应平行线原理。可靠性测验就是通过对剂间变异的方差分析进行 F 检验,以检测标准品和供试品的各对数剂量组和所产生的抑菌圈直径(面积)的关系是否显著偏离平行直线。只有认为可靠时才能进行效价和可信限的计算。

剂间变异分析各项目的意义:

试品间——用于评判供试品的估计效价是否合适;

回归——用于评判标准品与供试品剂量反应关系的直线性;

偏离平行——用于评判标准品与供试品剂量反应线的平行性;

剂间——用于评判不同浓度产生的抑菌圈大小的差异;

碟间——用于评判双碟间出现的差异。

以上变异分析用于(2.2)法和(3.3)法。(3.3)法还需再分析。

二次曲线——评判标准品与供试品剂量反应线的直线性。

反向二次曲线——评判标准品剂量反应线与供试品剂量反应线的平行性。

可靠性测验的判定　根据各项变异的方差分析结果计算 F 值,与按照概率 P(一般为 $P=0.05$ 或 $P=0.01$)查表所得的 F 值比较进行判定。当计算 F 值小于查表的 $F_{0.05}$($P=0.05$ 时的 F 值)值时,表明 $P>0.05$,变异不显著。当计算 F 值大于查表的 $F_{0.05}$($P=0.05$ 时的 F 值)值时,表明 $P<0.05$,变异显著。当计算 F 值大于查表的 $F_{0.01}$($P=0.01$ 时的 F 值)值时,表明 $P<0.01$,变异非常显著(表 6-18)。

满足各分析项目的"要求",说明标准品和对照品的量反应关系直线平行或偏离平行不显著，可以判定可靠性成立。

表 6-18 可靠性测验的判定

应用范围	变异分析项目	要求与期望	结论
(2.2)法、(3.3)法	试品间(F_1)	期望 $F_1<F_{0.05}$	$P>0.05$，不显著
	回归(F_2)	要求 $F_2>F_{0.01}$	$P<0.01$，非常显著
	偏离平行(F_3)	要求 $F_3<F_{0.05}$	$P>0.05$，不显著
	剂间(F_6)	期望 $F_6>F_{0.01}$	$P<0.01$，非常显著
	碟间(F_7)	期望 $F_7<F_{0.05}$	$P>0.05$，不显著
(3.3)法	二次曲线(F_4)	要求 $F_4<F_{0.05}$	$P>0.05$，不显著
	反二次曲线(F_5)	要求 $F_5<F_{0.05}$	$P>0.05$，不显著

试品间、剂间和碟间差异这三项“期望”，不作为判定可靠性的标准。但可以用来发现操作中的问题，规范试验过程。试品间差异可以通过调整供试品的估计效价，使实测效价不超过估计效价的±10%来控制缩小差异。当试品间变异非常显著时，需要重新试验，此时应参考所得结果重新估计供试品的效价或重新调整剂量实验。剂间差异可以通过调整测定溶液高低浓度所产生的抑菌圈直径差，使之超过 2 mm 来达到增加差异的目的。碟间差异可以通过严格挑选双碟、钢管，严格规范操作全过程，减少双碟间的差异。

(2)可信限率 用以考核试验的精密度。经统计，如严格控制操作过程，适当增加双碟数，可使可信限率数值降低，精密度提高。除特殊品种外，该法的可信限率不得大于 5%。

6. 测定结果的计算

使用测量仪时，测量仪会根据输入的指令自动输出测量值、计算结果、可信限率等，并进行可靠性测验。

使用游标卡尺手工测量抑菌圈直径时，二剂量法按以下方法计算：

$$R=100\times \lg^{-1}\left[\frac{T_1+T_2-S_1-S_2}{T_2+S_2-T_1-S_1}\times I\right]$$

式中：R 为供试品效价相当于标示量或估计效价的百分数；S_2 为高浓度标准品溶液所产生的各抑菌圈直径(ds_2)的总和；S_1 为低浓度标准品溶液所产生的各抑菌圈直径(ds_1)的总和；T_2 为高浓度供试品溶液所产生的各抑菌圈直径(dt_2)的总和；T_1 为低浓度供试品溶液所产生的各抑菌圈直径(dt_1)的总和；I 为高浓度与低浓度比值的对数。

将此百分数乘以供试品估计效价的毫克单位数，记得供试品每 1 mg 中所含的单位数。

7. 抗生素微生物检定试验设计示例

见表 6-19。

表 6-19 抗生素微生物检定试验设计表

类别	实验菌	培养基		灭菌缓冲液 pH	抗生素浓度范围(mL)	培养条件	
		编号	pH			温度(℃)	时间(h)
链霉素	枯草芽孢杆菌	Ⅰ	7.8～8.0	7.8	0.6～1.6	35～37	14～16
土霉素	藤黄微球菌	Ⅱ	6.5～6.6	6.0	10.0～40.0	35～37	16～18

续表6-19

类别	实验菌	培养基		灭菌缓冲液 pH	抗生素浓度范围(mL)	培养条件	
		编号	pH			温度(℃)	时间(h)
庆大霉素	短小芽孢杆菌	Ⅰ	7.8～8.0	7.8	2.0～12.0	35～37	14～16
新霉素	金黄色葡萄球菌	Ⅱ	7.8～8.0	7.8	4.0～25.0	35～37	14～16
大观毒素	大肠杆菌	Ⅴ	7.8～8.0	7.0	50.0～300.0	35～37	16～18

注意事项

1. 培养基和缓冲液

①配制培养基的材料直接关系试验菌的生长和抑菌圈的质量。蛋白胨、牛肉浸出粉、酵母浸出粉、琼脂等有机成分要使用生化试剂，葡萄糖、氯化钠等至少要选用分析纯试剂，尽量减少材料中杂质对试验的影响。

②配制培养基时，葡萄糖应在配制的最后一步加入，以减少加热和调节 pH 时使用的酸碱对葡萄糖的破坏作用。

③培养基灭菌后的 pH 会比灭菌前降低约 0.2，所以灭菌前调节 pH 时应略高于要求的灭菌后的值。

④配制好的培养基，装入适当的容器，不能装得过满，防止加热灭菌时培养基上溢污染瓶塞，导致染菌。

⑤容器口用棉塞或硅胶塞塞紧，用硫酸纸包裹塞子和瓶口，外面用牛皮纸包严，用耐热的线绳扎紧瓶口，放入高压灭菌锅在 115℃灭菌 30 min。灭菌结束后要及时取出培养基，避免长时间处在高热环境造成营养成分被破坏。

⑥对于需要制成斜面的培养基，趁热斜放在合适高度的木架上使凝固成斜面培养基，试管中的斜面应为试管高度的 2/3～3/4。

课堂互动

培养基和玻璃器皿采用高压蒸汽灭菌法灭菌的温度、时间为多少？

⑦灭菌后的培养基在 4～8℃可保存 1 个月。

也可以使用固体粉末培养基，只要按照说明书配制即可，非常简单方便。但要注意，目前市售的固体粉末培养基种类很多，良莠不齐，要注意选择，第一次使用前一定要做预试验。

⑧配制培养基所有用具必须是专用的，如称量使用的天平、药勺、硫酸纸，接触培养基或水的容器、量桶、烧杯、搅拌用的玻璃棒、漏斗等。

⑨配制培养基和缓冲液所用的加热容器以玻璃、搪瓷或不锈钢材质的为宜，不要使用铁或铝质的，因为在加热过程中，游离到溶液中的铁或铝对试验菌的生长有干扰。

⑩琼脂用量根据品种、季节适当调整，室温低的季节少加。

2. 菌悬液

①菌种的接种过程要在无菌室的酒精灯或煤气灯的火焰旁或超净工作台内，按照无菌操作的要求完成，超净工作台须放置在洁净工作室或半无菌室内。

②操作前，用 1/1 000 新洁尔灭溶液擦拭无菌室的操作台面、木质(或塑料、耐腐蚀的金

属)凳、四壁、地面，并向操作间上空喷雾消毒，打开紫外消毒灯照射 30 min，同时开启超净工作台。待空气中的消毒液和紫外灯产生的臭氧散尽后，操作者方可进入无菌室。

③操作者用肥皂水清洗双手，在缓冲间穿上专用试验服和鞋，戴好消毒口罩和乳胶手套，双手在 1/1 000 新洁尔灭溶液中浸泡数分钟，用消毒手巾擦干后，携带培养基和菌种以及必要的用具进入操作间。带入无菌室的用具必须经过灭菌处理。

④培养基及菌种从冰箱取出后，须在室温条件下放置 30 min 以上，使温度与室温相同。培养基中如果没有冷凝水，表示放置时间过长或水分散失过多，不宜使用。用玻璃笔在试管上写上菌种的编号、接种时间。

⑤接种操作要在铺有 1/1 000 新洁尔灭溶液纱布的搪瓷盘内进行。接种前，试管的塞子须在迅速通过火焰时稍加旋转使之松动，但不能拔出来，以防染菌。

课堂互动

抗生素微生物检定法常用的检定菌有哪些？

⑥接种时，培养基的斜面向上，用左手掌托住试管，左手拇指压住试管，管口向上略倾斜，防止管内冷凝水流出。右手拿接种针手柄，把白金耳放在火焰上烧红，将接种针的金属部分迅速通过火焰 3 次。用右手的小指和无名指分别夹住两个试管的塞子，在快速通过火焰的同时轻轻拔出。管口应置火焰的无菌区间，塞子不能接触任何物品。接种针的金属部分放在空白培养基的试管内冷却，可通过用白金耳轻轻触碰培养基表面，来观察是否完全冷却。将接种针移到菌种试管中，用白金耳在菌苔的中间部位粘取少量菌，快速移到空白培养基距斜面底部 0.5～1 cm 处，由下至上划曲线到距斜面上边 0.5～1 cm 处，将菌涂在斜面上，禁止反复涂抹。取出接种针，将管口和塞子同时快速通过火焰，塞严。用于扩大培养的茄子瓶，则将菌涂满斜面，以增加菌量。涂抹菌苔时注意不要划破培养基的表面。取一次菌种可接种 3 只传代用斜面试管。

⑦接种后的接种针用火焰灼烧残留的菌苔，从白金丝与金属杆连接的根部灼起，缓缓向前端移动，至白金耳上的菌苔枯焦，再将白金耳移到火焰上灼红。接种针每接种一次，灼烧灭菌一次，禁止未经灭菌反复取菌种。

接种后的培养基在恒温培养箱中按照要求培养。培养时容器或试管应直立，避免冷凝水流到涂菌的斜面上。

培养结束后，观察菌种的生长状况，是否有染菌、变异产生的色素等异常现象，如果有，应废弃不用。

⑧使用冷冻干燥菌种接种时，先将冷冻管尖部置火焰上灼烧，用灭菌滴管滴一滴灭菌的 0.9%氯化钠溶液使爆裂，再用灭菌镊子将开裂部分轻轻打掉，滴加少量灭菌的 0.9%氯化钠溶液到冷冻管圆球底部，轻叩圆球部使菌种溶化成悬浊液。换一支灭菌滴管吸出菌液转移到营养琼脂斜面培养基上，用接种针划线，进行复苏培养。一般在 36℃培养 22～24 h。

首次复苏的菌种往往长势不好，有时仅出现若干菌落，这需要再次转接进行复壮，一般要转接 2～3 次，直至恢复到最佳状态。

⑨恢复到最佳状态的菌种即为日常工作中使用的工作菌种，主要用于制备菌悬液的扩大培养接种。工作菌种视品种不同，在 4～8℃可保存 20 d 至 1 个月。每一个保存期传代一次，传代后原有菌种废弃。菌种的保存期要根据实际情况不断摸索，保存时间短，传代次数多，会

使菌种变异速度加快。保存时间长，则菌种老化，质量下降。

工作菌种在传代过程中会发生变异，每3～6个月在营养琼脂平板上分离一次，挑选典型菌落替代原有的菌种，或重新开启一支冷冻管替换原有的菌种。

技能链接

菌种传代保存记录

菌种名称		菌种编号			来源			购买日期		
形态特征	传代编号	传代代数	传代日期	传代者	培养特征	最佳培养基	培养条件	贮存条件	贮存位置	保管者

⑩制备菌悬液，最好使用新接种的新鲜工作菌种作为扩大培养的菌种，使制备出的菌悬液所含的试验菌处在最佳生长时期(表6-20)。对于浓度高的菌液，可适当稀释后再加入到培养基中。加入到培养基中的菌液的体积，一般不应超过菌层培养基的2%，避免与底层的含水量相差过大。

表6-20 常用菌悬液的制备方法

菌悬液	制备方法
枯草芽孢杆菌	取枯草芽孢杆菌[中国菌种保藏中心编号为CMCC(B)63501]的新鲜工作菌种，接种于盛有营养琼脂培养基的培养瓶中，在35～37℃培养7 d，用革兰氏染色法涂片镜检，应有芽孢85%以上，用灭菌水将芽孢洗下，在65℃水浴中加热30 min，备用 制备好的芽孢菌悬液，在4～8℃保存，可使用6～12个月。期间如果发现抑菌圈边缘不整齐、不清晰，可将芽孢菌悬液重新加热，以杀灭在保存过程中萌发的菌体
短小芽孢杆菌	取短小芽孢杆菌[中国菌种保藏中心编号为CMCC(B)63202]的新鲜工作菌种，按照枯草芽孢杆菌悬液的方法制备
金黄色葡萄球菌	取金黄色葡萄球菌[中国菌种保藏中心编号为CMCC(B)26003]的新鲜工作菌种，接种于营养琼脂斜面上，在35～37℃培养20～22 h。临用时，用灭菌水或灭菌的0.9%氯化钠溶液将菌苔洗下，备用。只能当天使用
藤黄微球菌	取藤黄微球菌[中国菌种保藏中心编号为CMCC(B)28001]的新鲜工作菌种，接种于盛有营养琼脂培养基的培养瓶中，在26～27℃培养24 h，用灭菌的0.9%氯化钠溶液将菌苔洗下，备用。在4～8℃保存，能使用15～20 d
大肠杆菌	取大肠杆菌[中国菌种保藏中心编号为CMCC(B)44103]的新鲜工作菌种，接种于营养琼脂斜面上，在35～37℃培养20～22 h。临用时，用灭菌水将菌苔洗下，备用。只能当天使用

3. 操作过程

①接触试验菌的玻璃仪器 双碟、刻度吸管等，测试后放在适当的容器内，于115℃灭菌30 min。冷却后双碟用不锈钢小铲刀清除培养基，再用自来水冲洗，用毛刷或纱布沾少许去污粉或洗洁精擦洗双碟，用自来水冲净，再用蒸馏水冲洗内外3遍，控干。将双碟配对盖好，用报纸包好，每10个一包，或倒置在专用的盒子里，刻度吸管等放入另外的盒子，干热灭菌。

②钢管 使用过的钢管用1/1 000浓度的新洁尔灭溶液浸泡6 h以上才能清洗，用水冲净后，超声清洗30 min，再用蒸馏水冲洗3次，放入带盖容器，在150～160℃干热灭菌2 h，备用。每2周用沾有去污粉的纱布条串起，来回摩擦，清除污垢。

③陶瓦圆盖 每次测试后及测试前，都要在150～160℃干热灭菌2 h，每2周清洗一次。

④溶解、稀释抗生素的玻璃仪器 测试后，用水冲洗干净，控干，用洗液浸泡1 h以上，再用自来水冲洗干净，用蒸馏水内外冲洗3次，控干，备用。用洗液浸泡的主要目的是，破坏残存在玻璃仪器上的抗生素。

⑤测定使用的双碟应为当天制备的。测量同一批供试品时，应使用同一瓶培养基、缓冲液，同一批钢管、双碟，菌层取自同一瓶含菌培养基。

⑥对于二、三剂量法，标准品或供试品由于称量时很难准确到恰为计算的重量，称量量可以比计算量略高，通过加至刻度后，用刻度吸管补水的方法，使溶液准确达到规定的浓度，但补水量不得超过1 mL。也可以不必补水，采用 *D* 值校正的方法，在计算时加以校正。

⑦管碟法影响因素 抗生素的测定值与抑菌圈大小直接相关，为了排除外界因素对抑菌圈的干扰，二剂量法和三剂量法都把标准品溶液和供试品溶液滴加在同一双碟中，使二者的检定条件尽量相同。尽管如此，对抑菌圈的大小也是有限制的。

影响抑菌圈大小的因素除抗生素的量以外，还有抗生素的最低抑菌浓度、培养基厚度、抗生素在培养基内的扩散程度、抗生素在培养基内扩散与试验菌生长繁殖达到平衡的时间有关。配制培养基使用的琼脂中的凝胶含量也会影响抗生素的扩散，凝胶含量越高，扩散阻力越大，抑菌圈越小。在检验中，不能随意改变设计的条件。

参考阅读

供试品操作要点

1. 原料药品 称取样品，估计效价尽量接近真实效价，如估计效价与真实价距离较远时，可先作初试，然后按初测结果来估计效价，再作精密测定。

原料药品一般皆以干燥品或无水物计算效价，先测其含水的供试品效价，再根据供试品的水分或干燥失重的结果折算成干燥品或无水物的效价。

2. 粉针剂 取装量差异项下的内容物，称出适量(50 mg以下)至称量瓶或适宜容器内，按估计效价进行溶解、稀释，测出每1 mg的单位数，再根据重量差异项下的每瓶平均重量计算出整瓶的效价。

3. 注射液或溶液剂 标示量以每毫升含效价单位数计，效价测定时启开安瓿或小瓶塞后，用干燥的标准吸管取一定量供试品，将吸管外壁用滤纸擦净，再弃去过多的供试品，沿着容量瓶口内壁缓缓放入已盛有一定溶剂的容量瓶内，以免抗生素结晶析出，振摇，继续加溶液至刻度，摇匀，再稀释至规定浓度。

有些油溶液和混悬液黏度大，粘壁。应先测定该针剂的相对密度，根据相对密度值将量取体积数换算成称取重量数，精密称出适量至称量瓶或适宜容器中，用规定的溶剂溶解，转移至容量瓶中，再稀释至规定浓度。

4. 片剂(素片) 称取20片的总量，求出平均片重，研细混合均匀后，精密称出适量(约相当1片的重量)至称量瓶或适宜容器中，然后根据每片的标示量，用规定的溶剂溶解，转移至容量瓶中，再稀释至规定的浓度。

5. 预混剂 精密称取供试品适量，转移至容量瓶中，按各供试品项下规定的提取方法进行提取和稀释，过滤或离心后量取续滤液或上清液，也可待沉淀下沉后量取其上清液，再稀释至规定浓度。

6. 可溶性粉 精密称取供试品适量，按照原料药项下稀释。

7. 胶囊剂 精密称出约相当平均1个胶囊的量，用规定的溶剂溶解并转移至容量瓶内，稀释至刻度，摇匀，如供试品中含较多的辅料，照片剂项下的方法进行。

8. 软膏剂或眼膏剂 将膏剂挤入洁净的分液漏斗内，约2 g，按规定量加提取溶剂(不含过氧化物的乙醚或石油醚，提取的抗生素应不溶于或微溶于该有机溶剂中，以避免提取过程中损失)至分液漏斗中，振摇，使基质溶解后，用规定的缓冲溶液将抗生素提取到水相溶液中，用缓冲溶液提取3次，合并3次提取液，置所需的容量瓶内，加缓冲溶液至刻度，摇匀，再稀释至规定的浓度。

应用示例

[**示例6-43**] 土霉素效价的测定。

用二剂量法测定某批土霉素效价，要求按无水物计算，经测定，水分为6.1%。领取该批土霉素，作为供试品。

1. 称量与稀释

(1)计算称量量

①标准品效价915 u/mg，首先使用50 mL容量瓶溶解至1 000 u/mL，需要称量$W_{标}$：

$$W_{标}=\frac{V\times C}{P_{标}}=\frac{50\ \text{mL}\times 1\ 000\ \text{u/mL}}{915\ \text{u/mg}}=54.6\ \text{mg}=0.054\ 6\ \text{g}$$

②供试品估计效价890 u/mg，与标准品同样方法溶解，取样量$W_{样}$：

$$W_{样}=\frac{V\times C}{P_{标}}=\frac{50\ \text{mL}\times 1\ 000\ \text{u/mL}}{890\ \text{u/mg}}=56.2\ \text{mg}=0.056\ 2\ \text{g}$$

(2)称取样品并溶解

①实际称取标准品0.055 1 g，稀释成1 000 u/mL时的体积$V_{标}$应为：

$$V_{标}=\frac{0.055\ 1\ \text{g}\times 915\ \text{u/mg}\times 1\ 000\ \text{mg/g}}{1\ 000\ \text{u/mL}}=50.42\ \text{mL}$$

将称得的标准品全部转移至50 mL容量瓶中，按照标准要求，以每10 mg土霉素加0.1 mol/L盐酸溶液1 mL的量，加入0.1 mol/L盐酸溶液5 mL，振摇使土霉素溶解，按照化学分析的操作要求，加灭菌水至刻度，用1 mL刻度吸管量取0.42 mL灭菌水到容量瓶中，摇匀，即成为1 000 u/mL浓度的标准品浓溶液。该溶液可在4℃保存一周。

②实际称取供试品0.057 1 g，与标准品制成相同浓度溶液的体积$V_{样}$应为

$$V_{样}=\frac{0.0571\ g\times 890\ u/mg\times 1\,000\ mg/g}{1\,000u/mL}=50.82\ mL$$

与标准品相同方法溶解，补加 0.83 mL 灭菌水，摇匀。

(3)稀释

①精密量取 5 mL 1 000u/mL 的标准品溶液→50 mL 容量瓶→100 u/mL 的标准品溶液。

精密量取 5 mL 1 000 u/mL 的供试品溶液→50 mL 容量瓶中→100 u/mL 的供试品溶液。

②精密量取 10 mL 100 u/mL 标准品溶液→100 mL 容量瓶→10 u/mL 的标准品低剂量溶液。

精密量取 10 mL 100 u/mL 标准品溶液→50 mL 容量瓶→20 u/mL 的标准品高剂量溶液。

③精密量取 10 mL 100 u/mL 供试品溶液→100 mL 容量瓶→10 u/mL 的供试品低剂量溶液。

精密量取 10 mL 100 u/mL 供试品溶液→50 mL 容量瓶→20 u/mL 的供试品高剂量溶液。

2. 检定

试验菌　藤黄微球菌(28001)，Ⅱ号培养基，制备 10 个双碟。培养温度 35～37℃，培养时间 16～18 h。

3. 测量报告

抑菌圈测量仪的测量报告

检品名称：土霉素	检品编号：××××××
供样单位：××××××	规格：原料药
生产单位：××××××	包装：10 kg/桶
检品批号：20060709	检验目的：委托检验
检品数量：200 g	检验依据：《中国兽药典》2005 年版
检验日期：2006 年 8 月 1 日	发报告日期：2006 年 8 月 2 日
室温：27℃	湿度：45％

碟号	ds_1	ds_2	dt_1	dt_2	合(ym)
1	17.57	19.86	17.24	19.84	74.51
2	17.38	19.98	17.29	19.75	74.40
3	17.30	19.40	17.09	19.42	73.21
4	17.84	20.49	17.79	20.44	76.56
5	17.16	19.89	16.93	19.79	73.77
6	17.00	19.64	17.25	19.50	73.39
7	16.78	18.99	17.21	19.88	72.86
8	17.29	20.08	17.16	20.18	74.71
9	17.15	19.75	17.19	19.80	73.89
10	17.32	19.83	17.22	19.86	74.23
合(yk)	S_1＝172.79	S_2＝197.91	T_1＝172.37	T_2＝198.46	741.53

试品间　$F_1=0.011\,3$　$P=0.05$　$F=4.210\,0$　回归　$F_2=1\,746.967\,9$　$P=0.01$　$F=7.680\,0$；

偏离平行　$F_3=0.626\,8$　$P=0.05$　$F=4.210\,0$　剂间　$F_6=582.535\,3$　$P=0.01$　$F=4.600\,0$；

碟间　$F_7=7.148\,1$　$P=0.01$　$F=3.560\,0$；

碟数 $m=10$　圈数 $K=4$　估计效价 $A_t=890.000\,0$；

剂间比 $r=2.000\,0$　浓度比 $D=1.000\,0$　对数值 $I=0.301\,0$；

t 表　$t=2.052\,0$　样品方差 $S^2=0.037\,5$　自由度 $f=27$；

R 的对数值　$M=0.000\,8$　回归系数 $g=0.002\,4$　标准误 $S_m=0.007\,2$；

对数比值 $R=1.001\,8$　R 上限 $R_h=1.036\,5$　R 下限 $R_l=0.968\,2$；

测定效价 $P_t=891.567\,4$　P_t 上限 $P_h=922.471\,4$　下限 $P_l=861.706\,1$；

可信限率 P_t 的 $FL\%=3.41\%$。

4. 可靠性测验结果判断

由测量报告可见：

回归 $F_2(=1\,746.967\,9)>F_{0.01}(=7.680\,0)$，说明 $P<0.01$ 差异非常显著，符合要求；

偏离平行 $F_3(=0.626\,8)<F_{0.05}(=4.210\,0)$，说明 $P>0.05$ 差异不显著，符合要求。

可以判定本试验可靠，可以进行效价计算。

试品间 $F_1(=0.011\,3)<F_{0.05}(=4.210\,0)$，说明 $P>0.05$ 差异不显著，满足期望；

剂间 $F_6(=582.535\,3)>F_{0.01}(=4.600\,0)$，说明 $P<0.01$ 差异非常显著，满足期望；

碟间 $F_7(=7.148\,1)>F_{0.01}=(3.560\,0)$，说明 $P<0.01$ 差异非常显著，没有满足期望。

可见在试验中，试品间及剂间差异都满足了期望。碟间差异过大，虽然不作为可靠性判定参数，但应分析原因，以便在今后的工作中加以注意。

5. 效价计算

(1)采用抑菌圈测量仪测定的，报告中直接给出测定值 R、效价 P_t。如果手工计算，过程如下：

$$R=100\times\lg^{-1}\left[\frac{T_1+T_2-S_1-S_2}{T_2+S_2-T_1-S_1}\times I\right]$$

$$=100\times\lg^{-1}\left[\frac{172.37+198.46-172.79-197.91}{198.46+197.91-172.37-172.79}\times 0.301\,0\right]$$

$$=100\times\lg^{-1}(0.000\,764\,1)=100.18(\%)$$

$P_t=$估计效价$\times R=890\times100.18\%=891.6(\text{u/mg})$

(2)可信限及可信限率　由检测报告可见，当 $P=0.05$ 时，测定值 R 的可信范围为 $0.968\,2\sim1.036\,5$，效价 P_t 的可信范围为 $861.706\,1\sim922.471\,4$。

P_t 的可信限率 $FL\%=\dfrac{Ph-Pl}{2\times Pt}\times100\%=\dfrac{922.4-861.7}{2\times891.6}\times100\%=3.4\%$

可信限率小于 5%，符合要求，可以进行折合成干燥品效价的计算。

(3)干燥品效价　上面计算出的效价是湿品效价，还需折合成干燥品的效价。

$$\text{干燥品效价(u/mg)}=\frac{\text{湿品效价(u/mg)}}{1-\text{供试品干燥失重(水分)}\%}=\frac{891.6\ \text{u/mg}}{1-6.1\%}=949.52$$

出具报告的测定结果为“按照干燥品计算，本品每 1 mg 中含 950 土霉素效价单位”。

理论参考

抗生素微生物检定法系指在适宜条件下，根据量反应平行线原理设计，通过检测抗生素对微生物的抑制作用，计算抗生素活性(效价)的方法，能够直观地反映抗生素总的抗菌能力。

量反应平行线原理是指，当标准品和供试品属于同一性质的抗生素时，标准品溶液和供试品溶液对一定试验菌所得的剂量反应曲线，在一定剂量范围内相互平行。即“同种物质，同种反应”，因此每种抗生素有着各自的效价单位，不同抗生素之间的效价单位没有可比性。

抗生素微生物检定包括两种方法：

1. 管碟法又称管碟琼脂扩散法

是利用抗生素在琼脂培养基内的扩散作用，比较标准品与供试品二者对接种的试验菌产生抑菌圈的大小，以测定供试品效价的一种方法。在一定范围内，抗生素溶液的对数浓度(剂量)与抑菌圈面积或直径成正比，根据抑菌圈的大小计算出抗生素溶液的浓度。

管碟法分为三种方法：一剂量法又称标准曲线法，常用于原料生产的过程监控、中间体或半成品检验；二剂量法是抗生素质量检验的常规方法；三剂量法主要用于标准品的标定。中国兽药典(2005 年版)收载了二剂量法和三剂量法。

2. 浊度法

系利用抗生素在液体培养基中对试验菌生长的抑制作用，通过测定培养后细菌浊度值的大小，比较标准品与供试品对试验菌生长抑制的程度，以测定供试品效价的一种方法。

抗生素效价以“单位”表示，是用来衡量抗生素对敏感微生物有杀灭或抑制作用的活性的量。所以，无论活性基团上连接的其他基团如何，活性基团的量不变，则效价单位不变。如泰乐菌素、酒石酸泰乐菌素和磷酸泰乐菌素，有效活性基团均为泰乐菌素，效价单位都以“泰乐菌素单位”计，理论上 1 mg 泰乐菌素的效价为 1 000 泰乐菌素单位。需要注意的是，泰乐菌素单位相同时，由于连接的基团不同，三者的重量不同。

测定结果表示的是抗生素杀灭或抑制微生物的抗菌能力，不是化学结构上的纯度；对多组分抗生素而言，测定值是各组分抗菌能力的总和；具有较高的灵敏度，测定溶液的浓度一般每 1 mL 中仅含有几个单位甚至零点几个单位，就能满足测定要求；对测定前的分离要求较低，只要测定溶液中不含有其他干扰试验菌生长的物质，就可以用于测定，尤其适用于饲料、动物组织中抗生素的测定。

复习测试题

一、填空

1. 抗生素微生物检定法系通过检测抗生素对微生物的________作用，计算抗生素________的方法。

2. 抗生素微生物检定包括________和________两种方法。

3. 抗生素微生物检定法培养基根据使用目的分为培养基、________培养基和________培养基。

4. 二剂量法标准品及供试品高、低浓度的剂距为________。

5. 制备菌悬液，最好使用新接种的________作为扩大培养的菌种。

6. 二剂量法标准品溶液的高浓度所致的抑菌圈直径应在________mm。

7. 抗生素微生物检定法常用检定菌为________、________和________。

8. 管碟测定法双碟处理，洗净沥干后应置________℃干热灭菌 2 h，或高压________℃蒸气灭菌 30 min 备用。

二、简答题

1. 什么是管碟法？管碟法操作的主要流程有哪些？
2. 双碟的制备方法有哪些？
3. 简述管碟法的影响因素。管碟法具体操作的注意事项有哪些？
4. 如何进行测定结果的误差统计分析？
5. 举例说明抗生素效价测定的具体操作。
6. 药典有哪些药物选用抗生素微生物检定法？请列出三种药物。

学习子情境 6.9　细菌内毒素测定

学习任务

硫酸链霉素的细菌内毒素检查。

仪器与用具

细菌内毒素测定仪，BET-32B 型(图 6-43)。

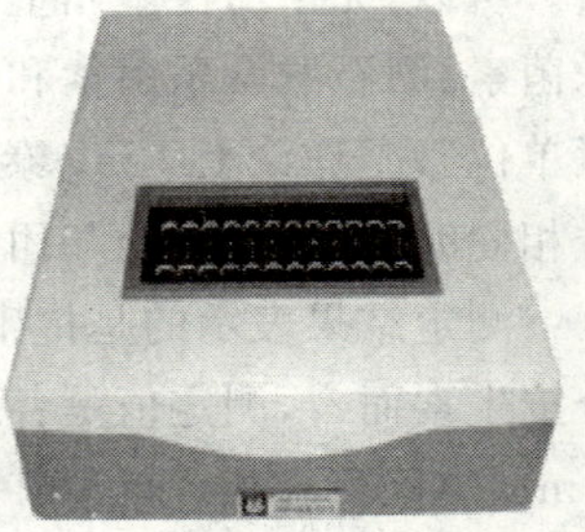

图 6-43　内毒素测定仪

实验材料

细菌内毒素标准品、内毒素检查用水、鲎试剂、硫酸链霉素样品。

操作方法

1. 标准曲线的可靠性试验

(1)稀释内毒素工作标准品　取内毒素工作标准品(中国药品生物制品检定所生产，100 EU/mL)1 支，开启，加入 1 mL 内毒素检查用水溶解，然后用封口膜封闭瓶口，在混旋器上混合 15 min，混旋后得 100 EU/mL 的内毒素工作标准品溶液。

按 10 倍稀释法制备内毒素工作标准品浓度梯度，每稀释一步前要充分振荡 30 s 后再吸取液体加到下一梯度试管中。

例：把浓度为 100 EU/mL 的工作标准品稀释为 10、1、0.1、0.01 EU/mL 四个浓度(图

6-44)

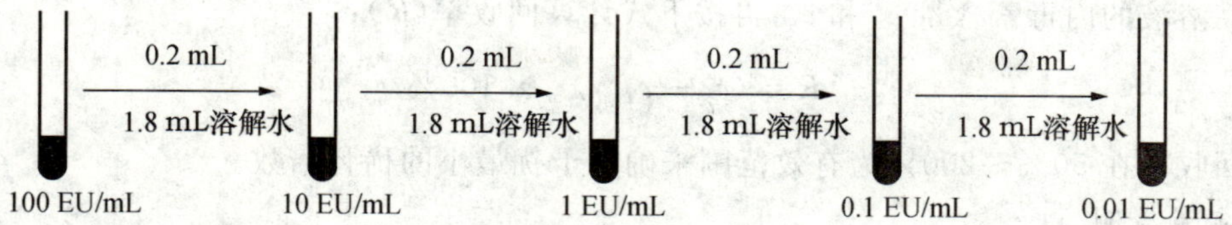

图 6-44 标准品稀释

(2)制备鲎试剂溶液　取试剂盒内三支鲎试剂(装量为 0.5 mL),分别加入 0.5 mL 细菌内毒素检查用水(此水应重新开瓶),静置少时,待其充分溶解后,将它们混合在一支内轻轻摇匀、待用。

取仪器专用试管 14 支定量专用小试管,分别加入 0.1 mL 鲎试剂(注意不要产生气泡)。

(3)制备标准曲线　把每个试管的内容(试剂名称、内毒素含量)输入计算机,取稀释好的内毒素四个浓度点 10 EU/mL、1 EU/mL、0.1 EU/mL、0.01 EU/mL 分别加入装有鲎试剂的小试管中 0.1 mL,每个点取 3 个平行管,注意加样前应混旋内毒素溶液 30 s,且每个浓度点应更换加样头。把溶解鲎试剂的水取 0.1 mL 加入小试管中,取 2 个平行管,做阴性对照。每个浓度点在加完样后应立即用封口膜封口,放入反应器中,开始检测。

(4)生成标准曲线　仪器预设 OD 值,即吸光度,仪器采用透光率下降到 95%的点作为反应时间临界点,将 95%取负对数正好是 0.02。待最后一个浓度点的反应曲线(图 6-45)超过 0.02 限值后,用鼠标点中"手动停止检测"按钮,停止数据采集。点击[生成标准曲线]键,则自动对数据进行计算,得出标准曲线的线性回归方程。

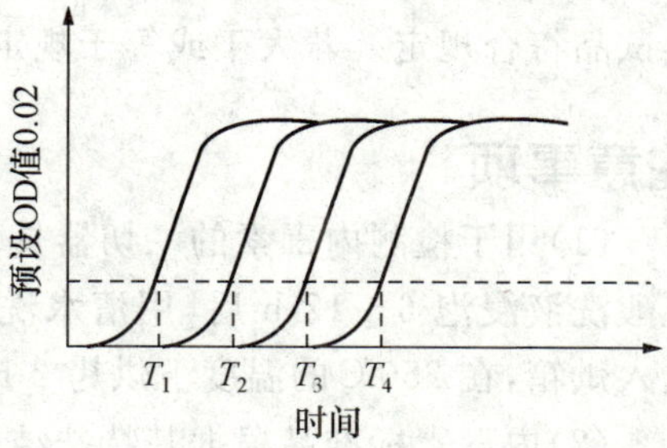

图 6-45 反应曲线

2. 干扰试验

选择标准曲线中点或一个靠近中点的内毒素浓度(设为 λ_m),作为供试品干扰试验中添加的内毒素浓度。本试验选择 0.5 EU/mL 作为添加浓度,制备溶液 A、B、C 和 D(表 6-21)。

表 6-21 光度测定法干扰试验溶液的制备

编号	内毒素浓度	配制内毒素的溶液	平行管数
A	无	供试品溶液	不少于 2 个
B	标准曲线中点(或附近点)的浓度(设为 λ_m)	供试品溶液	不少于 2 个
C	至少 3 个浓度(最低一点设为 λ)	检查用水	每一浓度不少于 2 个
D	无	检查用水	不少于 2 个

注:A 为稀释倍数不超过 MVD 的供试品溶液;B 为加入了标准曲线中点或靠近中点的一个已知浓度的内毒素,且与溶液 A 有相同的稀释倍数的供试品溶液;C 为"如标准曲线的可靠性试验"项下描述的用于制备标准曲线的标准内毒素溶液;D 为阴性对照。

称取一定量硫酸链霉素,溶解并稀释为 4、2、1、0.5 mg/mL,每个浓度分别取 0.2 mL 加入 0.1 mL 鲎试剂作为样品检查,样品阳性对照管为含 0.5 EU/mL 标准内毒素的 4 个浓度硫酸链霉素溶液。插入仪器中检测，按所得线性回归方程分别计算出供试品溶液和含标准内毒素的供试品溶液的内毒素含量 c_t 和 c_s，再按下式计算回收率(R)：

$$R=(c_s-c_t)/\lambda_m\times100\%$$

以回收率在 50%～200%为有效范围来确定干扰最小的稀释倍数。

3. 定量检测

称取一定量硫酸链霉素，加检查用水溶解并稀释至最佳浓度，取 0.2 mL 加入预先装有 0.1 mL 鲎试剂的反应管(做 2 个平行管)中，进行检测，用系列溶液 C 生成的标准曲线求得内毒素含量。试验必须符合以下 3 个条件方为有效：

①系列溶液 C 的结果要符合"标准曲线的可靠性试验"中的要求；

②用溶液 B 中的内毒素浓度减去溶液 A 中的内毒素浓度后，计算出的内毒素的回收率在 50%～200%的范围内；

③溶液 D 的反应时间应大于标准曲线最低浓度的反应时间。

按兽药典的规定，每 1 000 链霉素单位中含内毒素的量应小于 0.25 EU。

4. 结果判断

若供试品溶液所有平行管的平均内毒素浓度乘以稀释倍数后，小于规定的内毒素限值，判供试品符合规定。若大于或等于规定的内毒素限值，判供试品不符合规定。

注意事项

(1)用于检测内毒素的一切器具均需进行除热原处理，常用硫酸洗液浸泡 6～12 h 后，用清水洗净，再用蒸馏水冲洗，最后放入烘箱，在 250℃的温度下烘烤 2 h。

(2)内毒素标准品根据其特殊结构，很容易吸附在容器的器壁，而在水中的浓度就变低，在实验中溶解后要经过振荡 15 min，每稀释一步和加样前要振荡混旋 30 s(图 6-46)，并立即做下一步操作。

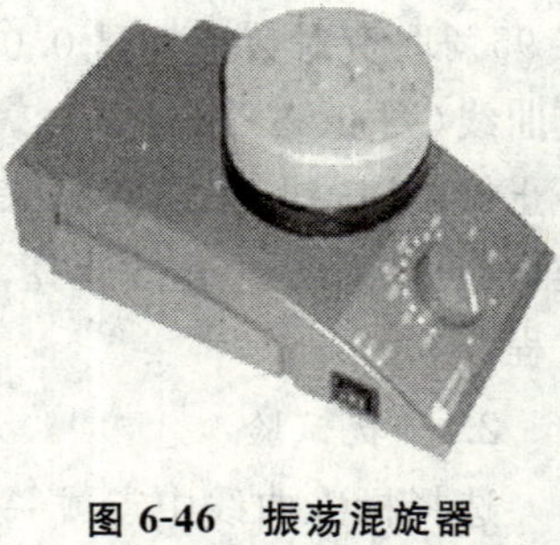

图 6-46 振荡混旋器

(3)为了避免实验受到污染，溶解内毒素标准品的水不可再用；溶解鲎试剂的水要重新开启；做阴性对照的水要重新开启。

(4)加样时反复吸放数次，使内毒素溶液更加均匀。注意每个浓度点加样头的更换。

应用示例

[示例 6-44] 维生素 C 注射液的细菌内毒素检查。

取本品，依法检查，每 1 mL 中含内毒素的量应小于 2.5 EU。本品规格为 2 mL：0.1 g、2 mL：0.25 g、5 mL：0.5 g 或 20 mL：2.5 g。

[示例 6-45] 葡萄糖注射液的细菌内毒素检查。

取本品，依法检查，每 1 mL 中含内毒素的量应小于 0.5 EU。本品规格为 20 mL：5 g、250 mL：25 g、500 mL：25 g 或 1 000 mL：50 g 等。

[示例 6-46] 青霉素钠的细菌内毒素检查。

取本品，依法检查，每 100 青霉素单位中含内毒素的量应小于 0.01 EU。

理论参考

本法是利用鲎试剂来检测或量化由革兰氏阴性菌产生的细菌内毒素(单位以 EU 表示),以判断供试品中细菌内毒素的限量是否符合规定的一种方法。

细菌内毒素检查包括两种方法,即凝胶法和光度测定法。供试品检测时,可使用其中任何一种方法进行试验。当测定结果有争议时,除另有规定外,以凝胶法结果为准。凝胶法细菌内毒素检查用水是指内毒素含量小于 0.015 EU/mL 的灭菌注射用水。光度测定法用的检查用水内毒素含量应小于 0.005 EU/mL。

1. *凝胶法*

系通过鲎试剂与内毒素产生凝集反应的原理来检测或半定量内毒素的方法。

(1)鲎试剂灵敏度复核试验(图 6-47)

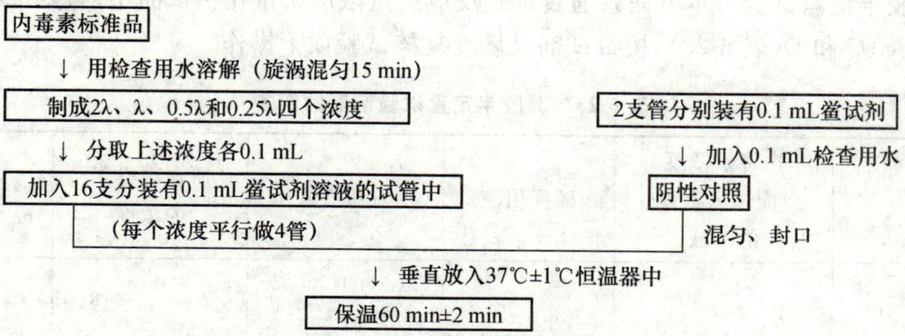

图 6-47 鲎试剂灵敏度复核试验

将试管从恒温器中轻轻取出,缓缓倒转 180°,若管内形成凝胶,并且凝胶不变形、不从管壁滑脱者为阳性,未形成凝胶或形成的凝胶不坚实、变形并从管壁滑脱者为阴性。保温和拿取试管过程应避免受到振动造成假阴性结果。

如最大浓度 2λ 管均为阳性,最低浓度 0.25λ 管均为阴性,阴性对照管均为阴性,试验方为有效。按下式计算反应终点浓度的几何平均值,即为鲎试剂灵敏度的测定值(λc)。

$$\lambda c = \lg^{-1}(\sum X/4)$$

式中:X 为反应终点浓度的对数值(lg)。反应终点浓度是系列递减的内毒素浓度中最后一个呈阳性结果的浓度。

当 λc 在 0.5～2λ(包括 0.5λ 和 2λ)时,方可用于细菌内毒素检查,并以 λ 为该批鲎试剂的灵敏度。当使用新批号的鲎试剂或试验条件发生了任何可能影响检验结果的改变时应进行灵敏度复核试验。

(2)凝胶限量试验　制备溶液 A、B、C 和 D(表 6-22),使用稀释倍数为最大有效稀释倍数(MVD)并且已经排除干扰的供试品溶液来制备溶液 A 和 B。按鲎试剂灵敏度复核试验项下操作。

结果判断　保温 60 min±2 min 后观察结果。若阴性对照溶液 D 的平行管均为阴性,供试品阳性对照溶液 B 的平行管均为阳性,阳性对照溶液 C 的平行管均为阳性,试验有效。

若溶液 A 的两个平行管均为阴性,判供试品符合规定;若溶液 A 的两个平行管均为阳性,判供试品不符合规定。若溶液 A 的两个平行管中的一个管为阳性,另一管为阴性,需进行复试。复试时，溶液A需做4支平行管，若所有平行管均为阴性，判供试品符合规定；否则判供试品不符合规定。

表6-22　凝胶限量试验溶液的制备

编号	内毒素浓度/配制内毒素的溶液	平行管数
A	无/供试品溶液	2
B	2λ/供试品溶液	2
C	2λ/检查用水	2
D	无/检查用水	2

注：A为供试品溶液；B为供试品阳性对照；C为阳性对照；D为阴性对照；λ为鲎试剂灵敏度的标示值。

③凝胶半定量试验　本方法系通过确定反应终点浓度来量化供试品中内毒素的含量。制备溶液A、B、C和D(表6-23)，按鲎试剂灵敏度复核试验项下操作。

表6-23　凝胶半定量试验溶液的制备

编号	内毒素浓度/配制内毒素的溶液	稀释用液	稀释倍数	所含内毒素的浓度	平行管数
A	无/供试品溶液	检查用水	1	—	2
			2	—	2
			4	—	2
			8	—	2
B	2λ/供试品溶液		1	2λ	2
C	2λ/检查用水	检查用水	1	2λ	2
			2	1λ	2
			4	0.5λ	2
			8	0.25λ	2
D	无/检查用水	—	—	—	2

注：A为不超过MVD并且通过干扰试验的供试品溶液，从通过干扰试验的稀释倍数开始用检查用水稀释至1、2、4和8倍，最后稀释倍数不得超过MVD；B为2λ浓度标准内毒素的溶液A(供试品阳性对照)；C为鲎试剂标示灵敏度的对照系列；D为阴性对照。

结果判断　若阴性对照溶液D的平行管均为阴性，供试品阳性对照溶液B的平行管均为阳性，系列溶液C的反应终点浓度的几何平均值在0.5λ～2λ之间，试验有效。

系列溶液A中每一系列平行管的终点稀释倍数乘以λ，为每个系列的反应终点浓度，所有平行管反应终点浓度的几何平均值即为供试品溶液的内毒素浓度[按公式 $c_e = \lg^{-1}(\sum X/2)$]。

如果检验时采用的是供试品的稀释液，则计算原始溶液内毒素浓度时要将结果乘以稀释倍数。

如试验中供试品溶液的所有平行管均为阴性，应记为内毒素浓度小于λ(如果检验的是稀释过的供试品，则记为小于λ乘以供试品进行半定量试验的初始稀释倍数)。如果供试品溶液的所有平行管均为阳性，应记为内毒素的浓度大于或等于最大的稀释倍数乘以λ。

若内毒素浓度小于规定的限值,判供试品符合规定。若内毒素浓度大于或等于规定的限值,判供试品不符合规定。

2. 光度测定法

分为浊度法和显色基质法(表 6-24)。

①浊度法系利用检测鲎试剂与内毒素反应过程中的浊度变化而测定内毒素含量的方法。可分为终点浊度法和动态浊度法。

②显色基质法系利用检测鲎试剂与内毒素反应过程中产生的凝固酶使特定底物释放出呈色团的多少而测定内毒素含量的方法。可分为终点显色法和动态显色法。

表 6-24 光度测定法的分类及特点

分类		特点
浊度法	终点浊度法	依据反应混合物中的内毒素浓度和其在孵育终止时的温度之间存在着量化关系
	动态浊度法	检测反应混合物的浊度到达某一预先设定的吸光度所需要的反应时间,或是检测浊度增加速度
显色基质法	终点显色法	依据反应混合物中的内毒素浓度和其在孵育终止时释放出的呈色团的量之间存在着量化关系
	动态显色法	检测反应混合物的色度达到某一预先设定的吸光度所需要的反应时间,或检测色度增长速度

光度测定试验需在特定的仪器中进行,温度一般为 37±1℃。

为保证浊度和显色试验的有效性,应预先进行标准曲线的可靠性试验以及供试品的干扰试验。根据线性回归分析,标准曲线的相关系数的绝对值应大于或等于 0.980,试验方为有效,否则须重新试验。回收率在 50%~200%之间,则认为在此试验条件下供试品溶液中不存在干扰作用。

质量标准示例

盐酸土霉素

【性状】本品为黄色结晶性粉末;无臭,有引湿性;在日光下颜色变暗,在碱性溶液中易破坏失效。

本品在水中易溶,在甲醇或乙醇中略溶,在三氯甲烷或乙醚中不溶。

比旋度 取本品,精密称定,加盐酸溶液(9→1 000)溶解并定量稀释成每 1 mL 中约含 10 mg的溶液,避光放置 1 h,依法测定,比旋度为−188°~−200°。

【鉴别】(1)取本品,按照土霉素项下鉴别(1)、(2)或(3)项试验,显相同的结果。

(2)本品的水溶液显氯化物的鉴别反应。

【检查】酸度 取本品,加水制成每 1 mL 中含 10 mg 的溶液,依法测定,pH 应为 2.3~2.9。

有关物质 取本品照土霉素项下的方法检查,应符合规定。

杂质吸光度 取本品,加 0.5 mol/L 盐酸甲醇溶液(1→100)溶解并定量稀释制成每 1 mL

中含 2.0 mg 的溶液，按照紫外-可见分光光度法，于 1 h 内，在 430 nm 的波长处测定，吸光度不得过 0.50；另取本品加上述盐酸甲醇溶液溶解并定量稀释制成每 1 mL 中含 10 mg 的溶液，在 490 nm 的波长处测定，吸光度不得过 0.20。

水分　取本品，按照水分测定法测定，含水分不得过 2.0%。

异常毒性　取本品，加氯化钠注射液制成每 1 mL 中含 2 mg 的溶液，依法检查，按静脉注射法给药，应符合规定(供注射用)。

细菌内毒素　取本品，依法检查，每 1 mg 盐酸土霉素中含内毒素的量应小于 0.40 EU(供注射用)。

无菌　取本品，用适量溶剂溶解后，转移至不少于 500 mL 的 0.9%无菌氯化钠溶液中，用薄膜过滤法处理后，依法检查，应符合规定(供注射用)。

资料卡

检验工作必须有完整的检验制度和检验方法。严格执行国家三级法定制度，坚持自检、互检、专检三结合的检验制度，做到不合格中间产品不流入下道工序，不合格成品不出厂。兽药生产企业必须建立产品质量档案制度，由质量管理部配备人员负责管理。

产品质量档案目录示例

产品质量档案目录

序号	资料名称	序号	资料名称
1	产品简介	18	留样观察记录卡
2	简易工艺流程图	19	与国内外同类产品对照情况
3	成品质量标准与变革情况	20	质量事故记录
4	附:法定标准复印件	21	用户意见记录
5	企业内控质量标准	22	提高质量试验及总结
6	主要原辅料质量标准与变革情况	23	监督部门抽检记录
7	附:法定标准复印件	24	主管部门批文
8	企业内控质量标准	25	印刷性包装材料样本
9	中间产品质量标准变革情况	26	现场监控记录
10	附:企业内控质量标准	27	请验单
11	包装材料质量标准与变革情况	28	取样证
12	附:企业内控质量标准	29	取样记录
13	标签备案、说明书	30	原辅料检验记录
14	兽药产品生产申请书	31	包材检验记录
15	工艺路线及变更情况	32	中间产品检验记录
16	检验方法变更情况	33	成品检验记录
17	质量指标完成情况		

复习测试题

一、填空

1. 细菌内毒素检查包括________和________两种方法。

2. 细菌内毒素的量用________表示。

3. 凝胶法通过________与内毒素产生凝集反应的原理来检测或半定量内毒素的方法。

4. 光度测定法分为________和________两种方法。

5. 凝胶法细菌内毒素检查用水是指内毒素含量小于________ EU/mL 的灭菌注射用水。

6. 用于检测内毒素的一切器具均需进行________处理，常用________浸泡 6～12 h 后，用清水洗净，再用蒸馏水冲洗，最后放入烘箱，在________温度下烘烤 2 h。

7. 注射剂装量检查，标示量不大于 2 mL 者取供试品________支，2 mL 以上至 50 mL 者取供试品________支。

8. 注射剂的常规检查项目有________、________、________、无菌、不溶性微粒等。

9. 注射剂的 pH 一般控制在________范围内。

10. 药品质量标准分析方法验证内容有：准确度、精密度、专属性、检测限、定量限、________、________、________。

二、简答题

1. 什么是细菌内毒素检查法？

2. 简述将浓度为 100 EU/mL 的工作标准品，稀释为 10、1、0.1、0.01 EU/mL 四个浓度的具体操作方法。

3. 简述标准曲线的制备方法。

4. 什么是 OD 值？

5. 简述供试品干扰试验的操作方法。

6. 举例说明浊度法检测细菌内毒素的具体操作步骤。

参考文献

[1] 中国兽药典委员会.中华人民共和国兽药典(2010年版).北京:中国农业出版社,2010.

[2] 苏勤.药物质量检验技术.北京:中国医药科技出版社,2003.

[3] 王炳强,张正兢.药物分析与检验技术.北京:化学工业出版社,2005.

[4] 安登魁.药物分析.3版.北京:人民卫生出版社,1993.

[5] 中国兽医药品监察所.兽药检验操作规程.2005.

[6] 王炳强.药物分析.北京:人民军医出版社,2004.

[7] 刘文英.药物分析.北京:人民卫生出版社,2005.

[8] 刘文英.药物分析.5版.北京:人民卫生出版社,2003.

[9] 倪坤仪,王志群.药物分析化学.南京:东南大学出版社,2001.

[10] 李发美.分析化学.5版.北京:人民卫生出版社,2003.

[11] 马剑文,韩永平,沈克温.现代药品检验学.北京:人民军医出版社,1994.

[12] 苏薇薇.药物分析实验.北京:中国医药科技出版社,1998.

[13] 李吉学.仪器分析.北京:中国医药科技出版社,2004.

[14] 中国药品生物制品检定所.中国药品检验标准操作规范.北京:中国医药科技出版社,2005.

[15] 孙毓庆.分析化学实验.北京:科学技术出版社,2004.

[16] 陈立春.仪器分析.北京:中国轻工业出版社,2002.

[17] 孙平.食品分析.北京:化学工业出版社,2005.

[18] 谭湘成.仪器分析.北京:化学工业出版社,2003.

[19] 刘珍.化验员读本.北京:化学工业出版社,2003.

[20] 陈定一.分析化学.北京:学苑出版社,1998.

[21] 穆华荣,陈志超.仪器分析实验.北京:化学工业出版社,2004.

[22] 王世平,王静,仇厚援.现代仪器分析原理与技术.哈尔滨:哈尔滨工程大学出版社,1999.

[23] 邵令娴,朱明华,沈淑娟等.分析化学.北京:高等教育出版社,1998.

[24] 郭景文.现代仪器分析技术.北京:化学工业出版社,2004.

[25] 盛龙生.药物分析.北京:化学工业出版社,2003.

[26] 王鹏,等.生物实验室常用仪器的使用.北京:中国环境出版社,2006.

[27] 禹凤英,张惠霞,黄声凤.药品检验指南.郑州:河南医科大学出版社,1998.

[28] 刘约权.现代仪器分析.北京:中国农业科技出版社,1998.

[29] 钟文英,王志群.分析化学实验.南京:东南大学出版社,2000.

[30] 傅若农.色谱分析概论.2版.北京:化学工业出版社,2005.

[31] 黄一石.仪器分析.北京:化学工业出版社,2004.

[32] 吴烈钧.气相色谱检测方法.2版.北京:化学工业出版社,2005.

[33]（日）加藤俊二，泉美治，芝哲夫，等.仪器分析导论.2版.第二册.李春鸿，刘振海译.北京：化学工业出版社，2005.

[34] 方惠群，余晓冬，史坚.仪器分析学习指导.北京：科学出版社，2004.

[35] 孙毓庆.现代色谱法及其在药物分析中的应用.北京：科学出版社，2005.

[36] 霍燕兰.药物分析技术.北京：化学工业出版社，2005.

[37] 段更利.药物分析基础.北京：中国医药科技出版社，2001.

[38] 董慧茹.仪器分析.北京：化学工业出版社，2000.

[39] 高向阳.新编仪器分析.2版.北京：科学出版社，2004.

[40] 杨根元.实用仪器分析.3版.北京：北京大学出版社，2001.

[41] 汪正范.色谱定性与定量.北京：化学工业出版社，2000.

[42] 汪正范，杨树民，吴侔天，等.色谱联用技术.北京：化学工业出版社，2001.

[43] 张俊松.药品检验.北京：中国轻工业出版社，2003.

[44] 马广慈.药物分析方法与应用.北京.科学出版社，2000.

[45] 董义春.二〇〇五年版《中国兽药典》的特点和作用诠释.中国兽药杂志，2006，40(5)：7-11.

[46] 仲晓宁，张璇.双波长紫外分光光度法测定复方恩诺沙星可溶性粉中恩诺沙星和盐酸多西环素的含量.中国兽药杂志，2005，39(9)：26-28.

[47] 高言明，宋勤.毛细管区带电泳测定人工种植粗毛淫羊藿中绿原酸的含量.药物分析杂志，2006，26(8)：1088-1090.

[48] 应永飞，陆春波.气相色谱-质谱法测定猪肉中的莱克多巴胺.中国兽药杂志，2006，40(5)：23-26.

[49] 王树槐，刘琪.高效液相色谱/质谱联用仪测定盐酸克仑特罗.中国兽药杂志，2002，36(3)：36-37.